计算机类本科系列教材

面向对象程序设计教程
——C++

王晓帆　李　薇　主编
姚全珠　王　彬　主审

电子工业出版社
Publishing House of Electronics Industry
北京·BEIJING

内 容 简 介

本书针对已有 C 程序设计基础、学习 C++面向对象程序设计的读者。本书分为 12 章，第 1 章介绍面向对象程序设计的思想和基本概念；第 2 章综述 C++的发展历程及新特性；第 3～6 章介绍类、对象、函数、常量、重载的概念及使用方法；第 7、8 章详细讲解类的组合、继承、多态及模板问题；第 9～11 章详细介绍输入流/输出流、异常处理及 Visual C++ 2019 开发环境；第 12 章给出一个 Visual Studio 环境下的 C++综合实例。本书内容由浅入深，采用案例教学的方法，力求将复杂的概念用简洁浅显的语言进行讲解，并且用实例对方法进行说明。书中还配有大量的习题。本书配有电子课件等教学资源，请登录华信教育资源网 www.hxedu.com.cn，注册后免费下载。本书还配有慕课，请登录智慧树网站 www.zhihuishu.com，搜索"面向对象程序设计"或扫描前言中的课程二维码。

本书既可作为高等学校 C++面向对象程序设计课程的教材，也可作为工程技术人员的参考书。

未经许可，不得以任何方式复制或抄袭本书之部分或全部内容。
版权所有，侵权必究。

图书在版编目（CIP）数据

面向对象程序设计教程：C++ / 王晓帆，李薇主编. —北京：电子工业出版社，2020.7
ISBN 978-7-121-39258-0

Ⅰ. ①面… Ⅱ. ①王… ②李… Ⅲ. ①C++语言－程序设计－高等学校－教材 Ⅳ. ①TP312.8

中国版本图书馆 CIP 数据核字（2020）第 124364 号

责任编辑：冉 哲　　文字编辑：王 炜
印　　刷：北京虎彩文化传播有限公司
装　　订：北京虎彩文化传播有限公司
出版发行：电子工业出版社
　　　　　北京市海淀区万寿路 173 信箱　邮编：100036
开　　本：787×1 092　1/16　印张：17　字数：533 千字
版　　次：2020 年 7 月第 1 版
印　　次：2025 年 2 月第 10 次印刷
定　　价：59.80 元

凡所购买电子工业出版社图书有缺损问题，请向购买书店调换。若书店售缺，请与本社发行部联系，联系及邮购电话：（010）88254888，88258888。
质量投诉请发邮件至 zlts@phei.com.cn，盗版侵权举报请发邮件至 dbqq@phei.com.cn。
本书咨询联系方式：ran@phei.com.cn。

前　　言

随着新一代信息技术诸如人工智能、区块链、云计算、大数据、物联网、移动计算等技术的蓬勃兴起和快速发展，要求学生具备熟练的编程技能，并加强理论联系实际的能力，从而提高其就业竞争力。面向对象程序设计讲授面向对象程序设计的基本思想与原理，通过使用 C++进行面向对象程序设计实现。课程内容包括面向对象的基本概念，建立和描述对象模型的方法，以及面向对象分析、设计和实现方法等内容。课程目的是培养学生掌握程序设计理念与方法，强化学生的逻辑思维与算法思维，具备熟练的编程技能，掌握计算机软/硬件系统开发过程中所使用的原理、工具和方法。

近年来，人工智能的复兴，尤其是机器学习的崛起，引来了 C++的再次复兴，Python、Java 等语言也随之得到广泛引用。由于 C++具有天生的高效、快捷等特性，因此被深入应用于人工智能的核心部分，并广泛应用于游戏应用、嵌入式应用、物联网应用、大型社交软件等的核心部分。

C++是从 C 语言发展而来的，全面兼容了 C 语言，是一种面向对象的编程语言。对于具有 C 语言基础的人来说，学习 C++会非常容易。本书是 Visual C++ .NET 入门教材，在 C 语言的基础之上，并紧密结合 C++标准，使读者从 C 语言顺利过渡到 C++。本书涵盖了该语言的主要特征，使初学者能快速学习并掌握 C++。本书在内容组织上采用案例教学的方法，由浅入深，对每个 C++的知识点从需求到应用做了详细的描述。从基本的数据单元"类"开始点滴扩展，逐步深入，讲述 C++程序设计中的面向对象的封装、继承、多态等方法，揭示 C++程序设计的初衷。在每章后配备了相应的习题，有助于读者灵活掌握各知识点。

本书作者长期从事 C++项目开发及本科 C++程序设计课程的教学工作，还主持和参与了多个教改项目及相应的省级精品课程建设工作，具有丰富的教学与程序开发经验。

全书分为 12 章，第 1 章为面向对象方法学；第 2 章为 C++概述；第 3 章为类与对象；第 4 章为函数；第 5 章为常量；第 6 章为运算符重载；第 7 章为组合、继承与多态；第 8 章为模板；第 9 章为输入流/输出流；第 10 章为异常处理；第 11 章为 Visual C++ 2019 开发环境；第 12 章为综合实例。书中所有例题均在 Visual C++ 2019 下调试通过，并配有大量习题。本书配有电子课件等教学资源，请登录华信教育资源网 www.hxedu.com.cn，注册后免费下载；本书还配有慕课，请登录智慧树网站，搜索"面向对象程序设计"。

本书架构由王晓帆、李薇负责确定，并组织教学一线的教师共同编写完成。其中，第 2、5、7、9～12 章及 1.1 节和 1.5 节由王晓帆编写，第 3、4、6、8 章及第 1 章其他部分由李薇编写，全书由姚全珠负责统稿，由王彬完成校稿。

由于作者水平有限，难免有疏漏和错误之处，敬请各位专家和读者批评指正。

作　者

目　　录

第 1 章　面向对象方法学 1
- 1.1　面向对象方法学的发展 1
- 1.2　面向对象方法学的概述 2
  - 1.2.1　面向对象分析 2
  - 1.2.2　面向对象设计 3
  - 1.2.3　面向对象实现 3
- 1.3　面向对象程序设计的特性 3
  - 1.3.1　抽象 4
  - 1.3.2　封装 4
  - 1.3.3　继承 5
  - 1.3.4　多态 5
- 1.4　面向对象程序设计的术语 6
- 1.5　面向对象程序设计语言 7
  - 1.5.1　C++ 7
  - 1.5.2　Java 8
  - 1.5.3　C# 9
  - 1.5.4　Python 10
- 小结 11
- 习题 1 11

第 2 章　C++概述 12
- 2.1　C++发展历程与特点 12
- 2.2　C++程序 13
  - 2.2.1　C++程序的格式与构成 13
  - 2.2.2　C++程序的编译与执行 15
- 2.3　从 C 到 C++ 16
- 2.4　C++的一些新特性 18
  - 2.4.1　注释 18
  - 2.4.2　新的数据类型 19
  - 2.4.3　灵活的变量说明 19
  - 2.4.4　作用域运算符 19
  - 2.4.5　命名空间 20
  - 2.4.6　新的输入/输出 21
  - 2.4.7　头文件 23
  - 2.4.8　引用 24
- 2.5　Visual C++ 2019 开发环境简介 28

小结 ·· 30
　　习题 2 ··· 30
第 3 章　类与对象 ·· 32
　3.1　类的定义 ·· 32
　　3.1.1　类定义格式 ··· 32
　　3.1.2　成员函数的定义 ·· 34
　　3.1.3　类的作用域 ··· 34
　3.2　对象的定义与使用 ··· 35
　　3.2.1　对象的定义 ··· 35
　　3.2.2　对象的使用 ··· 36
　　3.2.3　对象的赋值 ··· 38
　　3.2.4　对象的生命周期 ·· 39
　3.3　构造函数和析构函数 ·· 42
　　3.3.1　构造函数 ·· 42
　　3.3.2　析构函数 ·· 44
　3.4　内存的动态分配 ·· 47
　　3.4.1　运算符 new ··· 47
　　3.4.2　运算符 delete ··· 48
　3.5　对象数组和对象指针 ·· 49
　　3.5.1　对象数组 ·· 49
　　3.5.2　对象指针 ·· 51
　　3.5.3　自引用指针 this ·· 52
　　小结 ·· 54
　　习题 3 ··· 54
第 4 章　函数 ·· 56
　4.1　函数参数的传递机制 ·· 56
　　4.1.1　使用对象作为函数参数 ··· 56
　　4.1.2　使用对象指针作为函数参数 ··· 57
　　4.1.3　使用对象引用作为函数参数 ··· 58
　　4.1.4　三种传递方式比较 ··· 59
　4.2　内联函数 ··· 59
　4.3　函数重载 ··· 60
　　4.3.1　非成员函数重载 ·· 60
　　4.3.2　成员函数重载 ··· 62
　4.4　函数的默认参数值 ··· 63
　4.5　友元 ··· 65
　　4.5.1　友元函数 ·· 65
　　4.5.2　友元类 ··· 69
　4.6　静态成员 ··· 70
　　4.6.1　静态数据成员 ··· 71

    4.6.2 静态成员函数 ··· 73

    4.6.3 静态对象 ··· 76

  4.7 应用实例 ·· 77

  小结 ·· 83

  习题 4 ··· 84

第 5 章 常量 ··· 88

  5.1 const 的最初动机 ··· 88

    5.1.1 由 define 引发的问题 ··· 88

    5.1.2 const 的使用方法 ··· 88

  5.2 const 与指针 ·· 89

    5.2.1 指向常量的指针 ··· 90

    5.2.2 常指针 ··· 90

  5.3 const 与引用 ·· 91

  5.4 const 与函数 ·· 91

    5.4.1 const 类型的参数 ··· 91

    5.4.2 const 类型的返回值 ··· 92

    5.4.3 const 在传递地址中的应用 ··· 93

  5.5 const 与类 ·· 94

    5.5.1 类内 const 局部常量 ··· 94

    5.5.2 常对象与常成员函数 ··· 95

  5.6 拷贝构造函数 ·· 97

  小结 ·· 101

  习题 5 ··· 102

第 6 章 运算符重载 ··· 103

  6.1 运算符重载的基本概念 ··· 103

  6.2 成员函数重载运算符 ··· 103

    6.2.1 重载单目运算符 ··· 104

    6.2.2 重载双目运算符 ··· 105

    6.2.3 重载++、--运算符 ··· 107

    6.2.4 重载赋值运算符 ··· 110

    6.2.5 重载下标运算符 ··· 113

    6.2.6 重载函数调用运算符 ··· 115

  6.3 友元函数重载运算符 ··· 115

  6.4 成员函数与友元函数重载运算符的比较 ··· 119

  6.5 类型转换 ·· 121

    6.5.1 系统预定义类型之间的转换 ··· 121

    6.5.2 用构造函数实现类型转换 ··· 121

    6.5.3 用运算符转换函数实现类型转换 ··· 124

  小结 ·· 127

  习题 6 ··· 128

第 7 章 组合、继承与多态 ·· 130
7.1 组合 ··· 130
7.2 继承 ··· 131
7.3 继承与组合 ·· 133
7.4 继承与组合中的构造和析构 ··· 136
7.4.1 成员对象初始化 ·· 136
7.4.2 构造和析构顺序 ·· 136
7.5 名字覆盖 ··· 140
7.6 虚函数 ··· 141
7.6.1 静态绑定与动态绑定 ·· 142
7.6.2 虚函数的定义 ·· 142
7.6.3 虚析构函数 ·· 144
7.7 纯虚函数和抽象基类 ·· 144
7.8 多重继承 ··· 146
7.8.1 多继承语法 ·· 147
7.8.2 虚基类 ··· 148
7.8.3 最终派生类 ·· 149
7.8.4 多继承的构造顺序 ·· 150
小结 ··· 152
习题 7 ·· 152

第 8 章 模板 ·· 156
8.1 模板的概念 ·· 156
8.2 函数模板与模板函数 ·· 156
8.3 类模板与模板类 ··· 160
8.4 应用实例 ··· 164
小结 ··· 171
习题 8 ·· 171

第 9 章 输入流/输出流 ··· 173
9.1 C++流类库简介 ··· 173
9.2 输入流/输出流格式 ·· 174
9.2.1 基本输出流 ·· 174
9.2.2 基本输入流 ·· 176
9.2.3 格式化输入/输出 ·· 177
9.2.4 其他输入/输出函数 ·· 183
9.3 用户自定义类型的输入/输出 ··· 185
9.3.1 重载输出运算符 ·· 185
9.3.2 重载输入运算符 ·· 186
9.4 文件输入/输出 ··· 188
9.4.1 顺序访问文件 ·· 188
9.4.2 随机访问文件 ·· 192

9.5 应用实例……193
小结……198
习题 9……198

第 10 章 异常处理……201
10.1 异常处理概述……201
10.2 抛出异常……201
10.3 异常捕获……202
    10.3.1 异常处理语法……202
    10.3.2 异常接口声明……204
    10.3.3 捕获所有异常……204
    10.3.4 未捕获异常的处理……204
10.4 构造函数、析构函数与异常处理……205
10.5 异常匹配……207
10.6 标准异常及层次结构……208
小结……208
习题 10……208

第 11 章 Visual C++ 2019 开发环境……209
11.1 Visual C++ 2019 概述……209
    11.1.1 Visual Studio 2019……209
    11.1.2 Visual C++ 2019……210
11.2 Visual C++ 2019 环境……210
    11.2.1 Visual C++ 2019 操作界面……210
    11.2.2 项目……212
    11.2.3 调试环境……213
11.3 Windows 编程……214
    11.3.1 Windows 常用数据类型……215
    11.3.2 消息与事件……215
    11.3.3 窗口消息示例……217
11.4 MFC 类库……219
11.5 MFC 编程实例……222
小结……225
习题 11……225

第 12 章 综合实例……226
12.1 系统分析与设计……226
    12.1.1 系统功能分析……226
    12.1.2 系统功能类模型……226
    12.1.3 系统功能流程……227
12.2 设计实现……228
    12.2.1 系统程序框架生成……228
    12.2.2 建立图元类……230

  12.2.3 界面控制 ··· 233
  12.2.4 绘制图元——线段 ··· 235
  12.2.5 绘制图元——矩形 ··· 240
  12.2.6 绘制图元——椭圆 ··· 243
  12.2.7 绘制图元——文字 ··· 246
  12.2.8 绘制图元——折线/多边形 ··· 248
  12.2.9 图元文件存取 ·· 251
小结 ··· 260
习题 12 ·· 260
参考文献 ··· 261

第 1 章　面向对象方法学

学习目标

（1）了解面向对象技术的发展历程。
（2）了解面向对象软件开发的过程。
（3）掌握面向对象程序设计的特征。
（4）掌握面向对象程序设计的相关术语。
（5）了解常用面向对象程序设计的语言。

传统的软件开发方法曾经给软件产业带来了巨大的进步，尤其是在开发中小规模软件项目时获得了成功。但是随着硬件性能的提高和图形用户界面的推广，软件的应用更加普及与深入，当开发大型软件产品时，由于面对的问题越来越复杂，在使用传统软件开发方法时成功率较低。

随着首次在面向对象编程语言 Simula 67 中引入类和对象的概念，人们逐渐开始注重面向对象分析和面向对象设计的研究，因此产生了面向对象方法学。到了 20 世纪 90 年代，面向对象方法学已经成为主流软件开发方法。

1.1　面向对象方法学的发展

OO 方法（Object-Oriented Method，面向对象方法）是一种把面向对象思想应用于软件开发过程中，指导开发活动的系统方法。它是建立在"对象"概念基础上的方法学。面向对象的方法起源于面向对象的编程语言（OOPL），到目前为止，大致经历了如下 4 个阶段。

① 萌芽阶段。20 世纪 50 年代后期，在用 FORTRAN 语言编写大型程序时，常出现变量名在程序的不同部分发生冲突的问题。因此，ALGOL 语言的设计者在 ALGOL 60 中采用了以"Begin…End"为标识的程序块，使程序块内的变量名变成局部的，以避免它们与程序中块外的同名变量相冲突，这是编程语言的首次封装尝试。此后程序块结构开始广泛用于高级语言，如 Pascal、Ada、C。20 世纪 60 年代中后期，挪威计算中心开发的 Simula 67 语言在 ALGOL 基础上将 ALGOL 的块结构概念向前发展一步，提出了对象和类的概念，同时支持类继承，是面向对象的核心之一。1972 年，Palo Alno 研究中心（PARC）开发出 Smalltalk 72 语言，它以 Simula 67 语言为核心概念，借鉴 LISP 语言，正式提出"面向对象"的概念。此时期的代表性语言，如 ALGOL 60、Pascal、Ada、Modula-2、Simula 67 等都部分具有了面向对象的特点。正是出现了面向对象的语言，面向对象的方法才得到了蓬勃发展。

② 发展阶段。由 Xerox 公司经过对 Smalltalk 72 语言和 Smalltalk 76 语言持续不断地研究和改进之后，于 1980 年推出商品化的 Smalltalk 80 语言，它在系统设计中强调对象概念的统一，引入对象、对象类、方法、实例等概念和术语，并采用动态联编和单继承机制，使人们注意到 OO 方法所具有的模块化、信息封装与隐蔽、可继承性、多态等独特之处，这些优异特性为研制大型软件，提高软件可靠性、可重用性、可扩充性和可维护性，提供了有效的手段和途径。它是面向对象发展里程碑式的标志。

③ 繁荣阶段。20 世纪 80 年代中期到 90 年代，是面向对象语言走向繁荣的阶段，其主要表现是大批比较实用的面向对象设计语言的涌现，如 C++、Objective-C、Object Pascal、CLOS、Eiffel、Actor 等，且有大量学者进行了理论研究。

④ 到 20 世纪 90 年代，面向对象的分析与设计方法已多达数十种，这些方法各有所长，现在趋于统一。在编程方面，普遍采用语言、类库和可视化编程环境相结合的方式，如 Visual C++、Visual Basic、C#、Delphi、Java、Python、MATLAB 等。20 世纪 90 年代中期，由 Booch、Rumbaugh 和 Jacoson 共同提出了统一建模语言 UML（Unified Modeling Language），即把众多面向对象分析和设计方法综合成一种标准，使面向对象方法成为主流的软件开发方法。

目前面向对象方法已被广泛应用于程序设计语言、设计方法学、操作系统、分布式系统、人工智能、实时系统、数据库、人机接口、计算机体系结构、综合集成工程等，在许多领域的应用都得到了很大的发展。

1.2　面向对象方法学的概述

传统方法采用结构化技术（结构化分析、结构化设计和结构化实现）来完成软件开发的各项任务，该方法强调将一个较为复杂的任务分解成许多易于控制和处理的子任务，自顶向下顺序完成软件开发各阶段的任务。然而，人类认识客观世界、解决现实问题的过程实际上是一个渐进的过程。人类的认识是在继承的基础上，经过多次反复才能逐步深化的。面向对象方法学就是尽量模拟人类习惯的思维方式，使软件开发的方法与过程尽可能接近人类认识世界、解决问题的方法与过程，从而使描述的问题空间（问题域）与实现解法的解空间（求解域）在结构上尽可能一致。

软件开发的基本目标是解决日常生活中存在的各种实际问题。面向过程是将要处理的问题转变为数据和过程两个相互独立的实体来对待，强调的是过程。当存储数据的数据结构需要变更时，必须修改与之有关的所有模块。如学生信息管理系统，该系统所处理的学生类型是研究生，允许用户进行输入学生信息、输出学生信息、插入（学生）、删除（学生）、查找（学生）等操作。这时如果要再增加一种新的学生类型——在职研究生，则不能直接用原来的程序。学生类型不同，不同类型的学生就要对应不同的处理过程，因此需要重新编写程序代码。面向过程的开发是基于功能分析和功能分解，可重用性较差，维护代价高。面向对象是将客观事物看作具有属性和行为的对象，通过对客观事物的抽象找出同一类对象的共同属性（静态属性）和行为（动态特征），并形成类。每个对象都有自己的数据、操作、功能和目的，通过对类的继承与派生、多态等技术提高代码的可重用性。如用面向对象的思想设计学生信息管理系统时，可以先定义一个学生类，包括学生的姓名、年龄、班级等信息和对学生信息进行处理的相应操作，当需要再增加一种学生类型时，可以采用继承和派生的方式，在学生类的基础上派生出一个新类，该新类不仅能继承学生类的所有特性，而且可以根据需要增加必要的程序代码，从而避免公用代码的重复开发，实现代码重用。在解决问题时，面向对象的思想与人类处理问题的过程是一致的。如对于"挪开凳子"人类处理问题的过程是，拿起凳子，移到一边。面向过程的思想是将凳子和挪开作为两个实体来对待（描述凳子的数据和移动凳子的动作）；面向对象的思想是选择一个对象（凳子），然后向这个对象施加一个动作（挪开）。由此可见，面向对象程序设计的思想更接近人类的思维活动。

了解面向对象软件工程的基本概念有助于掌握面向对象软件的开发与设计方法。面向对象软件工程是面向对象方法在软件工程领域的全面应用，包括面向对象分析（OOA）、面向对象设计（OOD）、面向对象实现等重要内容。

1.2.1　面向对象分析

面向对象分析是问题抽象的过程，即做什么。面向对象分析采用结构化方法对问题进行分解，由于对过程的理解不同，面向过程的功能所分割出的功能模块有时会因人而异。面向对象分析是指在深入、全面理解问题本质需求的基础上，准确地抽象出系统必须做什么，提炼出面向对象软件开发所需的各种要素，即确定类与对象、属性，以及建立继承关系、确定服务等。这样通过对对象细分，从同一问题领域的对象出发，不同人得出相同结论的概率较高。在分析过程中，系统分析员还应与用户反复讨论、协商，以便能正确提炼出用户的需求。此外，系统分析员还应深入理解用户需求，在此基础上抽象出目标系统的本质属性，并用模型准确地表示出来。

1.2.2 面向对象设计

面向对象分析是做什么。面向对象设计是问题求解，即怎么做。它是对分析阶段所建立的模型进行精雕细凿，并逐渐扩充的一个过程。也就是说，用面向对象观点建立求解域模型的过程。

因优秀的设计权衡了各种因素，从而实现系统在其整个生命周期中的总开销最小，对于大多数软件系统而言，60%以上的费用都要用于软件维护。因此，优秀的软件设计一个主要特点就是易于维护。在面向对象设计过程中，应遵循软件工程设计的5个基本准则。

① 模块化。面向对象设计中对象就是模块，它是把数据结构和操作数据的方法紧密结合在一起所构成的模块。

② 抽象。抽象是指将现实世界中的事物、状态或过程所存在的相似方面集中和概括起来，暂时忽略它们之间的差异。面向对象方法不仅支持过程抽象，也支持数据抽象。类实际上是一种抽象数据类型，它对外开放的公共接口构成了类的规格说明（协议），这种接口规定了外界可以使用的合法运算符，利用这些运算符可以对类实例中包含的数据进行操作。此外，某些面向对象的程序设计语言还支持参数化抽象。参数化抽象是指描述类的规格说明并不具体指定所要操作的数据类型，而是把数据类型作为参数。这使类的抽象程度更高，应用范围更广，可重用性更高。如C++程序设计语言提供的"模板"机制就是一种参数化抽象机制。

③ 信息隐藏。信息隐藏是程序把函数过程或对象看成"黑箱"的能力，使用它实现指定的操作，而不需要知道内部的运转。在面向对象设计中信息隐藏是通过对象的封装实现的。通常对象属性的表示方法和操作的实现算法是隐藏的。

④ 高内聚与低耦合。内聚是衡量一个模块内各个元素彼此结合的紧密程度。耦合是指一个软件结构内不同模块之间关联的紧密程度。在面向对象设计中，对象是最基本的模块，因此，耦合主要指不同对象之间相互关联的紧密程度。在设计时应该尽量做到高内聚、低耦合。

⑤ 可重用性。可重用性是提高软件开发质量的重要途径。重用包括尽量使用已有的类，如果确实需要创建新类，则在设计这些新类的协议时，应该考虑将来的可重用性。

1.2.3 面向对象实现

实现是问题的解，即结果。在面向对象分析和面向对象设计的基础上，使用面向对象程序设计语言编写程序代码，最终实现一个软件系统的过程就是面向对象方法实现。由于软件在开发中很有可能存在各种隐含错误，因此程序实现之后还应该进行测试，以便及时发现程序中的潜在错误。目前软件中代码规模越来越庞大，即使经过多次测试，仍然不可避免地存在各种各样的隐含错误，因此软件在使用过程中，需要开发人员或专业软件维护人员进行必要和合理的维护。

1.3 面向对象程序设计的特性

面向对象的程序设计强调在软件开发过程中面向待求解问题域中的事物，运用人类认识客观世界的普遍思维方法，直观、准确、自然地描述客观世界中的相关事物。面向对象程序设计的基本特性主要有抽象、封装、继承和多态。在本书的后续章节中，会不断地帮助读者加深对这些概念的理解，以便于熟练掌握和运用。

1.3.1 抽象

抽象就是从众多的事物中抽取出共同的、本质的特征，舍弃其非本质的特征。例如，苹果、香蕉、酥梨、葡萄、桃子等，它们共同的特征就是水果。这个得出水果概念的过程，就是一个抽象的过程。共同特征是指那些能够把一类事物与其他类事物区分开的特征，这些具有区分作用的特征又称本质特征。而共同特征又是相对的，指从某一个片面来看是共同的，如汽车和大米从买卖的角度看都是商品，这是它们的共同特征，但从其他方面比较时，它们则是不同的。因此，在抽象时，哪些是共同特征取决于从什么角度进行抽象。抽象的角度取决于分析问题的目的。抽象的目的主要是降低复杂度，以得到问题域中较简单的概念，使人们能够控制其过程或以宏观的角度了解许多特定的事态。

抽象包含两方面：一方面是过程抽象；另一方面是数据抽象。过程抽象就是针对对象的行为特征，如鸟会飞、会跳等，这些方面可以抽象为方法，即过程，写成类时都是鸟的方法。数据抽象就是针对对象的属性，如建立一个鸟这样的类，鸟会有以下特征，即两个翅膀、两只脚、羽毛等，写成类时都应是鸟的属性。

当用面向对象程序设计学生信息管理系统时，由于管理的对象是学生，分析的重点就应该是学生，通过分析学生信息管理系统的各种功能、操作和学生的主要属性（学号、姓名、班级、年龄、各科成绩等），找出其共性，将学生作为一个整体对待，并抽象成一个类（Student），将学生群体抽象为一个类的过程如图1-1所示。在该抽象过程中，首先有高低、胖瘦、俊丑、学习好坏等各不相同的学生1、学生2……但他们都属于学生，都具有学号、姓名、班级、年龄、性别、成绩等属性（数据），还有输入学号、修改班级、打印各科成绩等行为（方法）。因此可以把这些属性和方法封装起来而形成类。有了类后，就可以建立类的实例，即类所对应的对象。在此基础上还可以派生出其他类，从而实现代码的重用。

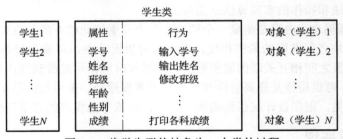

图 1-1 将学生群体抽象为一个类的过程

1.3.2 封装

封装是面向对象方法的一个重要特点，即将对象的属性和行为封装在对象的内部，形成一个独立的单位，并尽可能隐蔽对象的内部细节。对数据的访问只允许通过已经定义好的接口，也就是说，通过预先定义的关联到某一对象的服务和数据的接口，而无须知道这些服务是如何实现的。如一台洗衣机，使用者无须关心其内部结构，也无法（当然也没必要）操作洗衣机的内部电路，因为它们被封装在洗衣机内部，这对于用户而言是隐蔽的、不可见的。用户只需要掌握如何使用机器上的按键即可，如启动/暂停、选择等。这些按键安装在洗衣机的表面，人们通过它们与洗衣机交流，告诉洗衣机应该做什么。面向对象就是基于这个概念，将现实世界描述为一系列完全自治、封装的对象，这些对象通过固定受保护的接口访问其他对象。在上例的学生对象中，其他对象可通过直接调用方法"打印各科成绩"来实现学生成绩的打印，而不必关心打印的具体实现细节。

1.3.3 继承

继承是子类自动共享父类数据结构和方法的机制，这是类之间的一种关系。在定义和实现一个类时，可以在一个已经存在的类的基础上进行，把这个已经存在的类所定义的内容作为自己的内容，并加入若干新的内容。对象的一个新类可以从现有的类中派生，这称为类的继承。新类继承了原始类的特性，新类称为原始类的派生类或子类，原始类称为新类的基类或父类。子类不仅可以继承父类的数据成员和方法，而且还可以增加新的数据成员和方法，或者修改已有的方法使之满足需求。如图1-2所示为人、学生、大学生之间的继承关系，箭头的方向指向其父类。在此例中"学生"也是"人"，具有身高、体重、性别、年龄等人类的共同属性，除此之外，学生还有自己所特有的属性，如班级、学习成绩等特性。同样，大学生除继承学生的全部属性外，还有所学专业、所修学分等特有属性。

继承是面向对象程序设计语言不同于其他语言最重要的特性，是其他语言所没有的。在类层次中，子类只继承一个父类的数据结构和方法，称之为单重继承或单继承，如图1-3所示。子类继承了多个父类的数据结构和方法，称之为多重继承或多继承，如图1-4所示。通过类的继承关系，公共的特性能够实现共享，提高代码的可重用性。

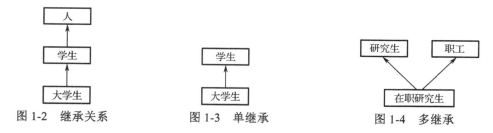

图 1-2　继承关系　　　图 1-3　单继承　　　图 1-4　多继承

1.3.4 多态

多态是面向对象方法的重要特性。不同的对象收到同一消息可以产生不同的结果，这种现象称为多态。多态允许每个对象以适合自身的方式去响应共同的消息。如一个学生拿着象棋对另一个学生说："咱们玩棋吧。"另一个学生听到请求后就明白是玩象棋。一个小朋友拿着跳棋对另一个小朋友说："咱们玩棋吧。"另一个小朋友听到请求后就明白是玩跳棋。在这两件事情中，学生和小朋友都是在"玩棋"，但他们听到请求以后的行为是不同的，这就是多态。多态使同一个属性或行为在父类及其各派生类中具有不同的语义。如图1-5所示，父类是"学生"类，它具有"输入学生信息"和"输出学生信息"的行为。派生类"大学生"、"研究生"和"在职研究生"等都继承了父类"学生"的输入学生信息、输出学生信息的功能，但具体输入、输出的信息却各不相同。当发出"输入学生信息"或"输出学生信息"的消息后，"大学生"、"研究生"和"在职研究生"等类的对象接收到这个消息后，将执行不同的功能，这就是面向对象方法中的多态。多态丰富了对象的内容，扩大了对象的适应性，改变了对象单一继承的关系。多态增强了软件的灵活性和可重用性。

C++支持两种多态，即编译时的多态和运行时的多态。编译时的多态是通过重载来实现的，运行时的多态是通过虚函数来实现的。本书将在后续章节对此进行介绍。

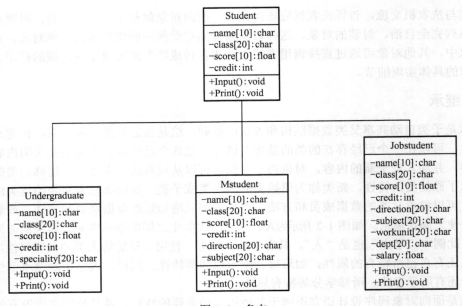

图 1-5 多态

1.4 面向对象程序设计的术语

1. 类

类是对一组具有共同属性特征和行为特征对象的抽象。如学生张三、学生王明，虽然是不同的学生，但他们的基本特征是相似的，都有姓名、年龄、班级、学习成绩等，因此将他们统称为学生（Student）类。

2. 对象

对象是封装数据结构，并可以施加这些数据结构操作的封装体。对象中的数据表示对象的状态，对象中的操作可以改变对象的状态。在现实世界中，对象是认识世界的基本单元，既可以是人、物，也可以是一件事。对象既可以是一个有形的具体存在的事物，如一个球、一个学生、一辆车，也可以是无形的、抽象的事件，如一节课、一场球赛等。对象既可以是简单对象，也可以是由多个对象构成的复杂对象。术语"对象"既可以是指一个具体的对象，也可以泛指一般的对象。

3. 实例

实例是一个类所描述的一个具体的对象。例如，通过类 Student 定义的一个具体对象学生王明就是类 Student 的一个实例，即一个对象。王明（姓名）、20（年龄）、网络 021（班级）、网络工程（专业）、80（高等数学成绩）、90（大学物理成绩），这些就是对象中的数据。输入学生信息、输出学生信息等操作就是对象中的操作。

类和对象之间的关系是抽象和具体的关系。类是对多个对象进行综合抽象的结果，对象是类的个体实物，一个具体的对象是类的一个实例。例如，手工制作糕点时，先制作模子，然后将面塞进模子里，再进行烘烤，这样就可以制作出外形一模一样的糕点了。这个模子就类似于"类"，制作出的一块块糕点就好比是类的"实例"。再比如，在 C 语言中 int 型（整型）是一个数据类型（类），int a 则说明 a 为整型变量，a 就是一个整型（类）对象；当执行语句 a=5 时，就是令整型对象 a 取得一个实例值 5。

4．属性

属性是在类中所定义的数据。它是对客观世界实体所具有性质的抽象。例如，类 Student 中所定义的表示学生的姓名、年龄和成绩的数据成员就是类 Student 的属性。类的每个实例都有自己特有的属性值。例如，前面所述的学生王明的属性值：王明（姓名）、20（年龄）、网络 021（班级）、网络工程（专业）、80（高等数学成绩）、90（大学物理成绩），就是该实例特有的属性值。

5．消息

消息就是要求某个对象执行定义该对象类中某个操作的规格说明。消息具有 3 个性质：

① 同一个对象可以接收不同形式的多个消息，做出不同的响应；
② 相同形式的消息可以传递给不同的对象，所做出的响应可以是不同的；
③ 接收对象对消息的响应并不是必需的，对象可以响应消息，也可以不响应。

在面向对象程序设计中，消息分为公有消息和私有消息，其中公有消息是由其他对象直接向它发送的，私有消息则是它向自己发送的。

例如，MyStudent 是一个类 Student 的对象，当要求它在第 2 个位置上插入一个学生信息时，在 C++中应该向它发送下列消息：

    MyStudent.Insert_Student(2, x);

其中 MyStudent 是接收消息的对象的名字，Insert_Student 是消息选择符（消息名），括号内 2 和 x 是消息的变元。当 MyStudent 接收到这个消息后，将执行在类 Student 中所定义的 Insert_Student 操作。

6．方法

方法是对象所执行的操作，也是类中所定义的服务。方法描述了对象执行操作的算法、响应消息的方法。在 C++中把方法称为成员函数。

例如，为了让类 Student 中的对象能够响应插入运算，在类 Student 中必须给出成员函数 int Insert_Student(int i, datatype x) 的定义，也就是说，要给出这个成员函数的实现代码。

7．重载

在解决问题时经常会遇到一些函数，虽然它们的功能相同，但参数类型或参数个数并不相同。例如，求一个数的立方或最大值问题，参数类型可能是整型，也可能是实型；可能是求两个参数的最大值，也可能是求 3 个参数的最大值。但很多程序设计语言要求函数名必须唯一，因此就需要定义不同的函数名，还需要记忆很多不同的名字。针对这类问题，C++提供了重载机制，即允许具有相同或相似功能的函数使用同一个函数名，从而减轻了记忆多个函数名字的负担。C++提供的重载包括函数重载和运算符重载。函数重载是指在同一作用域内的若干个参数特征不同的函数可以使用相同的函数名字；运算符重载是指同一个运算符可以施加于不同类型的操作数上。也就是说，相同名字的函数或运算符在不同的场合可以表现出不同的行为。

1.5 面向对象程序设计语言

1.5.1 C++

C++是美国 Bell 实验室的 Bjarne Stroustrup 博士在 C 语言的基础上，弥补了 C 语言存在的一些缺陷，增加面向对象的特性，于 1980 年开发的一种过程性与对象性相结合的程序设计语言。最初这种新的语言被称为"含类的 C"，到 1983 年才取名为"C++"。为了使 C++具有良好的可移植性，1990 年，美国国家标准学会（American National Standards Institute，ANSI）设立了委员会专门负责编制 C++标准。接着，国际化标准组织（International Organization for Standardization，ISO）也成立了自己的委员会。同年，ANSI 和 ISO 将这两个委员会合并统称为 ANSI/ISO，以共同合作进行标准化工作。1998 年发布了 C++国际标准。20 世纪 90 年代中期由 Booch、Rumbaugh 和 Jacoson 共同提出了统一建模语言（Unified Modeling Language，UML），把众多面向对象分析和设计方法综合成一种标准，使面向对象方法成为主流的软件开发方法。目前，面向对象方法已被广泛应用于程序设计语言、形式定义、设计方法学、操作系统、分布式系统、人工智能、实时系统、数据库、人机接口、计算机体系结构、并发工程、综合集成工程等领域，在许多领域的应用都得到了很大的发展。

1.5.2 Java

1. Java 简介

Java 是由 Sun 公司于 1995 年 5 月推出的一种通用、并发、基于类的面向对象程序设计语言。它的名字来源于印度尼西亚的一个岛名"爪哇"（印度尼西亚盛产咖啡的一个岛）。

Java 是一种纯粹的面向对象程序设计语言。用传统的程序设计语言编写的软件往往与具体的实现环境有关，而用 Java 编写的软件具有兼容特性，只要计算机系统提供了 Java 解释器就可以在各种系统上运行。Java 是 Java 程序设计语言和 Java 平台的总称。

Java 平台由 Java 虚拟机（Java Virtual Machine，JVM）和 Java 应用编程接口（Application Programming Interface，API）构成。Java 应用编程接口为 Java 应用提供了一个独立于操作系统的标准接口，分为基本部分和扩展部分。在硬件或操作系统平台上安装一个 Java 平台后即可运行。现在 Java 平台已经嵌入了几乎所有的操作系统，只要编译一次就可以在各种系统中运行。

2006 年 11 月，Sun 公司宣布将 Java 技术作为免费软件对外发布，并且正式发布有关 Java 平台标准版的第一批源代码。2009 年，甲骨文公司宣布收购 Sun 公司。2011 年，甲骨文公司举行了全球性的活动，并推出 Java 7 版。目前的最新版为 2019 年发布的 Java 13。

一个 Java 应用程序涉及 4 个方面的内容：Java 编程语言、Java 类文件格式、Java 虚拟机及 Java 应用编程接口。当编辑并运行一个 Java 应用程序时，首先使用文字编辑软件（如记事本、UltraEdit 等）或集成开发环境（Eclipse、MyEclipse 等）在 Java 源文件中定义不同的类，并通过调用类中的方法来访问资源系统，把源文件编译生成一种二进制中间码，存储在 Java class 文件中，然后通过运行与操作系统平台环境（如 Windows、Linux、Android 等）相对应的 Java 虚拟机来运行 class 文件，执行编译产生的字节码，调用 class 文件中实现的方法来满足程序的 Java API 调用。

2. Java 的主要特性

Java 具有功能强大和简单易用两个特征。它作为静态面向对象编程语言的代表，极好地实现了面向对象理论，允许程序员以优雅的思维方式进行复杂的编程，它具有以下特点。

① 便捷性。Java 语法与 C 语言、C++语言接近，可使大多数程序员很容易学习和使用。另外，Java 摒弃了那些很难理解、令人迷惑的特性，如运算符重载、多继承、自动强制类型转换。特别是 Java 不使用指针，并提供了自动废料收集功能，使程序员不必为内存管理担忧。

② 面向对象。Java 虽然只支持类之间的单继承，但支持接口之间的多继承，并支持类与接口之间的实现机制（关键字为 implements）。Java 全面支持动态绑定，而 C++只对虚函数使用动态绑定。总之，Java 是一个纯面向对象程序设计的语言。

③ 分布式。Java 支持 Internet 应用的开发，在基本的 Java 应用编程接口中有一个网络应用编程接口（Java .NET），它提供了用于网络应用编程的类库，包括 URL、URLConnection、Socket、ServerSocket 等。Java 的 RMI（远程方法激活）机制也是开发分布式应用的重要手段。

④ 健壮性。Java 的强类型机制、异常处理、废料自动收集等是其健壮性的重要保证。对指针的摒弃是 Java 的明智选择。安全检查机制使 Java 更具健壮性。

⑤ 安全性。Java 提供了一个安全机制以防恶意代码的网络攻击。除了已具有的许多安全特

性，Java 对通过网络下载的类也具有安全防范机制（类 ClassLoader），如分配不同的名字空间以防替代本地的同名类、字节代码检查，并提供安全管理机制（类 SecurityManager）给 Java 应用设置安全哨兵。

⑥ 可移植性。Java 应用程序（后缀为.java 的文件）被编译为体系结构中立的字节码格式，能够保证字节码文件在任何支持 Java 的平台上运行，即 Java 应用程序不需要重新编译就能在任何平台上运行。

⑦ 解释型。如前所述，Java 应用程序被编译为字节码格式，然后可以在实现这个 Java 平台的任何系统中运行。在运行时，Java 解释器对这些字节码进行解释执行，执行过程中需要的类在链接阶段被载入运行环境中。

⑧ 高性能。虽然 Java 是解释执行语言，但它的字节码在编译生成时带有许多编译信息。在 Java 字节码格式设计中充分考虑机器码执行效率，可直接转换成对应于特定处理器的高性能机器码。因此，Java 字节码的执行效率非常接近于 C 语言或 C++生成的机器码执行效率。

⑨ 多线程。在 Java 中，线程是一种特殊的对象，它必须由 Thread 类或其子（孙）类来创建。Java 支持多个线程同时执行，并提供多线程之间的同步机制。通过使用多线程，程序员可以分别用不同的线程完成特定的行为，而不需要采用全局事件循环机制，从而容易实现网络的实时交互操作。

⑩ 动态性。Java 的设计目标之一是适应动态变化的环境。Java 应用程序不仅需要类能够动态地被载入运行环境，也需要通过网络来载入，这也有利于软件的升级。

Java 的优良特性使其具有无比的健壮性和可靠性，这也减少了应用系统的维护费用。Java 对对象技术的全面支持和 Java 平台内嵌的 API，能缩短应用系统的开发时间并降低成本。Java 的编译一次就可以到处运行的特性，使它能够提供一个随处可用的开放结构和在多平台之间传递信息的低成本方式。特别是 Java 企业应用编程接口（Java Enterprise API）为企业计算及电子商务应用系统提供了相关技术和丰富的类库。

1.5.3 C#

C#（读作"C sharp"）是微软公司发布的一种面向对象、运行于.NET Framework 上的高级程序设计语言。C#包括单一继承、接口，以及与 Java 几乎同样的语法和编译成中间代码再运行的过程。但是 C#与 Java 有着明显的不同，它借鉴了 Delphi 的一个特点，与 COM（组件对象模型）是直接集成的，并且它是微软公司.NET Windows 网络框架的主角。

C#集 C 语言的简捷强大、C++的面向对象、VB 的图形化设计方法、Java 的编译与执行机制等优点于一身。它是创新性的新式编程语言，巧妙地结合了最常用的行业语言和研究语言中的功能。在保持 C#设计思想不变的同时，微软公司在 C#中引入了多种潜在的新功能，提高了语言构造方面的效率，将快速的应用程序开发与对底层平台各种功能的访问紧密结合在一起，使程序员能够在.NET 平台上快速开发各种应用程序。

① C# 1.0——纯粹的面向对象。C++并不是纯面向对象的，为了与 C 兼容及提供更高的执行效率，它保留了很多模块化的东西。Java 尽管也号称是面向对象的，但实际上，对于对象所应该具备的 3 种构成结构——属性、方法和事件，Java 仅提供了方法，其他两种结构都要通过方法来模拟。在 C# 1.x 中，所有面向对象的概念都在语言中得到了非常好的体现。同时，C#还通过类类型、值类型和接口类型的概念形成了统一的类型系统。C#使用大家所熟知的语法实现了方法，以至于很多人认为 C#和 Java、C++等面向对象语言"非常相像"，这使得从使用其他面向对象语言转到 C#的过程非常简单。

② C# 2.0——泛型编程新概念。C# 2.0 带来的最主要的特性就是泛型编程能力。同面向对象思想一样，泛型思想也是一种已经成熟的编程思想，但依然没有哪一种主流开发语言能够支持完备的泛型概念。这主要是因为泛型的概念在一定程度上对面向对象概念进行冲击，同时，由于很难做到在编译期间对类型参数的完全检测，很多问题会被遗留到运行时。C# 2.0 别出心裁，对泛型类型参数提出了"约束"的新概念，并以优雅的语法体现在语言之中。有了约束，再结合编译器强大的类型推断能力，就可以在编译时发现几乎所有"危险"的泛型应用。C# 2.0 的另一个突出的特性就是匿名方法，用来取代一些短小的且仅出现一次的委托，使其语言结构更加紧凑。此外，C# 2.0 还进一步增强了语言的表达能力。

③ C# 3.0（研发代号 Orcas，魔鬼）。在变化最大的 C# 3.0 中，可以用类似于 SQL 语句的语法从一个数据源中轻松地得到满足一定条件的对象集合。此外，C# 3.0 也对细微的语法进行了改进，使 C# 语言变得更加优雅、全面。目前最新版的 C# 8.0 运行在.NET Framework 4.8 下，并随 Visual Studio 2019 集成发布。

1.5.4 Python

Python 是一种跨平台的计算机程序设计语言，是面向对象的动态类型语言。它由荷兰人吉多·范罗苏姆（Guido van Rossum）于 1989 年创建，具有 Modula-3 的风格，且结合了 Unix shell 与 C 语言的习惯。一开始 Python 语言默默无闻，然而进入 21 世纪后，随着人工智能和大数据的兴起，尤其是 Python 2.0 发布后，以其简单易学、功能强大、高效等特点，Python 的应用直线上升，成为近几年最受欢迎的程序设计语言之一。

Python 包含两个版本：Python 2.x 和 Python 3.x。Python 2.0 于 2000 年 10 月发布，最新版本为 Python 2.7。Python 3.0 于 2008 年 12 月发布，与 Python 的早期版本相比，Python 3.0 是一个较大的升级版。从 Python 2.0 开始，Python 转为完全开源的开发方式。

Python 的设计初衷为"优雅"、"明确"和"简单"。它是一门完全面向对象的语言，可完全支持继承、多继承、重载、派生、运算符重载、动态类型等功能，有利于代码重用性。Python 本身被设计为可扩充的，提供了丰富的 API 和工具，方便程序员使用 C /C++语言编写扩充模块。同时，Python 底层为 C 语言编写，因此具有执行速度快的特点。

Python 之所以流行，是因为其具有简捷性、易读性及可扩展性等特点，受到了国内外研究机构的广泛应用，且众多开源的科学计算软件都为 Python 提供了调用接口，如图形图像处理方面的计算机视觉库 OpenCV、三维可视化库 VTK、医学图像处理库 ITK 等。科学计算方面的扩展库 NumPy、SciPy 和 matplotlib 等，为 Python 提供了快速数据处理、数值运算及绘图的功能。同时，Python 坚持清晰简捷的设计风格，使其易读、易维护，且完全免费。因此，Python 快速成为众多工程技术人员、科研人员喜爱的编程语言。

常用的 Python 集成开发环境如下。

① IDLE：Python 内置的集成开发工具。

② PyCharm：由 JetBrains 打造的一款 Python IDE，同时支持 Google App Engine 和 IronPython。

③ Python Win：适用于 Windows 环境的 Python 集成开发工具。

④ Eclipse+Pydev 插件：在通用集成开发环境 Eclipse 上安装 Pydev 插件，可以实现 Python 集成开发环境。

⑤ Visual Studio+Python Tools for Visual Studio：在 Visual Studio 基础上安装 Python Tools for Visual Studio，可以用于开发 Python 程序。

小结

本章讨论了面向过程和面向对象编程思想的特点和不同,介绍了 C++的发展过程。面向过程程序设计方法强调的是自顶向下顺序地完成软件开发的各阶段任务,数据与操作相分离。面向对象方法模拟人类习惯的思维方式,使开发软件的方法与过程尽可能接近人类认识世界、解决问题的方法与过程,从而使描述的问题空间(问题域)与实现解法的解空间(求解域)在结构上尽可能一致。

面向对象分析是指在深入、全面理解问题本质需求的基础上,准确地抽象出系统必须做什么,提炼出面向对象软件开发中所需的各种要素,即确定类与对象、属性,以及建立继承关系、确定服务等。

面向对象设计是对分析阶段所建立的模型进行精雕细凿、逐渐扩充的一个过程,也就是说,用面向对象观点建立求解域模型的过程。

面向对象实现是在面向对象分析和面向对象设计的基础上,使用面向对象程序设计语言编写程序代码,最终实现一个软件系统的过程。

面向对象程序设计方法的基本特性主要有抽象、封装、继承和多态。

面向对象程序设计所涉及的术语有类、对象、实例、属性、消息、方法、重载。

Java 是一种通用、并发、基于类的面向对象程序设计语言。它作为一种新型程序设计语言,具有面向对象性、平台无关性、可移植性、安全性、动态性等特点,并且提供了并发机制,具有极强的健壮性。其次,Java 应用程序(Applet)可在网络上传输,相当于网络世界的通用语言。此外,Java 提供了丰富的类库,使程序员可以方便地建立自己的系统。

C#是微软公司发布的一种面向对象的、运行于.NET Framework 上的高级程序设计语言。C#集 C 语言的简捷强大、C++的面向对象、VB 的图形化设计方法、Java 的编译与执行机制等优点于一身。C#是创新性的新式编程语言,它巧妙地结合了最常用的行业语言和研究语言中的功能,在保持 C#设计思想不变的同时,微软公司在 C#语言中引入了多种潜在的新功能,提高了语言构造方面的效率,将快速的应用程序开发与对底层平台各种功能的访问紧密结合在一起,使程序员能够在.NET 平台上快速开发各种应用程序。

Python 是近年来火热的一门计算机语言。它简单易学、功能强大,且开源免费,迅速成为受程序员和科研人员欢迎的计算机编程工具。

习题 1

1. 什么是面向对象方法学?
2. 什么是对象?它与传统的数据有何关系?有什么不同?
3. 什么是封装和继承?
4. 什么是多态?
5. 试写出学生管理系统中所涉及的类(属性和方法)。学生管理系统中学生信息有姓名、学号、年龄、成绩;学生管理系统完成学生信息输入、学生信息输出、插入学生信息、删除学生信息、查找学生信息的操作。
6. 常用的面向对象程序设计语言有哪些?各有哪些特点?
7. C++支持多态主要表现在哪些方面?

思考题

试比较常用的几种面向对象设计语言的特点。

第 2 章 C++概述

学习目标

（1）了解 C++的发展历程。
（2）了解 C++的新特性。
（3）掌握 C++的新数据类型、新的术语与技术手段。
（4）掌握基本的 C++编程方法。

2.1 C++发展历程与特点

相对于 C 语言来说，C++不是全新的语言，而是对 C 语言的有效扩张。C 语言的代码在 C++中仍然是有用的，而且 C++编译器更加严格，能发现一些隐藏的错误。

众所周知，从 1954 年诞生第一种计算机高级语言 Fortran 之后，出现了很多计算机高级语言。为了编写一个安全、稳定、高效的操作系统，1970 年，AT&T 旗下 Bell 实验室的 D.Ritchie 和 K.Thompson 共同发明了 C 语言，其初衷是用它编写 UNIX 系统程序。C 语言充分结合了汇编语言和高级语言的优点，即高效而灵活、容易移植。

随着软件系统复杂程度的攀升，开发的难度越来越大，面向对象的开发方法逐渐盛行。20 世纪 70 年代剑桥大学计算机中心的 Bjarne Stroustrup 对 Simula 语言的面向对象特性颇感兴趣，并对 ALGOL 语言的结构性也很有研究，同时对 C 语言的高效性深信不疑。于是 Bjarne Stroustrup 博士从 1979 年进入 Bell 实验室后，以 C 语言为背景、Simula 语言的面向对象的思想为基础，开始着手对 C 语言进行改良，目的是研发一种既编程简单、正确，又高效、可移植的新一代计算机语言，被称为带类的 C（C with classes）语言。新的语言不仅具有 C 语言的高可移植性、执行速度快，以及底层函数的性能不受程序移植的影响等特点，还具备类、简单继承、内联机制、函数默认参数值，以及强类型检查等特性。1983 年，C with classes 被正式命名为 C++。

从 C++诞生到现在，大致经历过三个发展阶段。

第一阶段（1980—1995 年）。C++开始在编程领域崭露头角，有许多重要的特性被加入，其中包括虚函数、函数重载、引用机制（符号为&）、const 关键字，以及双斜线的单行注释（从 BCPL 语言引入）。1985 年，Stroustrup 的 C++参考手册 *C++ Programming Language* 出版。由于当时 C++并没有正式的语言规范，因此该手册成为了业界的重要参考。同年，C++的商业版本问世。1989 年，C++再次更新版本，这次的更新引入了多重继承、保护成员及静态成员等语言特性。经过几年的发展，C++已经在工业的开发语言中占很大的比例。

第二阶段（1995—2000 年）。1998 年，C++标准委员会发布了 C++的第一个国际标准——ISO/IEC 14882:1998，该标准即为大名鼎鼎的 C++ 98。对于 C++ 98 的提出，*The Annotated C++ Reference Manual* 功不可没。同时，1979 年开始研发的标准模板库（Standard Template Library，STL）也被纳入了该版标准中。但是在此阶段，C++的应用比例不容乐观，主要是因为一些新型语言的出现与发展，C++逐渐在编程语言的舞台上显现弱势，这个阶段也是 C++发展以来的一次大危机。

第三阶段（2000 年至今）。这是 C++发展史上的另一个巅峰。2003 年，标准委员会针对 C++ 98 中存在的诸多问题进行了修订，修订后发布了 C++ 03。2005 年，C++标准委员会发布了一份技术报告，详细说明了计划引入 C++的新特性。这个新标准直到 2011 年年中才面世，相应的技术文档也随之出炉，一些编译器厂商开始试验性地支持这些新特性。Boost 库对新的 C++标准（C++ 11）影响很大，一些新的模块甚至直接衍生于 Boost 中相应的模块。一些新的语言特性加入进来，包括正则表达式（正则表达式详情）、完备的随机数生成函数库、新的时间相关函数、原子操作支持、标准线程库（2011 年之前，C 语言和 C++均缺少对线程的支持）、一种能够和某些语言中 foreach 语句达到相同效果的新的 for 语法、auto 关键字、新的容器类、更好的 union 支持、数组初始化列表的支持，以及变参模板的支持等。2014 年 8 月 18 日，经过 C++标准委员投票，C++ 14 标准获得一致通过，它是 *ISO/IEC 14882:2014 Information technology—Programming languages—C++*的简称。C++ 17 的官方名称为 ISO/IEC 14882:2017。它基于 C++ 11 旨在使 C++成为一个不那么臃肿复杂的编程语言，以简化该语言的日常使用，使程序员可以更简单地编写和维护代码。

C++在早期可以称为 C 语言的增强版，但在后来，它又引入了一些新的函数库和新的机制，如虚函数（Virtual Function）、命名空间（Namespace）、运算符重载（Operator Overloading）、多重继承（Multiple Inheritance）、模板（Template）、异常处理（Exception）、RTTI（RunTime Type Information）等，逐步增强了 C++的可用性。

C++是 C 语言的继承，它既可以进行 C 语言的过程化程序设计，又可以进行以抽象数据类型为特点的基于对象的程序设计，也可以进行以继承和多态为特点的面向对象的程序设计。C++擅长面向对象程序设计的同时，还可以进行基于过程的程序设计。因此，C++不仅拥有计算机高效运行的实用特征，同时还致力于提高大规模程序的编程质量与程序设计语言的问题描述能力。

与 C 语言和其他计算机语言相比，C++具有以下特点。

① C++是 C 语言的超集。它既保持了 C 语言的简捷、高效等特点，又克服了 C 语言的缺点，其编译器能检查更多的语法错误。

② C++生成的代码运行效率很高，与 C 语言不相上下，仅比汇编语言低 10%~20%。

③ C++保持了与 C 语言的兼容。绝大多数 C 语言程序可以不经修改直接在 C++环境中运行，而 C 语言的众多库函数也可以用于 C++中，从而提供了一个从 C 语言到 C++的平滑过渡。

④ C++既支持面向过程的程序设计，又支持面向对象的程序设计，可方便构造出模拟现实问题的模型。

⑤ C++程序在可重用性、可扩充性、可维护性和可靠性等方面都比 C 语言得到了提高，使其更适合开发大、中型的系统软件和应用程序。

出于对计算机语言的简捷和运行高效等方面的考虑，C++的很多特性都是以库（如 STL）或其他形式提供的，而没有直接添加到语言中。

2.2 C++程序

2.2.1 C++程序的格式与构成

从前面描述可以知道，C++不是一门全新的语言，而是 C 语言的一个超集，几乎保留了 C 语言的所有特性。为了便于读者快速了解 C++程序，下面给出一个基本的 C++程序来了解其格式。

[例 2-1] 交换两个整数的值。

```
1    //changedata.cpp
2    #include <iostream>                    //包含输入/输出头文件
3    using namespace std;                   //使用标准命名空间
4    void ChangeData(int* a, int* b);       //函数原型声明
5    int main()
```

```
6      {
7          int x,y;
8          cout<<"Please input two numbers:\n";    //提示输入两个数
9          cin>>x;                                  //从键盘输入两个数到 x 和 y
10         cin>>y;
11         cout<<"x="<<x<<",y="<<y<<endl;           //输出 x 和 y 的值并换行
12         ChangeData(&x,&y);                        //调用子函数来交换 x 和 y 的值
13         cout<<"The result of changing are: \n";
14         cout<<"x="<<x<<",y="<<y<<endl;           //输出交换后的 x 和 y 的值并换行
15         return 0;
16     }
17     void ChangeData(int* a, int* b)             //定义函数 ChangeData 的原型
18     {
19         int temp;
20         temp=*a;
21         *a=*b;
22         *b=temp;
23     }
```

本例程序的功能是交换两个整数的值，它由两部分组成：主函数 main()和子函数 ChangeData()，其中 ChangeData()的作用是利用指针交换两个整数的值。注意，程序中的行号是为了方便说明而添加的，不是程序的内容。

可以看到，C++和 C 语言的风格几乎一样，都由函数组成，主函数也为 main()，变量类型也相同。第 1 行是 C++风格的注释，由"//"开头直到当前行行尾，说明当前程序的文件名为 changedata.cpp，cpp 表示 C++源文件类型。第 2 行#include <iostream>表示把头文件 iostream 嵌入源文件中，因为程序要使用 C++输入/输出库函数 cin/cout 来进行操作。第 9 行的作用是执行 C++库函数 cin，从键盘输入两个数的值到 x 和 y 中。第 11 行的 endl 和第 8 行的\n 一样起输出换行的作用。第 12 行调用 ChangeData()来交换 x 和 y 的值。第 14 行输出交换后 x 和 y 的值。程序运行结果为：

  Please input two numbers:
  10↙
  20↙
  x=10,y=20
  The result of changing are:
  x=20,y=10

注意：程序第 2 行包含头文件#include <iostream>和第 3 行使用标准命名空间 using namespace std，为 C++98 标准后的使用风格，表明包含头文件 iostream（注意不含.h），目的在于使 C++代码用于移植和混合嵌入时不受扩展名.h 的限制，避免因为.h 而造成额外的处理和修改。部分编译器支持包含头文件语句#include <iostream.h>，表示兼容旧版本，不是标准的 C++风格。目前，大部分编译器不再支持#include <iostream.h>，本教程代码使用标准的 C++风格，即#include <iostream>。

在例 2-1 中，除 cin、cout、换行符 endl 及运算符<<和>>外，其他的和 C 语言一样。cin 为 C++提供的标准输入流，cout 为标准输出流，它们都是流对象；>>和<<分别为输入运算符和输出运算符。表达式为：

  cout<<数据;

表示把数据写到流对象 cout 中（输出到屏幕上）。表达式为：

  cin>>变量;

表示从流对象 cin（键盘）读数据到变量中。

流对象 cin 和 cout 及运算符<<和>>定义在头文件 iostream.h 中，因此需要在第一行中包含头文件#include <iostream>，并使用标准命名空间 using namespace std，表明为 std 的输入/输出流，例如：

```
#include <iostream>
using namespace std;
int x;
cin>>x;
```

如果不使用标准命名空间，则可以引入 std::，例如：

```
#include <iostream>
int x;
std::cin>>x;
```

给出例 2-1 的目的是方便有 C 语言基础的读者快速了解 C++程序的结构，然而这并没有体现其面向对象的特点。一般来说，一个面向对象的 C++程序包括类的声明和类的使用两大部分，其中类的使用由主函数和子函数构成。

[例 2-2] 一个典型的 C++程序格式。

```
//firstclass.cpp
#include <iostream>
using namespace std;
class First{              //类的声明
    int a,b;              //类的数据成员
    …
    void test(){…}        //类的成员函数
    …
};
//类的使用部分
int main(){
    First obj;            //创建一个 First 类型的对象 obj
    …
    obj.test();           //调用对象 obj 的成员函数 test()
    …
    return 0;
}
```

在 C++程序中，以面向对象的设计方法为"原则"，通过封装一组关系紧密的"数据"和"操作"在"类"中，构建程序所完成的功能。程序中首先声明类 First，然后在 main()中创建类对象 obj，通过调用其成员函数 test()完成所需要的功能，这便是典型的面向对象程序设计风格。

2.2.2 C++程序的编译与执行

C++源代码为.cpp 文件，其编辑、编译及运行过程和 C 语言基本一样，分为编辑、编译、链接和执行 4 个步骤，如图 2-1 所示。

图 2-1 C++的编辑、编译、链接和执行过程

目前常用的 C++编辑器有微软的 Visual C++系列、GCC 系列（包括 mingwin、codeblock、

devicec 等)、Borland C++系列。本教程以微软的 Visual C++ 2019 为编辑运行平台。

2.3 从 C 到 C++

下面从 C 语言开始，说明 C++的优势，即如何用它"高效"地构建"模型"，让计算机帮助用户解决问题。

在 C 语言（C++）中给定了已有的数据类型（整型、单精度型、双精度型、字符型等），随着问题模型复杂程度的提高，如果声明很多变量，则很难"管理"这些变量（可能因名字或用途而发生混淆）。于是，C 语言提供了一种一次声明"多个"同类型变量的方法——数组，这样就不用逐个去声明了。不仅如此，数组在物理空间上是地址连续的一组变量，用户可以"连续"地访问它。

随着问题的进一步复杂化，是否可以把一组不同类型的变量也放在"一起"，便于人们"管理"，或者说更方便地描述问题模型呢？C 语言提供了"结构体"来解决这个问题。在一个结构体类型里可以声明多个整型、单精度型、双精度型、字符型，或者是多个类型的混合。很明显，这有助于更加"细腻"地描述客观世界。

学过 C 语言的人可能又有更大的"想法"了，能不能在结构体里"增加"更多的内容，使它能"自动"计算数值呢？例如，能不能把函数也"封装"到结构体里面呢？这在 C 语言中是行不通的，而在 C++中则可以，这时的"结构体"已不再称为"结构体"，而称为"类"。

[例 2-3] 从 C 语言到 C++的实例——学生成绩管理。

本程序要求实现对学生成绩的简单管理。学生信息有学号、姓名和成绩。程序所实现的功能：输入学生信息、输出学生信息、对学生成绩进行降序排序（由高到低）。

分析：解决这个问题，如果只用各种类型的简单变量来实现，则需要大量的变量，这样在对变量进行访问时会很费劲，而且程序也将变得异常烦琐，出错率较高。针对这种数据量比较大的问题，通常的做法是采用数组来解决，这样问题就会变得简单，程序也会变得清晰。

① 使用数组

```
#include<stdio.h>
#include<string.h>
#define N 10                //定义班级人数
int main(){
    long lNum[N];           //存放学生的学号
    char cName[N][12];      //存放学生的姓名
    float fGrade[N];        //存放学生的成绩
    float fTemp;
    char cTemp[12];
    long lTemp;
    int i,j,k;
    for(i=0;i<N;i++)        //输入学号、姓名及成绩
        scanf("%d%s%f",&lNum[i] ,cName[i] ,&fGrade[i]);
    for(i=0;i<N-1;i++){     //按成绩进行排序
        for(j=i+1;j<N;j++){
            if(fGrade[i]<fGrade[j]){
                //交换成绩
                fTemp=fGrade[i];
                fGrade[i]=fGrade[j];
                fGrade[j]=fTemp;
                //交换学号
                lTemp=lNum[i];
```

```
                lNum[i]=lNum[j];
                lNum[j]=lTemp;
                //交换姓名
                strcpy(cTemp,cName[i]);
                strcpy(cName[i], cName[j]);
                strcpy(cName[j], cTemp);
            }
        }
    }
    for(i=0;i<N;i++){        //输出学生的各项信息
        printf("%d\t%s\t%8.2f\n",lNum[i],cName[i], fGrade[i]);
    }
    return 0;
}
```

说明：由于学生的学号、姓名和成绩的数据类型不相同，因此程序中分别定义了三种不同类型的数组：lNum[N]用来存放每个学生的学号，cName[N][12]用来存放每个学生的姓名，fGrade[N]用来存放每个学生的成绩。程序中利用循环语句输入、输出每个学生的学号、姓名和成绩，显然这比用多个变量进行输入、输出要方便很多。但当按成绩进行排序时，根据比较的结果有时需要分别交换学号、姓名、成绩等多个数值，每交换一个数值就需要三条语句，当要交换的数值比较多，即数据量很大时，这样做不仅容易出错，而且程序的效率明显降低。那么能不能少交换几次数值，甚至只交换一次就能达到交换数据的目的呢？针对这种关系密切但数据类型又不同的数据，就需要用到 C 语言中的结构体了，这就是数据的抽象和封装。

② 使用结构体

```
#include<stdio.h>
#define N 10                //定义班级人数
struct Student{             //定义学生结构体类型
    long lNum;              //学号
    char cName[12];         //姓名
    float fGrade;           //成绩
};
int main(){
    int i,j;
    struct Student    sList[N];    //定义学生结构体数组
    struct Student    Temp;
    for(i=0;i<N;i++)               //输入学号、姓名及成绩
        scanf("%d%s%f",&sList[i].lNum,sList[i].cName,&sList[i].fGrade);
    for(i=0;i<N-1;i++){            //按成绩进行排序
        for(j=i+1;j<N;j++){
            if(sList[i].fGrade<sList[j].fGrade){
                //交换学生的所有数据
                Temp= sList[i];
                sList[i]= sList[j];
                sList[j]=Temp;
            }
        }
    }
    for(i=0;i<N;i++)              //输出学生的各项信息
        printf("%d\t%s\t%8.2f\n",
sList[i].lNum,sList[i].cName,sList[i].fGrade);
```

```
        return 0;
    }
```
说明：程序将学生抽象定义为一个结构体类型，也就是说，对所要处理的数据进行了封装。在对学生按成绩进行排序时，根据结构体的特点，即同类型的结构体变量可以整体赋值，可大大简化程序的编写，提高程序的运行效率。然而上面的程序中还存在一些问题，由于数据和施加在数据上的操作是分开的，使结构显得比较松散。如果能将数据和施加在数据上的操作都包装在一起，程序将会显得更加紧凑，且操作方便。这就需要用到 C++中的类，即面向对象中的抽象与封装过程。

③ 类
```
    struct Student{                    //声明一个表示学生的结构体类型
        long lNum;                     //学号
        char sName[12];                //姓名
        float fGrade;                  //成绩
    };
    class OurClass{                    //声明一个班级类
    private:
        char cName[20];                //定义班级名称
        Student stu[N];                //定义 N 个学生
    public:
        void Input();                  //输入学生信息
        void Print();                  //输出学生信息
        void Sort();                   //按学生成绩进行排序
    };
```
说明：程序将学生信息（学号、姓名和成绩）及操作（输入学生信息、按成绩排序、输出学生信息）通过类封装在一起，其中，struct Student 表示学生的结构体类型，OurClass 表示班级类，cName 表示班级名称，数组 stu[N]是类 OutClass 中的数据成员，表示有 N 个学生，每个学生包括学号、姓名和成绩。类 OurClass 有输入学生信息函数 Input()、输出学生信息函数 Print()和按学生成绩进行排序函数 Sort()。在面向对象程序设计中，数据是隐藏在对象内部的，并且数据本身不能被外部程序和过程直接存取。本例将数据和对数据的操作封装在一起，构成统一体，形成了类，外界只能通过类所提供的操作对数据进行访问，增强了数据的安全性和可靠性。关于本例的完整程序见第 3 章。

2.4 C++的一些新特性

从 C++的发展历程可知，C++由 C 语言发展而来，为 C 语言的"超集"，C 语言中的变量类型、运算符、表达式、语句、函数和程序的组织等在 C++中仍然可以使用。同时，C++又增加了面向对象和非面向对象的新概念，使 C++更加简捷和安全。

2.4.1 注释

C 语言中用 "/*" 和 "*/" 作为注释分解符来注释语句，例如：
```
    /* function name: ChangeData
       Parameters:    int a, float f
    */
```
C++中在保留以上注释分解符的基础上，增加了 "//" 注释符，表明注释 "//" 后面的语句，如以下注释是等价的：
```
    sum=x+y;              /* get the sum of x and y */
```

```
sum=x+y;            //get the sum of x and y
```
C++中的注释符"//"适合注释不超过一行的内容，可使注释更加简捷易懂。

注意：① 注释符"//"只注释"//"后面的内容，且只注释当前行的内容，不可跨行进行。若要注释多行，可在每行开头添加"//"。例如：
```
//changedata.cpp
//get the sum of x and y
```
② "/*"和"*/"可以注释多行内容，即可以跨行注释，但必须成对出现。

2.4.2 新的数据类型

C++在 C 语言的数据类型基础上又增加了一种新的数据类型，即布尔型（bool），为逻辑型变量，取值范围为 true/false，存储大小为 1 字节。例如：
```
bool b;
b=true;
if(b)                    //等价于 if(b==true)
    cout<<"OK";
```
注意：bool 型变量取值不是字符串"true"和"false"。

2.4.3 灵活的变量说明

在 C 语言中，局部变量必须集中在可执行语句前声明，而 C++可以灵活地声明在程序中的任意位置，它允许变量声明与可执行语句在程序中交替出现。这样，可以在使用一个变量时进行声明，例如：
```
int i;
i=100;
int j=90;
j++;
int k=i+j;
```
从上面的代码块中可以看到，在 C++程序中，可以在任意需要的位置进行变量声明与使用，但需要注意的是，在 C++和 C 语言中，变量的声明都必须"先定义后使用"。

2.4.4 作用域运算符

在 C++或 C 语言编辑环境中，如果有两个同名变量，即全局变量和局部变量，则局部变量在其作用域内具有优先权。

[例 2-4] 作用域运算符实例 1。
```
int T=10;
int main(){
    int T;
    ...
    T=5;        //此处修改的是局部变量 T 的值，而不是全局变量 T
    ...
    return 0;
}
```
如果在局部变量作用域内修改全局变量的值，则使用作用域运算符"::"。

[例 2-5] 作用域运算符实例 2。
```
int T=10;
int main(){
    int T;
```

```
        ...
        T=5;            //此处修改的是局部变量 T 的值
        ::T=10;         //修改全局变量 T 的值
        ...
        return 0;
    }
```

在 C++中，"::"的作用有以下三种：
① 全局作用域运算符（::名称）；
② 类作用域运算符（类::类成员名）；
③ 命名空间作用域运算符（命名空间::名称）。
关于后两种的使用方法将在后续章节讲解。

2.4.5 命名空间

命名空间就是一种将程序库名称封装起来的方法。命名空间是 C++为解决变量、函数名和类名等标识符的命名冲突服务的，它将变量等标识符定义在一个不同名的命名空间中。本质上，命名空间就是定义了一个范围，其定义格式如下：

```
    namespace  命名空间标识符
    {
        成员的声明；
    }
```

[例 2-6] 命名空间实例 1。

```cpp
#include <iostream>
using namespace std;   //使用 C++标准命名空间
namespace A {
    char user_name[]="namespace A";
    void showname(){
        cout<<user_name<<endl;
    }
}
namespace B{
    char user_name[]="namespace B";
    void showname(){
        cout<<user_name<<endl;
    }
}
int main(){
    A::showname();   //用命名空间限制符访问 showname()
    B::showname();   //用命名空间限制符访问 showname()
//用命名空间限制符访问变量 user_name
    strcpy(A::user_name,"good");
    A::showname();
    return 0;
}
```

说明： 对以上有两个或多个相同名字的字符数组 user_name 和两个或多个相同名字的 showname()，利用命名空间就可以解决类似的命名冲突问题。

使用 using namespace 指令时就可以不用加上命名空间的名称。这个指令会告诉编译器，后续的代码将使用指定的命名空间中的名称。例如，在例 2-6 中就可以进行如下应用。

[例2-7] 命名空间实例2。
```cpp
#include <iostream>
using namespace std;
namespace A {
    char user_name[]="namespace A";
    void showname(){
        cout<<user_name<<endl;
    }
}
namespace B{
    char user_name[]="namespace B";
    void showname(){
        cout<<user_name<<endl;
    }
}
using namespace A;
int main(){
    showname();              //访问A中的showname()
    B::showname();           //访问B中的showname()
//用命名空间限制符访问变量user_name
    strcpy(user_name,"good");  //访问A中的user_name
    showname();              //访问A中的showname()
    return 0;
}
```
注意：命名空间可以嵌套使用。

例如：
```cpp
namespace A {
    int a;
    namespace B{
        int a;
    }
}
int main(){
    ...
    A::a=1;          //为命名空间A中的a赋值1
    ...
    A::B::a=2;       //为命名空间A中的命名空间B的a赋值2
    ...
    return 0;
}
```

2.4.6 新的输入/输出

C语言中的输入/输出函数scanf()/printf()经常因为数据类型和所使用的控制符问题而产生错误，且编译器却检查不出问题。例如：
```c
int i;
float f;
scanf("%f %d", &i,&f);
printf("%f %d",i,f);
```
此时，scanf()和printf()所使用的格式控制符与输入/输出的变量类型不一致，但该错误编译器并没有查出。

因此，C++中使用了更加便捷、安全的 I/O（输入/输出）操作。上面的代码可以改为：

```
int i;
float f;
cin>>i>>f;
cout<<i<<f;
```

这里的 cin 为标准的输入流，>>运算符在 C++中仍然保持右移功能，但扩充了其功能，在输入时表示将从标准输入流（键盘）读取的数值传递给右方指定的变量：

```
cin>>i
```

表示用户从键盘输入的数值会自动转换为变量 i 的数据类型，并保存到变量 i 中。其中，i 必须是基本的合法数据类型，而不能是 void 类型，并且>>运算符允许用户连续输入一串数值，例如：

```
cin>>i>>j>>k;
```

表示按照书写顺序从键盘上输入所要求的数据，转换为对应的三个变量 i、j、k 的数据类型，并保存到对应的变量中。两个数据之间可以用空白符（空格、换行符或制表符）分割。

当 cout 为标准的输出流时，<<运算符在 C++中仍然保持左移功能，但扩充了其功能，在输出时表示将右方变量的数值写到标准输出流（屏幕）中：

```
cout<<i
```

表示将变量 i 输出到屏幕中，其中，i 必须是基本的合法数据类型，而不能是 void 类型，并且<<运算符允许用户连续输出多个变量的值，例如：

```
cout<<i<<j<<k;
```

使用 I/O 操作 cin/cout 需要包含头文件 iostream.h。

[例 2-8] 输入/输出示例 1。

```
#include <iostream>
using namespace std;
int main(){
    int x;
    float f;
    char str[20];
    cin>>x>>f;
    cin>>str;
    cout<<"x="<<x<<endl;        //endl 表示换行
    cout<<"y="<<y<<endl;
    cout<<str;
    return 0;
}
```

注意：当包含头文件 iostream.h 时，相当于在 C 语言中调用库函数，使用的是全局命名空间，即早期的 C++实现。在后期版本里，C++标准程序库的所有标识符都被定义在一个名为 std 的 namespace 中，由于 namespace 的概念，所以在使用 C++标准程序库的任何标识符时，都需要使用如下方法。

[例 2-9] 输入/输出示例 2。

```
#include <iostream>          //此处没有.h 后缀
using namespace std;          //使用标准输入/输出命名空间 std
int main(){
    int x;
    float f;
    char str[20];
    cin>>x>>f;
    cin>>str;
```

```
        cout<<"x="<<x<<endl;
        cout<<"y="<<y<<endl;
        cout<<str;
        return 0;
    }
```

注意：例 2-9 中 iostream 没有.h 后缀。

如果不想增加语句"using namespace std;"，还可以有如下两种选择。

① 直接指定标识符。如 std::ostream 而不是 ostream。
    std::cout <<x << std::endl;
② 使用 using 关键字，将以上语句写成：
    using std::cout;
    using std::endl;
    cout << x<< endl;

2.4.7 头文件

对于头文件（后缀为.h 的），许多有关 C 语言的书都不强调它，而且编译器也并不强调函数声明（除非在声明结构或使用 C 语言的库函数时）。但在 C++中，头文件的使用变得非常清楚，它们对于每个程序的开发都是强制的，因为同 C 语言一样，C++也需要"先定义后使用"。

在 C++中，头文件可告诉编译器库中哪些是可用的，头文件是存放接口规范的唯一地方，是库的开发者与用户之间的合约。在头文件中描述的是"这里库能做什么"，在 cpp 文件中描述的是"它如何做"。开发者并不需要分发"如何做"的源代码给用户，这种手段也实现了"信息隐藏"，可达到一定的代码安全性。

总结，在 C++中文件分为.h 头文件和.cpp 文件。

① 把"只声明"的代码放入.h 头文件中。
② 把"实现"部分代码放入.cpp 文件中。

```
//MyTest.h              //头文件
//类 A 的声明部分
class A{
    int x;
    ...
    void test();
    ...
};
//全局函数 fun()的声明部分
int fun();

//MyTest.cpp            //.cpp 文件
//类 A 的实现部分
void A::test(){
    ...
}
//全局函数 fun()的实现部分
int fun(){
    ...
    return 0;
}
//主函数
int main(){
```

```
        A a;
        ...
        return 0;
}
```

C 语言和 C++都允许对函数重复声明，但决不允许对结构重复声明。在整个项目中，可能有几个文件包含同一个头文件。因此在编译期间，编译器会几次用到同一个头文件，除非做适当的处理，否则编译器就会认为是结构重复声明。为防止出现重复包含头文件造成结构重复声明的问题，C++采用如下方式进行处理。

如针对头文件 stu.h，在 stu.h 文件内部进行以下声明：

```
#ifndef STU_H
#define STU_H_
    ...                //头文件中声明部分
#endif
```

用 C++建立项目时，通常使用大量不同的类型，一般将每个类型或一组相关类型放在一个单独的头文件中，然后在一个处理单元中定义这个类型的函数。当使用这个类型时必须包含这个头文件，以形成适当的声明。

2.4.8 引用

在 C++中，当函数参数采用传值方式传送时，除非明确指定，否则函数的形式参数（形参）总是通过对"实际参数（实参）的拷贝"来进行初始化的，函数的调用者得到的也是函数返回值的拷贝。传值方式采用位拷贝方式，使其运行效率低下。通过指针传递地址方式可提高运行效率，其引用也更加简捷明了。引用是 C++的一大特点，既是支持 C++运算符重载的语法基础，也为函数参数的传入与传出提供了便利。

1．引用的概念

引用被认为是某个变量或对象的别名，引用定义格式为：

  类型名& 引用名 = 被引用的对象名称;

例如：

```
    int x;
    int& y = x;
```

引用就像给原来的对象起了一个"绰号"，访问引用时，实际访问的就是被引用的那个存储单元。

[例 2-10] 使用引用类型方法的举例。

```
#include <iostream>
using namespace std;
int main(){
    int i=0;
    int& j=i;
    cout<<"&i="<<&i<<",&j="<<&j<<endl;
    cout<<"i="<<i<<",j="<<j<<endl;
    i++;
    cout<<"i="<<i<<",j="<<j<<endl;
    j++;
    cout<<"i="<<i<<",j="<<j<<endl;
    return 0;
}
```

程序运行结果为：

&i=004FFB78,&j=004FFB78
i=0,j=0
i=1,j=1
i=2,j=2

由例 2-10 可见，引用 j 和 i 的地址是相同的，即同一个地址空间，当修改 i 或 j 的值时就会同时修改另一个的值。

引用（&）像一个能自动被编译器逆向引用的常量型指针。它通常用于修饰函数的参数表和函数的返回值，但也可以独立使用。使用规则如下。

① 当引用被创建时，它必须被初始化（指针则可以在任何时候被初始化）。

② 一旦一个引用被初始化为指向一个对象时，它就不能被改变为对另一个对象的引用（指针则可以在任何时候指向另一个对象）。

③ 没有 NULL 引用。它必须确保引用是和一个合法的存储单元关联的。

当定义一个引用时，必须被初始化指向一个存在的对象，也可以这样写：

```
int n;
int& m=n;
//int &j;                    //错误，没有初始化
```

为引用再提供一个引用也是合法的，例如：

```
int x=5;
int& y=x;
int& z=y;
```

如此定义后，等价于变量 x 有了两个引用别名：y 和 z。

使用引用时应注意如下问题。

① 不能建立引用数组，例如：

```
int iData[5];
//int& icData[5]=iData;      //错误
```

② 不能建立引用的引用，例如：

```
int i;
//int&& j=i;//错误
```

2. 引用与指针

引用与指针有着本质的区别，指针通过变量的地址可间接访问变量，而引用通过变量的别名可直接访问变量。下面举一个对比指针和引用使用方法的例子。

[例 2-11] 指针和引用的使用方法对比。

```
#include <iostream>
using namespace std;
int main(){
    int i=0;
    int* p=&i;   //指针变量 p 指向变量 i 的地址
    int& c=i;    //定义 c 为变量 i 的引用
    cout<<"i="<<i<<",*p="<<*p<<",c="<<c<<endl;
    (*p)++;      //指针 p 指向的内容（变量 i）自增
    cout<<"i="<<i<<",*p="<<*p<<",c="<<c<<endl;
    c++;         //引用 c 自增就是变量 i 自增
    cout<<"i="<<i<<",*p="<<*p<<",c="<<c<<endl;
    return 0;
}
```

程序运行结果为：

i=0,*p=0,c=0

i=1,*p=1,c=1
i=2,*p=2,c=2

从例 2-11 可以看出，使用指针修改变量的值，必须加符号*，而使用引用则不用加任何符号。因此，引用可使代码更简捷。

在 C 语言中，如果想改变指针本身，而不是改变指针指向的内容，则使用指向指针的指针；而在 C++中可以使用简捷的引用来实现。

[例 2-12] 数组、指针和引用的使用方法对比。

```
#include <iostream>
using namespace std;
void changpointer1(int** x){        //指向指针的指针
    (*x)++;                         //修改指针的位置
    **x=1;                          //修改指针的内容
}
void changpointer2(int*& x){        //对指针的引用
    x++;                            //对引用的指针进行修改
    *x=2;                           //对指针的内容进行修改
}
int main(){
    int iData[3]={0};               //初始化数组
    int *p=iData;                   //获取数组地址
    int i;
    for(i=0;i<3;i++)
        cout<<"iData["<<i<<"]="<<iData[i]<<" ";
    cout<<endl;
    changpointer1(&p);              //使用指针地址作为参数
    for(i=0;i<3;i++)
        cout<<"iData["<<i<<"]="<<iData[i]<<" ";
    cout<<endl;
    changpointer2(p);               //使用指针的引用作为参数
    for(i=0;i<3;i++)
        cout<<"iData["<<i<<"]="<<iData[i]<<" ";
    cout<<endl;
    return 0;
}
```

程序运行结果为：

iData[0]=0,iData[1]=0, iData[2]=0
iData[0]=0,iData[1]=1, iData[2]=0
iData[0]=0,iData[1]=1, iData[2]=2

在例 2-12 中，changpointer1()和 changpointer2()都能达到通过参数传递在函数中改变指针本身的目的，其中 changpointer1()是通过指针地址&p 来实现的，而 changpointer2()则是通过引用指针本身 p 来实现的。

3．引用与函数

引用的主要用途是作为函数的参数。首先看一个使用函数交换两个变量值的经典案例。

[例 2-13] 使用指针和引用交换方式的对比。

```
#include <iostream>
using namespace std;
void swapbypointer(int* x, int* y) {     //使用指针方式
    int z;
    z=*x;
```

```
        *x=*y;
        *y=z;
    }
    void swapbycite(int& x, int& y) {        //使用引用方式
        int z;
        z=x;
        x=y;
        y=z;
    }
    int main(){
        int i=10,j=20;
        int m=10,n=20;
        swapbypointer(&i,&j);        //传递 i 和 j 的地址
        swapbycite(m,n);             //使用引用
        cout<<"i="<<i<<",j="<<j<<endl;
        cout<<"m="<<m<<",n="<<n<<endl;
        return 0;
    }
```
程序运行结果为：
    i=20,j=10
    m=20,n=10

通过程序发现，swapbypointer()通过传递地址方式达到了交换变量的目的，而 swapbycite()通过引用方式直接交换了变量的值，也达到了交换目的。但是引用的语法更简捷清楚，在调用函数时，不用加运算符。

当函数的返回值为引用方式时，需要特别注意的是，不要返回一个不存在的或已被销毁的变量引用（空引用）。

[例 2-14] 不能返回一个不存在的或已被销毁的变量引用。
```
    int& tcite2(){
        int m=2;
        //return m;  //错误，调用 tcite2()后，临时对象 m 将被释放，返回值为一个空引用
        static int x=5;
        return x;    //正确，x 为一个静态对象，不会随着 tcite2()的结束而结束
    }
```

[例 2-15] 正确使用指针和引用作为返回值的例子。
```
    #include <iostream>
    using namespace std;
    int* pointer(int* p){
        (*p)++;
        return p;          //正确，因为 p 是指向函数外的指针
    }
    int& cite(int& c){
        c++;
        return c;          //正确，因为 c 是指向函数外的引用
    }
    int main(){
        int i;
        pointer(&i);
        cite(i);
    }
```

在例 2-15 中，pointer()返回值为指针类型，其指针存放的地址由参数传递而来，所以函数运行结束后，指针内的地址并不失效（存放的是 main()中 i 的地址）；cite()返回值为引用方式，该引用是对参数 c 的引用，而参数 c 引用的是 main()中的 i，所以 cite()返回值引用 main()中的 i，调用 cite()结束后，引用仍然有效。

在 C 语言中，如果开发者想改变指针本身，而不是改变指针指向的内容，则使用指向指针的指针；而在 C++中可以使用简捷的引用来实现。

2.5 Visual C++ 2019 开发环境简介

Microsoft Visual C++（Visual C++，MSVC）是 Windows Visual Studio 的一部分，指 C++、C 语言和汇编语言开发的工具与库。这些工具与库可用于创建通用 Windows 平台（UWP）应用、本机 Windows 桌面和服务器应用程序、在 Windows、Linux、Android 和 iOS 上运行的跨平台库和应用，以及使用.NET Framework 的托管应用和库。

本书所有代码都已在 Visual C++ 2019 中编译通过，为了帮助读者快速了解 C++程序，先简单讲述 Visual C++ 2019 的使用方法，这里以 C++编写的"Hello, World!"应用程序为例。

[例 2-16] 创建一个控制台应用程序，当其运行时在屏幕上显示"Hello, World!"。
具体操作如下。

① 建立一个项目（Project）。在 Visual Studio 2019 中开发 C++程序时，先要建立一个新项目，在项目中存放建立程序所需要的全部信息。建立项目的步骤为：启动 Visual Studio 2019，起始页面如图2-2 所示。选择"创建新项目"选项，弹出创建新项目页面如图2-3 所示。

图 2-2　Visual Studio 2019 起始页面

② 在创建新项目页面中选择"C++"→"Windows"→"控制台"选项，在项目类型列表中选择"控制台应用"选项，单击"下一步"按钮，弹出配置新项目页面如图 2-4 所示。

③ 在配置新项目页面，输入项目名称，选择项目保存位置，这里命名项目名称为"Hello"，单击"创建"按钮，进入 Visual C++ 2019 编辑界面，并创建一个简单的 C++应用程序，如图 2-5 所示。通过单击"本地 Windows 调试器"按钮，或者选择"调试"→"开始调试"菜单命令，编译运行，运行结果如图 2-6 所示。

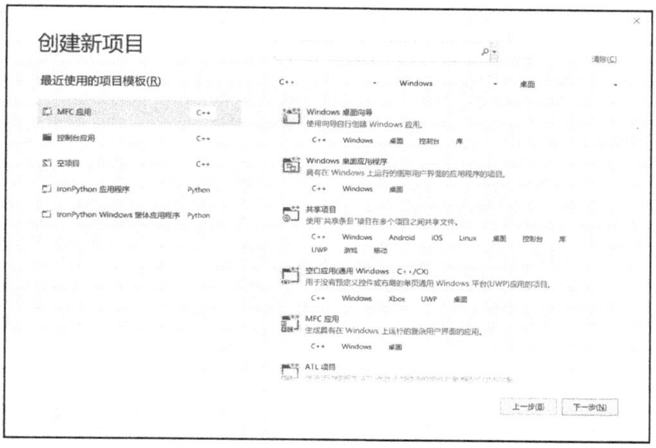

图 2-3 创建新项目页面

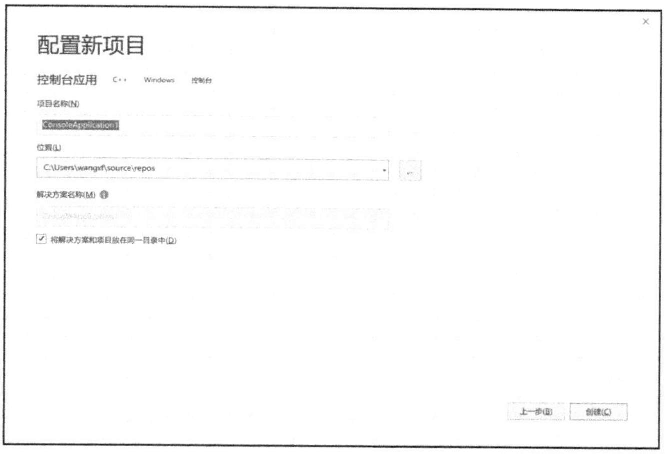

图 2-4 配置新项目页面

图 2-5 Visual C++ 2019 编辑界面

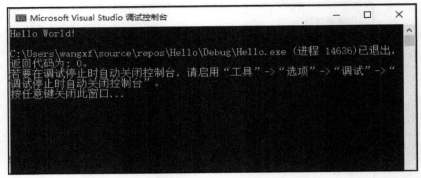

图 2-6　运行结果

④ 在图 2-5 中，可以通过选择"项目"→"添加类"菜单命令，添加自定义类。这里输入自定义类名"Demo"，如图 2-7 所示。单击"确定"按钮，创建自定义的类。

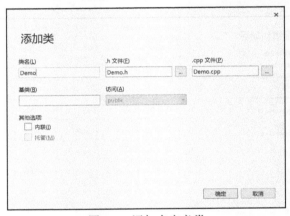

图 2-7　添加自定义类

至此，在 Visual C++ 2019 中建立了一个 C++程序，可以自定义属于自己的类代码。

小结

本章讲述了 C++的发展历程、程序的组成格式及 C++的新特性，并用实例讲述了从 C 语言到 C++面向对象的设计转变。

相对于 C 语言来说，C++是 C 语言的扩展和超集，不仅支持大部分 C 语言的功能，还提供了灵活的使用方法与功能，包括新的数据类型、灵活的注释与变量声明、便捷的作用域运算符和输入/输出、高效的引用方式。

习题 2

1. 下列定义中，哪些是无效的？为什么？如何改正？
   A．int i=1.02;　　　B．int& j=1.002;　　　C．int& k=i;　　　D．int& m=&i;
   E．int* pi=&i;　　　F．int& n=pi;　　　G．int& p=*pi;　　　H．int&* pval=pi;
2. 下面的类型声明中正确的是（　　）。
   A．int& a[4];　　　B．int&* p;　　　C．int&& q;　　　D．int i,*p=&i;
3. 引用的使用规则是什么？
4. 下面是一个 C 语言程序，请用 C++风格的输入和输出进行改写。

```
#include <stdio.h>
int main(){
    int x,y,z,max;
    printf("please input 3 numbers:\n");
    scanf("%d%d%d",&x,&y,&z);
    if(x>y)
        max=x;
    else
        max=y;
    if(max<z)
        max=z;
    printf("the max number is:%d",max);
    return 0;
}
```

5．写出程序运行结果。
```
#include <iostream>
using namespace std;
int& f(int& i){
    i+=10;
    return i;
}
int main(){
    int k=0;
    int& m=f(k);
    cout<<k<<endl;
    m=20;
    cout<<k<<endl;
    return 0;
}
```

6．写出程序运行结果。
```
#include <iostream.h>
int x=10;
int main(){
    int x=20;
    ::x=::x+100;
    cout<<x<<endl;
    return 0;
}
```

7．编写 C++风格的程序，实现冒泡法排序。

思考题

1．相比于 C 语言，C++在使用上有哪些新特点？有什么优势？
2．传值方式、指针方式、引用方式在原理上有什么不同？比较它们各自的特点。

第 3 章　类 与 对 象

学习目标

（1）掌握类的概念。
（2）理解对象与类的关系，掌握对象的创建和使用方法。
（3）掌握构造函数、析构函数的概念和使用方法。
（4）掌握内存动态分配的概念和使用方法。
（5）掌握对象数组和对象指针。

3.1　类的定义

面向对象程序设计有三个主要特性：封装、继承和多态。封装是指将数据和代码捆绑在一起。C++中的封装是通过类来实现的。类是一种新的数据类型，也是实现抽象类型的工具。在 C 语言中，结构体将相关数据组合在一起；在 C++中，类是对一组具有共同属性特征和行为特征的对象的抽象，它可将相关数据和对这些数据的操作（函数）组合在一起。因此，类可以看作对结构体的扩展。

3.1.1　类定义格式

类定义格式为：
```
class 类名
{
public:
    数据成员或成员函数
protected:
    数据成员或成员函数
private:
    数据成员或成员函数
};
```

1. 类名

class 是声明类的关键字，类名是标识符，且在其作用域内必须是唯一的，不能重名。在选择类名时应尽可能准确地描述该类所代表的概念。C++规定，标识符以字母（大、小写均可，但区分大、小写）或下画线开头，后面跟 0 或多个由字母、数字字符或下画线组成的字符串。类名的首字符通常采用大写字母。

2. 成员说明

类包括两类成员：一类是代表对象属性的数据成员；另一类是实现对象行为的成员函数。成员函数的定义不仅可以与声明同时在类内完成，也可以在类外完成。如果在类外完成，则必须用作用域"::"符号告诉编译器该函数所属的类。

3. 访问权符

访问权符也称访问权限符或访问控制符，它规定类中说明成员的访问属性，是 C++实现封装的基本手段。C++规定，在一个访问权符后面说明的所有成员都具有由这个访问权符所规定的访问属性，直到另一个不同的访问权符出现为止。

C++共提供了三种不同的访问权符：public、protected、private。

① public（公有类型）：声明该成员为公有成员。它表示该成员可以被和该类对象处在同一作用域内的任何函数使用。一般将成员函数声明为公有的访问控制。

② protected（保护类型）：声明该成员为保护成员。它表示该成员只能被所在类及从该类派生的子类的成员函数及友元函数使用。

③ private（私有类型）：声明该成员为私有成员。它表示该成员只能被所在类中的成员函数及该类的友元函数使用。

在具体使用时应根据成员的使用特点决定对其封装的程度。通常的做法是，将数据成员声明为私有类型或保护类型；将对象向外界提供的接口或服务声明为公有类型的成员函数。如果某些数据成员在子类中也需要经常使用，则应该把这些数据的访问属性声明为保护类型。

[例 3-1] 声明一个图书类。

分析：图书都有书名、作者、出版社和价格。对于图书的基本操作有输入和输出。因此先抽象出所有图书都具有的属性：书名、作者、出版社和价格，然后用成员函数实现对图书信息的输入和输出。

```
class Book{
public:                    //访问权限：公有成员
    void Input();          //行为，成员函数的原型声明，表示输入图书信息
    void Print();          //行为，成员函数的原型声明，表示输出图书信息
private:                   //访问权限：私有成员
    char title[20];        //属性，数据成员，书名
    char author[10];       //属性，数据成员，作者
    char publish[30];      //属性，数据成员，出版社
    float price;           //属性，数据成员，图书价格
};
```

说明：① 类声明中的 public、protected 和 private 关键字可以按任意顺序出现。为了使程序更加清晰，应将公有成员、保护成员和私有成员归类存放。默认访问权限为私有类型。

② 对于一个具体的类，类声明中的 public、protected 和 private 不一定都要有，但至少应该有其中的一个部分。

③ 数据成员可以是任何数据类型，但不能用自动（auto）、寄存器（register）或外部（extern）类型进行说明。

④ 类是一种广义的数据类型，系统并不会为其分配内存空间，所以不能在类声明中给数据成员赋初值。

⑤ 类的主体是包含在一对花括号中的，它的定义必须以";"结束。

[例 3-2] 声明一个长方形类。

分析：长方形有长和宽就可以计算其面积和周长。因此，先抽象出所有长方形都具有的属性长和宽，然后用成员函数实现求面积和周长的运算。

```
class Rectangle    {
public:
    double Area();              //计算面积
    double Perimeter();         //计算周长
private:
    double length=3.5;          //错误，不能在类定义时，给数据成员赋值
    double width=4.6;           //错误，不能在类定义时，给数据成员赋值
};
```

C++规定只有在对象定义之后，才能通过对象名访问相应的成员函数，给数据成员赋初值，

或者通过构造函数对数据成员进行初始化（见 3.3 节）。

3.1.2 成员函数的定义

为了实现对象的行为，将一些相关的语句组织在一起，并给它们注明相应的名称，从而形成一些相对独立且便于管理和阅读的小块程序，每个小块程序都能描述一个完整的行为，这个小块程序就构成了成员函数。

成员函数的定义有两种形式：第一种是对于代码较少的成员函数，可以直接在类中定义；第二种是对于代码较多的成员函数，通常只在类中进行函数原型说明，在类外对函数进行定义，这种成员函数定义的格式如下：

```
返回类型 类名::函数名(参数表)
{
    //函数体
}
```

例如，例 3-1 中的成员函数的定义：

```
void Book::Input(){                                //定义成员函数 Input()
    cin>>title>>author>>publish>>price;            //输入书名、作者、出版社和价格
}
void Book::Print (){                               //定义成员函数 Print()
    //输出书名、作者、出版社和价格
    cout<<title<<"  "<<author<<"  "<<publish<<"  "<<price<<endl;
}
```

说明：① 如果在类外定义成员函数，则应在所定义的成员函数名前加上类名，在类名和函数名之间应加上作用域运算符"::"，它可说明成员函数从属于哪个类。例如，上例中的 void Book::Input()表示成员函数 Input()是类 Book 中的函数。

② 在定义成员函数时，对函数所带的参数，不但要说明其类型，还要指出参数名。

③ 在定义成员函数时，其返回类型一定要与函数原型声明的返回类型匹配。

3.1.3 类的作用域

类的作用域是指在类的定义中由一对花括号所括起来的部分，包括数据成员和成员函数。在类的作用域中声明的标识符，其作用域与标识符声明的顺序没有关系。类中的成员函数可以不受限制地访问本类的数据成员和其他成员函数。但在该类的作用域外，就不能直接访问类的数据成员和成员函数了，即使是公有成员，也只能通过本类的对象才能访问。

[例 3-3] 类作用域应用举例。

```
#include <iostream>
using namespace std;
class Rectangle{
public:
    void SetPeri();
    void PrintPeri();
    double Area();
private:
    double length;
    double width;
};
int main(){
    Rectangle r1;
```

```
            r1.SetPeri();
            cout<<"Area= "<<r1.Area()<<endl;
            return 0;
        }
        double Rectangle:: Area(){
            PrintPeri();                    //调用类中的成员函数 PrintPeri()
            return length*width;            //使用类中的数据成员 length 和 width
        }
        void Rectangle::SetPeri(){
            cout<<"Input length and width "<<endl;
            cin>>length>>width;
        }
        void Rectangle:: PrintPeri(){
            cout<<"length = "<<length<<" width = "<<width<<endl;
        }
```

说明：本例中虽然成员函数 SetPeri()、Area()和 PrintPeri()的实现在花括号的类外，但是其函数原型已在类 Rectangle 中声明了，因此也在类的作用域范围之内，即类作用域覆盖了所有成员函数的作用域。因此成员函数 SetPeri()、Area()和 PrintPeri()可以不受限制地访问本类的数据成员和成员函数。

3.2 对象的定义与使用

在 C++中声明类表示定义了一种新的数据类型，只有定义了类的对象，才真正创建了这种数据类型的物理实体。对象是封装了数据结构及可以施加在这些数据结构上操作的封装体。对象是类的实际变量，一个具体的对象是类的一个实例。因此，类与对象的关系就类似于整型 int 和整型变量 i 的关系。类和整型 int 均表示为一般的概念，而对象和整型变量则代表具体的内容。与定义一般变量一样，也可以定义类的变量。C++把类的变量称为类的对象，一个具体的对象也称为类的实例。创建一个对象称为实例化一个对象或创建一个对象实例。

3.2.1 对象的定义

有两种方法可以定义对象。

① 在声明类的同时，直接定义对象。例如，以下语句定义 b1、b2 是类 Book 的对象：

```
class Book {
public:
    void Input();
    void Print();
private:
    char title[20];
    char author[10];
    char publish[30];
    float price;
}b1,b2;
```

② 先声明类，然后使用时再定义对象，定义格式与一般变量定义格式相同：

类名 对象名列表;

例如，语句"Book b1, b2;"定义 b1 和 b2 为类 Book 的两个对象。

说明：① 必须先声明类以后才能定义类的对象。多个对象之间用逗号分隔。

② 声明一个类就声明了一种类型，但它并不能接收和存储具体的值，只能作为生成具体对

象的一种"样板",在定义了对象后,系统才为对象且只为对象分配存储空间。

③ 在声明类的同时定义的对象是一种全局对象,在其生命周期内任何函数都可以使用它,一直到整个程序运行结束。

3.2.2 对象的使用

使用对象就是向对象发送消息,请求执行其某个方法,从而向外界提供所要求的服务,它的格式为:

   对象名.成员函数名(实参表);

例如,使用前面定义的对象 b1:

```
Book  b1;
b1.Input();  //通过对象 b1 执行输入操作
b1.Print();  //通过对象 b1 执行输出操作
```

[例 3-4] 图书类的完整程序。

```cpp
#include <iostream>
using namespace std;
class Book {
public:
    void Input();
    void Print();
private:
    char title[20];
    char author[10];
    char publish[30];
    float price;
};
int main(){
    Book  b1;
    b1.Input();
    cout<<"运行结果:"<<endl;
    b1.Print();
    return 0;
}
void Book::Input(){
    cout<<"请输入书名、作者、出版社和价格:"<<endl;
    cin>>title>>author>>publish>>price;
}
void Book::Print (){
    cout<<title<<"   "<<author<<"   "<<publish<<"   "<<price<<endl;
}
```

程序运行结果为:

  请输入书名、作者、出版社和价格:
  C++面向对象程序设计 姚全珠 电子工业出版社 29
  运行结果:
  C++面向对象程序设计 姚全珠 电子工业出版社 29

说明:本程序分为三部分,第一部分是类 Book 的声明;第二部分是主函数 main();第三部分是图书类成员函数的具体实现。当在 main()中定义图书对象 b1 时,b1 有 4 个数据成员,如图 3-1(a)所示,此时,每个数据成员的值都是随机值;当对象执行 Input()时,从键盘输入的数据就按输入顺序对应地存放在 b1 所对应的 title、author、publish、price 等数据成员中,如图 3-1(b)所示;

当对象执行 Print()时，数据成员 title、author、publish、price 的值就会在屏幕上输出。

注意：不能直接访问对象的私有成员。如果将该例的主程序改写成下面的形式，在编译时，程序就会给出语句错误的信息。

图 3-1 对象状态

```
int main()
{
    Book    b1;
    cin>>b1.title >>b1.author >>b1.publish >>b1.price;
    //错误的访问，不能直接访问对象的私有数据成员
    cout<<"运行结果:"<<endl;
    b1.Print();
    return 0;
}
```

为了帮助读者理解上面的程序，给出以下 3 点说明。

① "//"表示注释。在 C++中用"//"实现单行的注释，它是将"//"开始一直到行尾的内容视为注释，称为行注释。"/*…*/"表示多行的注释，它是将由"/*"开头到"*/"结尾之间所有内容均视为注释，称为块注释。块注释的注解方式可以出现在程序的任何位置，包括在语句或表达式之间。

② #include <iostream>表示编译器对程序进行预处理时，将文件 iostream 中的代码嵌入程序中该指令所在的地方。文件 iostream 中声明了程序所需要输入和输出的操作信息。在 C++中，如果使用了系统中提供的一些功能，就必须嵌入相关的头文件。

③ using namespace std；表示针对命名空间的指令。

[例 3-5] 学生成绩管理。

```
#include <iostream>
using namespace std;
#define    N    5         //定义常量 N，表示有 N 个学生
struct Student{            //声明结构体类型，表示是学生
    long lNum;             //学号
    char sName[12];        //姓名
    float fGrade;          //成绩
};
class OurClass{            //声明一个班级类
public:
    void Input();          //输入学生信息
    void Print();          //输出学生信息
    void Sort();           //按学生成绩进行排序
private:
    char cName[20];        //定义班级名称
    Student stu[N];        //定义 N 个学生
};
int main(){
    OurClass cl;           //定义对象 cl
    cl.Input();            //输入 N 个学生的信息：学号、姓名、成绩
    cl.Sort();             //按学生成绩进行排序
    cout<<endl<<"排序结果:"<<endl<<endl;
    cl.Print();            //输出 N 个学生的信息：学号、姓名、成绩
    return 0;
```

```cpp
}
void OurClass::Input(){
    int i;
    cout<<"输入班级名称:  ";
    cin>>cName;
    cout<<"输入"<<N<<"个学生的学号、姓名及成绩"<<endl;
    for(i=0;i<N;i++)
        cin>>stu[i].lNum >>stu[i].sName >>stu[i].fGrade;
}
void OurClass::Sort(){
    int i,j;
    Student Temp;
    for(i=0;i<N-1;i++){
        for(j=i+1;j<N;j++){
            if(stu[i].fGrade < stu[j].fGrade ) {
                //交换学生信息
                Temp= stu[i];
                stu[i]= stu[j];
                stu[j]=Temp;
            }
        }
    }
}
void OurClass::Print(){
    int i;
    cout<<"班级名称:  ";
    cout<<cName<<endl;
    cout<<"学号   姓名  成绩"<<endl;
    for(i=0;i<N;i++)
        cout<<stu[i].lNum <<"   "<<stu[i].sName <<"   "<<stu[i].fGrade <<endl;
}
```

3.2.3 对象的赋值

同类型的变量可以利用赋值运算符"="进行赋值，如整型、实型、结构体类型等，对于同类型的对象也同样适用。也就是说，同类型的对象之间可以进行赋值，这种赋值默认通过成员复制进行。当对象进行赋值时，对象的每一个成员逐一复制（赋值）给另一个对象的同一个成员。

[例 3-6] 对象的赋值：平面上的点赋值。

分析：本程序实现的功能是将平面上的一个点坐标值赋给平面上的另一个点。平面上的点坐标有横坐标和纵坐标。确定类 Point，平面上的每个点都有相同的属性：x 坐标和 y 坐标。用成员函数 SetPoint()和 Print()实现点信息的输入和输出。

```cpp
#include <iostream>
#include <iomanip>
using namespace std;
class Point{
public:
    void SetPoint(int a,int b);
    void Print(){
        cout<<"x="<<x<<setw(5)<<"y="<<y<<endl;
    }
```

```cpp
    private:
        int x;
        int y;
};
int main(){
    Point p1,p2;         //定义对象 p1 和 p2
    p1.SetPoint(3,5);
    cout<<"p1:"<<endl;
    p1.Print();
    cout<<"p2:"<<endl;
    p2.Print();
    p2=p1;               //对象赋值
    cout<<"p2=p1:"<<endl;
    p2.Print();
    return 0;
}
void Point::SetPoint (int a,int b) {
    x=a;
    y=b;
}
```

程序运行结果为：
p1:
x=3   y=5
p2:
x=-858993460   y=-858993460
p2=p1:
x=3   y=5

说明：本程序建立了 Point 类的两个对象，对象 p1 通过调用成员函数 SetPoint()将数据 3 和 5 对应地赋给 p1 的数据成员 x 和 y；而对象 p2 的数据成员 x 和 y 因为没有给赋值，因此输出的 x 和 y 的值是随机值，但是通过赋值语句 p2 = p1 后，p1 将自己的数据成员 x 和 y 的值对应地赋给 p2 的数据成员 x 和 y，因此再输出 p2 的数据成员值时，就输出了 3 和 5。成员函数 Print()中用到了 setw(5)。setw(int n)是 C++提供的标准运算符函数，表示设置输入、输出的宽度，该函数定义在 iomanip.h 头文件中。

注意：① 在使用对象赋值语句进行赋值时，两个对象的类型必须相同，但赋值兼容规则除外。

② 两个对象间的赋值，仅使对象中的数据相同，而两个对象仍然是彼此独立的，各自有自己的内存空间。

③ 如果类中存在指针，则不能简单地将一个对象的值赋给另一个对象，否则会产生错误。第 6 章将介绍这些问题及解决办法。

3.2.4 对象的生命周期

对象的生命周期是指对象从被创建开始到生命周期结束为止的时间，对象在定义时被创建，在释放时被终止。类中成员变量的生命周期是在类的对象定义时创建的，在对象的生命周期结束后停止。局部对象的生命周期在一个程序块或函数体内，而全局对象的生命周期从定义时开始到程序结束时停止。

[例 3-7] 对象生命周期应用举例 1。
```cpp
#include <iostream>
```

```cpp
using namespace std;
class Point{
public:
    void SetPoint(int a,int b);
private:
    int x;
    int y;
};
Point p1;              //定义全局对象 p1
int main(){
    cout << "inside main()" << endl;
    Point p2;          //定义局部对象 p2
    {
        Point p3;      //定义局部对象 p3
        p3.SetPoint(3,5);
    }
    p2.SetPoint(1,2);
    p1.SetPoint(6,9);
    cout << "outside main()" << endl;
    return 0;
}
void Point::SetPoint (int a,int b) {
    x=a;
    y=b;
    cout<<"x="<<x<<", y="<<y<<endl;
}
```

说明：对象 p1 是全局对象，其生命周期从定义时开始到程序结束时停止，因此在 main()中可以对 p1 进行访问。对象 p2 是局部对象，其生命周期在 main()内；对象 p3 是局部对象，其生命周期在复合语句内，当在复合语句外面时，p3 生命周期就会结束，不能被访问。

[例 3-8] 对象生命周期应用举例 2。

```cpp
#include <iostream>
using namespace std;
class Point{
public:
    void SetPoint(int a,int b){
        x=a;
        y=b;
        cout<<"x="<<x<<", y="<<y<<endl;
    }
private:
    int x;
    int y;
};
namespace  A {
    char username[]="namespace A";
    void ShowName(){
        cout<<username<<endl;
    }
}
void Fun();
int main(){
```

```
        cout<<"inside main"<<endl;
        Point p1;           //定义局部对象 p1
        p1.SetPoint(1,2);
        A::ShowName();
        Fun();
        return 0;
    }
    void Fun(){
        strcpy_s(A::username,strlen("inside Fun")+1, "inside Fun");
        cout<<A::username<<endl;
    }
```

说明：对象 p1 是局部对象，其生命周期在 main()内；命名空间 A 是在函数体外定义的，其生命周期与全局量一样，在声明时开始，并在程序运行结束时停止。因此，命名空间 A 中的成员既可以在 main()中被访问，也可在 Fun()中被访问。

[例 3-9] 对象生命周期应用举例 3。

```
    #include <iostream>
    using namespace std;
    class Point {
    public:
        void SetPoint(int a, int b);
        void Print(){
            cout << "x=" << x << ", y=" << y << endl;
        }
    private:
        int x;
        int y;
    };
    Point & TestFun();
    int main(){
        Point &p1 = TestFun();
        cout << "main() p1:   ";
        p1.Print();
        p1.SetPoint(7,8);
        cout << "main() p1:   ";
        p1.Print();
        return 0;
    }
    void Point::SetPoint(int a, int b) {
        x = a;
        y = b;
    }
    Point & TestFun(){
        Point p;
        p.SetPoint(5, 6);
        cout << "TestFun() p:   ";
        p.Print();
        return p;
    }
```

程序运行结果错误。

说明：对象 p1 是对象引用，其生命周期在 main()内；对象 p 是局部对象，其生命周期在

TestFun()内。在 TestFun()中，对象 p 可以调用成员函数 Print()，输出相应的数据成员值；但在 TestFun()结束时，对象 p 的生命周期就结束了，其数据成员 x 和 y 的生命周期也结束了，这时返回的是一个空引用。因此在 main()中，对象 p1 的数据成员 x 和 y 的输出结果是错误的。

3.3 构造函数和析构函数

如果变量在使用之前没有进行正确的初始化或清除，将导致程序出错。例如，在例 3-6 中，p2 在没有对数据成员初始化时就调用输出函数进行输出，结果输出的数据成员的值是随机值。如果对这个没有正确初始化的对象进行使用，则很容易导致程序出错。因此要求对对象必须正确地初始化。对对象进行初始化的一种方法是编写初始化函数，然而很多用户在解决问题时，常常忽视这些函数，以至于给程序带来了隐患。为了方便对象的初始化工作，C++提供了两个特殊的成员函数，即构造函数和析构函数。构造函数的功能是在创建对象时，给数据成员赋初值，即对象的初始化。析构函数的功能是释放一个对象，在对象删除之前，用它来做一些内存释放等清理工作，它的功能与构造函数的功能正好相反。

3.3.1 构造函数

在类的定义中不能直接对数据成员进行初始化，要想对对象中的数据成员进行初始化，一种方法是手动调用成员函数来完成初始化工作，但这样做会加重程序员和编译器的负担。因为在每次创建对象时都要另外书写代码调用初始化函数，而且编译器也需要处理这些调用。另一种方法是使用构造函数。构造函数是一种特殊的成员函数，它的特点是为对象分配空间、初始化，并且在对象创建时会被系统自动执行。

定义构造函数原型的格式为：
    类名(形参列表)；

在类外定义构造函数的格式为：
    类名::类名(形参列表)
    {
        //函数语句；
    }

构造函数的特点如下。

① 构造函数的名字必须与类名相同。
② 构造函数可以有任意类型的参数，但是没有返回值类型，也不能指定为 void 类型。
③ 定义对象时，系统会自动地调用构造函数。
④ 通常构造函数被定义在公有部分。
⑤ 如果没有定义构造函数，系统会自动生成一个默认的构造函数，它只负责对象的创建，不做任何初始化工作。
⑥ 构造函数可以重载。

[例 3-10] 构造函数应用举例：输出日期。

分析：本程序要求输出某日期，该日期由年、月、日构成。定义日期类 Date，确定属性为年、月、日。利用构造函数对对象进行初始化，调用成员函数输出日期。

```
#include <iostream>
using namespace std;
class Date {
public:
    Date(int y,int m,int d){
        year=y;
```

```cpp
            month=m;
            day=d;
        }
        void Print();
    private:
        int year;
        int month;
        int day;
    };
    int main(){
        Date today(2020,3,1);
        cout<<"today is   ";
        today.Print();
        return 0;
    }
    void Date::Print(){
        cout<<year<<"-"<<month<<"-"<<day<<endl;
    }
```

程序运行结果为：
  today is　　2020-3-1

说明：main()没有显示调用构造函数 Date()，构造函数是在创建对象 today 时系统自动调用的，即在创建对象 today 时，系统自动调用构造函数 today.Date，并将数据成员 year、month、day 初始化为 2020、3 和 1。

注意：① 构造函数的名字必须与类名相同，否则系统会将它当作一般的成员函数来处理。

② 构造函数没有返回值，在声明和定义构造函数时，不能说明其类型，甚至 void 类型也不行。

③ 在实际应用中，通常需要给每个类定义构造函数，如果没有给类定义构造函数，则系统自动生成一个默认的构造函数。这个默认的构造函数不带任何参数，只能给对象开辟一个存储空间，也不能为对象中的数据成员赋初值，此时数据成员的值是随机的。系统自动生成的构造函数的格式为：

  类名::构造函数名(){ }

例如，假设例 3-4 的类 Book 没有定义构造函数，而系统为类 Book 自动生成的构造函数为：
  Book:: Book(){ }

但是，如果在类中自己定义了构造函数，则系统提供的默认构造函数不再起作用，如果还需要使用无参数的默认构造函数来初始化对象，则必须再定义一个无参数的构造函数，即构造函数重载（详细内容见第 4 章）。

例如，若将例 3-10 的 main()修改如下，则编译时会发生错误。

```cpp
    int main(){
        Date today1(2020,3,1);
        Date today2;
        //错误，创建对象时将调用构造函数，但类 Date 没有无参数的构造函数，无法创建 today2 对象
        //解决方法是构造函数重载
        cout<<"today is   ";
        today1.Print();
        return 0;
    }
```

④ 构造函数可以不带参数，例如：
```cpp
    class Point{
    public:
```

```
            Point();
            //…
        private:
            int x, y;
    };
    Point:: Point(){
        x=0;
        y=0;
    }
```
⑤ 构造函数也可采用构造初始化表对数据成员进行初始化，例如：
```
    class Date{
    public:
        Date(int y,int m,int d):year(y),month(m),day(d){}
        //构造函数初始化表对数据成员进行初始化
        //…
    private:
        int year;
        int month;
        int day;
    };
```
⑥ 如果数据成员是数组，则应在构造函数中使用相关语句进行初始化，例如：
```
    class   Student{
    public:
         Student(char na[],int a);
         //….
    private:
         char name[10];
         int age;
    };
    Student:: Student(char na[],int a): age(a) {
        //name 是字符数组，所以用 strcpy_s()进行初始化
        strcpy_s(name, strlen(na)+1,na);
    }
```

3.3.2 析构函数

在对象生命周期结束前，通常需要进行必要的清理工作。这些相关的清理工作由析构函数完成。析构函数是一种特殊的成员函数，当删除对象时就会被调用。也就是说，在对象的生命周期即将结束时，由系统自动调用，随后这个对象也就消失了。需要注意的是，析构函数的目的是在系统回收对象内存之前执行结束清理工作，以便内存可被重新用于保存新对象。

定义析构函数的格式为：

~类名();

例如：
```
    class Date{
    public:
        …
        ~ Date () {} //析构函数
        …
    };
```
析构函数的特点：

① 析构函数名是由"~"和类名组成的；
② 析构函数没有参数，也没有返回值，而且不能重载；
③ 通常析构函数被定义在公有部分，并由系统自动调用；
④ 一个类中有且仅有一个析构函数，应为 public。

说明：① 与类的其他成员函数一样，析构函数不仅可以在类内定义，也可以在类外定义。如果不定义，系统会自动生成一个默认的析构函数为"类名::~ 类名(){ }"。

② 析构函数的功能是释放对象所占用的内存空间，它在对象生命周期结束前由系统自动调用。

③ 析构函数与构造函数两者的调用次序相反，即最先构造的对象最后被析构，最后构造的对象最先被析构。

[例 3-11]　构造函数与析构函数的执行顺序，即 Point 类的多个对象的创建与释放。

```
#include <iostream>
using namespace std;
class Point{
public:
    Point(int a,int b);
    ~Point();
private:
    int x;
    int y;
};
int main(){
    Point p1(1,2),p2(3,5);
    return 0;
}
Point::Point(int a,int b) {            //定义构造函数
    cout<<"inside constructor"<<endl;
    x=a;   y=b;
    cout<<'('<<x<<','<<y<<')'<<endl;
}
Point::~Point(){                       //定义析构函数
    cout<<" inside destructor"<<endl;
    cout<<'('<<x<<','<<y<<')'<<endl;
}
```

说明：调用构造函数的顺序与 main()中创建对象的顺序一致，先创建对象 p1，然后再创建对象 p2；调用析构函数的顺序与创建对象的顺序相反，先析构对象 p2，然后再析构对象 p1。

④ 除了在显式撤销对象时，系统会自动调用析构函数，在下列情况下，析构函数也会被调用，即如果一个对象被定义在一个函数体内，则当这个函数结束时，该对象的析构函数会被自动调用。

[例 3-12]　对象定义在函数体内的析构函数的执行情况。

```
#include <iostream>
using namespace std;
class Complex{
public:
    Complex(double r,double i);
    ~Complex();
private:
    double real;
    double imag;
```

```
    };
    void fun(Complex c);
    int main(){
        cout<<"inside main"<<endl;
        Complex c1(1.1,2.2);
        fun(c1);
        cout<<"outside main"<<endl;
        return 0;
    }
    Complex::Complex (double r,double i){
        cout<<"inside constructor"<<endl;
        real=r;
        imag=i;
    }
    Complex::~Complex(){
        cout<<"inside destructor"<<endl;
    }
    void fun(Complex c){
        cout<<"inside fun"<<endl;
    }
```

程序运行结果为：
```
inside main
inside constructor
inside fun
inside destructor
outside main
inside destructor
```

说明：在 main()中定义对象 c1 时，系统自动调用 c1 的构造函数；当调用 fun()时，实参 c1 将值对应地赋给形参 c；当函数 fun 执行完，系统自动调用对象 c 的析构函数；当 main()结束时，系统自动调用对象 c1 的析构函数。由此可见，只要对象超出其定义范围，系统就会自动调用析构函数。

[例 3-13] 复合语句中对象的析构函数的执行情况。

```
    class Complex{
        …//与例 3-12 的类 Complex 声明相同
    };
    #include <iostream>
    using namespace std;
    int main(){
        cout<<"inside main"<<endl;
        Complex c1(1.1,2.2);
        cout<<"begin compound-statement:"<<endl;
        {
            Complex c2(3.4,5.8);
        }
        cout<<"end compound-statement:"<<endl;
        cout<<"outside main"<<endl;
        return 0;
    }
    …//成员函数的实现部分与例 3-12 相同
```

说明：main()中先自动调用 c1 的构造函数。当执行复合语句中的定义对象 c2 时，系统自动调用 c2 的构造函数；当复合语句结束时，系统自动调用对象 c2 的析构函数；当 main()结束时，系统自动调用对象 c1 的析构函数。

如果一个对象使用 new 运算符动态创建，在使用 delete 运算符释放它时，delete 会自动调用析构函数（在程序中如果不显示撤销该对象，系统就不会自动调用析构函数），详细说明见 3.4 节。

3.4 内存的动态分配

用户存储区空间分为三部分：程序区（代码区）、静态存储区（数据区）和动态存储区（栈区和堆区）。代码区存放程序代码，程序运行前就可分配存储空间。数据区存放常量、静态变量、全局变量等。栈区存放局部变量、函数参数、函数返回值和临时变量等。堆区是程序空间中存在的一些空闲存储单元，这些空闲存储单元组成堆。在堆中创建的数据对象称为堆对象。当创建对象时，堆中的一些存储单元从未分配状态变为已分配状态；当删除所创建的堆对象时，这些存储单元从已分配状态又变为未分配状态。当堆对象不再使用时，应予以删除，回收其所占用的动态内存。

在 C++中使用运算符 new 和 delete 来实现在堆内存区中进行数据的动态分配和释放。

3.4.1 运算符 new

在 C++中，new 的功能是实现内存的动态分配。在程序运行过程中申请和释放的存储单元称为堆对象。申请和释放的过程称为建立和删除堆对象。

new 的使用格式有以下三种：

  指针变量 = new T;
  指针变量 = new T(初值列表);
  指针变量 = new T [元素个数];

说明：① T 是数据类型名，表示在堆中建立一个 T 类型的数据。初值列表可以省略，例如：

  int   *p;
  float *p1;
  p=new int(100);   //让 p 指向一个类型为整型的堆地址，该地址中存放数值 100
  p1=new float;   //让 p1 指向一个类型为实型的堆地址

② 用 new 创建堆对象的格式：

  类名 *指针名= new 类名([构造函数参数]);

例 3-10 中创建一个类 Complex 的对象也可以采用下列语句：

  Complex *c1=new Complex(1.1,2.2);
  //创建对象*c1，并调用构造函数初始化数据成员 real、imag 为 1.1、2.2

类名后面是否带参数取决于类的构造函数，如果构造函数带参数，则 new 后面的类名需要带参数；反之，则不带参数。例如：

  class Date{
  public:
    Date();
    ...
  private:
    int year;
    int month;
    int day;
  };
  int main(){
    Date *today=new Date;
    ...

```
        }
        Date::Date(){
            year=2001;
            month=12;
            day=3;
        }
```

③ new 返回一个指定的合法数据类型内存空间的首地址（指针），若分配不成功，则返回一个空指针。

④ new 可以为数组动态分配内存空间，这时应该在类型名后面指明数组的大小，其中，元素个数是一个整型数值，可以是常数也可以是变量。指针类型应与数组类型一致，例如：

```
int n,*p;
cin>>n;
p=new int[n];    //表示 new 为有 n 个元素的整型数组分配内存空间，并将首地址赋给指针 p
```

⑤ new 不能对动态分配的数组存储区进行初始化，例如：

```
int *p;
p=new int[10](0);//错误，不能对动态分配的数组进行初始化
```

⑥ 用 new 分配的空间，使用结束后只能用 delete 显式释放，否则这部分空间将不能回收，从而造成内存泄漏。

3.4.2 运算符 delete

delete 用来释放动态变量或动态数组所占的内存空间，其应用格式为：

　　delete　指针变量名；
　　delete　[]指针变量名；

① 释放动态变量所占的内存空间，例如：

```
int *p=new int;
//…
delete p;     //释放指针 p 所指向的动态内存空间
```

② 释放动态数组所占的内存空间，例如：

```
int *p;
p=new int[10];
//…
delete []p;   //释放为数组动态分配的内存
```

说明：① new 和 delete 需要配套使用，如果搭配错了，程序运行时就会发生不可预知的错误。

② 在用 delete 释放指针所指的空间时，必须保证该指针所指的空间是用 new 申请的，并且只能释放一次，否则将产生指针悬挂问题（见第 6 章）。

③ 如果在程序中用 new 申请了空间，就应该在结束程序前释放所有申请的空间，这样才能保证堆内存的有效利用。

④ 当 delete 用于释放由 new 创建的数组连续内存空间时，无论是一维数组还是多维数组，指针变量名前必须使用[]，且[]内没有数字。

[例 3-14]　动态创建类 Point 的对象。

```
#include <iostream>
using namespace std;
class Point{
public:
    Point(int a,int b);
```

```
        ~Point();
    private:
        int x,y;
};
int main(){
    Point *p=new Point(1,3);    //动态创建对象，自动调用构造函数
    delete p;                   //删除对象，自动调用析构函数
    return 0;
}
Point::Point(int a,int b) {
    cout<<"inside constructor"<<endl;
    x=a;   y=b;
}
Point::~Point(){
    cout<<"inside destructor"<<endl;
}
```

说明：当 main()利用 new 动态创建对象 p 时，系统可自动调用构造函数。当执行 delete 运算符删除对象 p 时，系统可自动调用析构函数。

注意：读者可以将"delete p;"这条语句去掉，看一下会有怎样的结果，为什么？

3.5 对象数组和对象指针

3.5.1 对象数组

数组的元素既可以是基本数据类型的数据，也可以是用户自定义数据类型的数据。对象数组是指每一个数组元素都是对象的数组。对象数组的元素是对象，它不仅具有数据成员，而且还有成员函数。

说明对象数组的方法与说明基本类型的数组的方法相似，因为类实质上是一种数据类型。在执行对象数组说明语句时，系统不仅分配适当的内存空间以创建数组的每个对象（数组元素），还会自动调用适当的构造函数以完成数组内每个对象的初始化工作。

声明对象数组的格式为：

  类名 数组名[下标表达式];

例如：Book b[10];

与基本类型的数组一样，在使用对象数组时也只能引用单个数组元素。通过对象可以访问其公有成员。对象数组的引用格式为：

  数组名[下标].成员函数

例如：b[1].Print();

[例 3-15] 对象数组的应用：求圆的面积。

分析：假设仅计算圆的面积而不考虑圆所在的位置，则可抽象出所有圆都具有的属性——半径；定义一个 Circle 类，用构造函数实现对半径的初始化，并用成员函数计算圆的面积。

```
#include <iostream>
using namespace std;
class Circle{
public:
    Circle(double r);
    double Area();
    ~Circle();
private:
```

```
        double radius;
};
int main(){
    Circle c[3]={1,3,5};    int i;
    for(i=0;i<3;i++)
        cout<<"第 "<<i+1<<" 个圆的面积是:"<<c[i].Area()<<endl;
    return 0;
}
Circle::Circle (double r) {
    cout<<"inside constructor"<<endl;
    radius=r;
}
double Circle::Area(){
    return 3.14*radius*radius;
}
Circle::~Circle(){
    cout<<"inside destructor"<<endl;
}
```

说明：main()中定义对象数组 c[3]，并通过直接调用构造函数对每个元素即每个对象进行初始化，当程序结束时，系统自动调用析构函数释放每个对象，因此，需要执行三次析构函数。

注意：构造函数不只有一个参数，在定义对象并对对象进行初始化时，通常采用直接调用构造函数的方法。

[例 3-16] 输出若干个平面上的点。

```
#include <iostream>
using namespace std;
class Point{
public:
    Point(int a,int b);
    void Print();
private:
    int x, y;
};
int main(){
    Point ob[3]={Point(1,2),Point(3,4),Point(5,6)};
    int i;
    for(i=0;i<3;i++){
        cout<<"第 "<<i+1<<" 个点的坐标为:";
        ob[i].Print();
    }
    return 0;
}
Point::Point(int a,int b) {
    x=a;   y=b;
}
void Point::Print(){
    cout<<'('<<x<<','<<y<<')'<<endl;
}
```

程序运行结果为：
第 1 个点的坐标为(1,2)
第 2 个点的坐标为(3,4)

第 3 个点的坐标为(5,6)

说明：在定义对象数组 ob 时系统会自动调用构造函数进行初始化，然而此时构造函数的参数是两个，因此就需要通过直接调用构造函数给对象数组赋值：

    Point ob[3]={Point(1,2),Point(3,4),Point(5,6)};

从而实现对象数组的初始化操作。

3.5.2 对象指针

访问一个对象既可以通过对象名访问，也可以通过对象地址访问。对象指针就是用于存放对象地址的变量，它遵循一般变量指针的各种规则。声明对象指针的格式为：

    类名 *对象指针名；

例如，例 3-15 的 Circle 类：

    Circle *c;   //定义 Circle 类的对象指针变量 c

与用对象名来访问对象成员一样，使用对象指针也可以访问对象的成员，其格式为：

    对象指针名->成员名

例如：

    Circle *c;
    …   //对指针 c 进行初始化
    c-> Area();

与一般变量指针一样，对象指针在使用之前必须先进行初始化，让它既可以指向一个已经声明过的对象，也可以用 new 运算符动态建立堆对象。

例如：

    Circle *c1,c(3);
    c1=&c;;
    c1-> Area ();   //正确，c1 在使用之前已指向一个已经声明过的对象
    Circle *c2=new Circle(3);
    c2-> Area ();   //正确，c2 在使用之前已利用 new 动态建立堆对象 c2
    Circle *c3;
    c3-> Area ();   //错误，不能使用没有初始化的对象指针

[例 3-17] 用对象指针访问 Circle 类的成员函数。

修改例 3-15 中的 main()，代码如下：

```
int main(){
    Circle *c=new Circle(3);
    cout<<"圆的面积是:"<<c->Area()<<endl;
    delete c;
    return 0;
}
```

程序运行结果为：

    inside constructor
    圆的面积是:28.26
    inside destructor

说明：main()动态建立对象 c 时，系统自动调用构造函数将对象 c 的数据成员 radius 初始化为 3，初始化后的对象指针调用成员函数 Area 计算面积并输出结果。当删除对象时自动调用析构函数。

[例 3-18] 用对象指针引用 Circle 类的对象数组。

修改例 3-15 中的 main()，代码如下：

```
int main(){
    Circle c[3]={1,3,5};
    Circle *p=c;
```

```
        for(;p<c+3;p++)
            cout<<p->Area()<<endl;
        return 0;
}
```
程序运行结果与例 3-15 类似。

说明：main()中定义对象数组 c[3]，并将对象数组 c 的首地址赋给指针变量 p，通过指针变量 p 的移动，计算并输出每个圆的面积。

3.5.3 自引用指针 this

当定义了一个类的若干对象后，每个对象都有属于自己的数据成员，而同一类的不同对象将共同拥有一份成员函数的副本，那么在执行不同对象所对应的成员函数时，各成员函数是如何分辨出当前调用自己的是哪个对象呢？

[例 3-19] 输出不同正方形的面积。

分析：所有正方形都具有共同的属性——边，对于正方形可以进行求面积的运算。定义一个 Square 类，数据成员是边，用构造函数对边进行初始化，并用成员函数计算正方形的面积。

```
#include <iostream>
using namespace std;
class Square{
public:
    Square(double len);
    double Area();
private:
    double length;
};
int main(){
    Square s1(3),s2(5);
    cout<<"s1 area is   "<<s1.Area ()<<endl;
    cout<<"s2 area is   "<<s2.Area ()<<endl;
    return 0;
}
Square::Square (double len) {
    length=len;
}
double Square::Area(){
    return length* length;
}
```

程序运行结果为：
s1 area is   9
s2 area is   25

说明：运行这个程序输出 s1 和 s2 所对应的面积，但是在执行 s1.Area()时，成员函数 Area()怎么知道是对象 s1 在调用自己，从而输出 s1 所对应的值呢？类似地，在执行 s2.Area()时，成员函数 Area()怎么知道是对象 s2 在调用自己，从而输出 s2 所对应的值呢？

这是因为 C++为非静态成员函数提供了一个名为 this 的指针，即自引用指针。每当对象调用成员函数时，系统就将该对象的地址赋给 this 指针，这时 C++编译器将根据 this 指针所指向的对象来确定应该引用哪一个对象的数据成员。

通常，this 指针在系统中是隐含地存在的。在使用时可以将其显式地表示出来。上例中语句"length=len;"就可以写成"this->length=1en;"。

当执行 s1.Area()时，系统将 this 指针指向对象 s1，这样所读取的 length 是对象 s1 所对应的 length，从而计算出 s1 所对应的面积；同理，当执行 s2.Area()时，系统将对象 s2 的地址赋给 this 指针，读取对象 s2 所对应的 length，计算 s2 所对应的面积。

一般来说，this 指针主要用于运算符重载（见第 6 章）和自引用等场合。

[例 3-20]　this 应用举例：通过成员函数 copy()实现 Square 类对象的赋值。

```cpp
#include <iostream>
using namespace std;
class Square{
public:
    Square(double len);
    double Area();
    void copy(Square &s);
private:
    double length;
};
int main(){
    Square s1(3),s2(5);
    cout<<"before copy"<<endl;
    cout<<"s1 area is   "<<s1.Area ()<<endl;
    cout<<"after copy"<<endl;
    s1.copy(s2);
    cout<<"s1 area is   "<<s1.Area ()<<endl;
    return 0;
}
Square::Square (double len) {
    length=len;
}
double Square::Area(){
    return length* length;
}
void Square::copy (Square &s) {
    if(this==&s)
        return;
    *this=s;
}
```

说明：定义对象 s1 时通过构造函数将其数据成员初始化为 3，因此调用 Area()输出 9；当程序执行 s1.copy(s2)时，对象 s1 调用成员函数 copy()，因此 this 指针指向 s1。在 copy()中首先判断是不是对象在给自己赋值，如果是，就返回；否则，将形参 s 的值赋给 this 所指的对象 s1。本例中形参 s 是实参 s2 的引用，因为不是 s1 给自己赋值，所以执行语句"*this=s;"，即将 s 的值赋给 this 所指的对象 s1。

使用 this 指针时应该注意以下三点：
① this 指针是一个 const 指针，不能在程序中修改或给它赋值；
② this 指针是一个局部数据，其作用域仅在一个对象的内部；
③ 静态成员函数不属于任何一个对象，且没有 this 指针。

小结

1. 类和对象

类是面向对象程序设计的核心，它不仅是一种新的数据类型，也是实现抽象类型的工具。类是对某一类对象的抽象，一个具体的对象是类的实例。在定义类后，才能定义类的对象。在定义对象后，系统才为对象并且只为对象分配存储空间。

同类型的对象之间可以进行赋值，当一个对象赋值给另一个对象时，所有的数据成员都会逐位复制。但是如果类中存在指针时，则不能简单地将一个对象的值赋给另一个对象。否则会产生错误。

局部对象是指定义在一个程序块或函数体内的对象。定义对象时，系统自动调用构造函数创建对象，程序运行结束时调用析构函数释放对象。

全局对象的生命周期从定义时开始到程序结束时停止。定义对象时，自动调用构造函数创建对象，程序运行结束时调用析构函数释放对象。

2. 构造函数和析构函数

构造函数的功能是在创建对象时给数据成员赋初值，即对象的初始化。析构函数的功能是释放一个对象，在对象删除之前，用它来做一些内存释放等清理工作。

构造函数的名字必须与类名相同，它没有返回值，既可以带参数也可以不带参数。如果没有定义构造函数，则编译器自动生成一个默认的构造函数。

每个类只能有一个析构函数，应为 public，且不能被重载，不能有任何参数，不能有返回值。如果不定义，系统会自动生成一个默认的析构函数。

当系统声明了多个对象时，这些对象的析构函数与构造函数的调用次序相反，即先构造的对象最后被析构，后构造的对象最先被析构。

3. 运算符 new 和运算符 delete

new 的功能是实现内存的动态分配。

delete 用来释放动态变量或动态数组所占的内存空间。在用 delete 释放指针所指的空间时，必须保证这个指针所指的空间是用 new 申请的，并且只能释放一次，否则将产生指针悬挂问题。

执行 new 时创建动态对象，执行 delete 时释放动态对象。

4. 对象数组和对象指针

对象数组是指每一数组元素都是对象的数组。对象数组的元素是对象，不仅具有数据成员，而且还有函数成员。

访问一个对象既可以通过对象名访问，也可以通过对象地址访问。对象指针就是用于存放对象地址的变量。

5. 自引用指针 this

C++为非静态成员函数提供了一个名为 this 的指针，这个指针称为自引用指针。每当对象调用成员函数时，系统就将 this 指针初始化为指向该对象，然后调用成员函数。当成员函数处理数据时，则隐含使用 this 指针。当不同对象调用同一个成员函数时，C++编译器将根据 this 指针所指向的对象来确定应该引用哪一个对象的数据成员。

习题 3

1. 构造函数和析构函数的主要作用是什么？
2. 关于构造函数的叙述正确的是（　　）。
   A. 构造函数可以有返回值　　　　B. 构造函数的名字必须与类名完全相同

C．构造函数必须带有参数　　　　D．构造函数必须定义，不能默认
3．关于析构函数特征描述正确的是（　　）。
   A．一个类中可以有多个析构函数　　B．析构函数名与类名完全相同
   C．析构函数不能指定返回类型　　　D．析构函数可以有一个或多个参数
4．构造函数是在（　　）时被执行的。
   A．程序编译　　B．创建对象　　C．创建类　　D．程序装入内存
5．定义 A 是一个类，那么执行语句"A a,b(3),*p;"调用了（　　）次构造函数。
   A．2　　B．3　　C．4　　D．5
6．在下列函数原型中，可以作为类 Base 的析构函数是（　　）。
   A．void~Base　　B．~Base()　　C．~Base()const　　D．Base()
7．this 指针是 C++实现（　　）的一种机制。
   A．抽象　　B．封装　　C．继承　　D．重载
8．写出程序运行结果。

```
#include <iostream>
using namespace std;
class Sample {
public:
    Sample(){}
    Sample(int m);
    void Addvalue(int m);
    void Disp();
private:
    int n;
};
int main(){
    Sample s(10);
    s.Addvalue(5);
    s.Disp();
    return 0;
}
Sample::Sample(int m) {
    n=m;
}
void Sample::Addvalue(int m) {
    Sample s;
    s.n=n+m;
    *this=s;
}
void Sample::Disp(){
    cout<<"n="<<n<<endl;
}
```

9．写出程序运行结果。

```
#include <iostream>
using namespace std;
class CExample{
public:
    CExample(int n);
    ~CExample();
    int Geti();
private:
    int i;
};
int Addi(CExample ob);
int main(){
    CExample x(10);
    cout<<x.Geti()<<endl;
    cout<<Addi(x)<<endl;
    return 0;
}
CExample::CExample(int n) {
    i=n;
    cout<<"Constructing"<<endl;
}
CExample::~CExample(){
    cout<<"Destructing"<<endl;
}
int CExample::Geti(){ return i; }
int Addi(CExample ob) {
    return ob.Geti()+ob.Geti();
}
```

思考题

1．设计学生类，学生信息有学号、姓名和成绩。成绩包括计算机、英语、数学和平均分。要求利用队列实现学生的入队、出队和显示等功能。

2．设计图书类，图书信息有图书名称、作者、出版社和价格。要求利用栈实现图书的入库、出库和显示等功能。

第4章 函 数

学习目标

（1）掌握函数调用中参数的传递。
（2）理解内联函数的作用，掌握内联函数的使用。
（3）理解为什么要进行函数重载，掌握普通函数重载。
（4）掌握成员函数重载。
（5）理解并掌握函数默认参数值的使用。
（6）掌握友元函数、友元类的定义和使用。
（7）掌握静态数据成员和静态成员函数的定义和使用方法。
（8）了解静态对象的定义和使用方法。

4.1 函数参数的传递机制

与 C 语言一样，C++的每个程序至少有一个函数，即主函数 main()，函数也是类的方法的实现手段。C++的函数包括两类：预定义函数和用户自定义函数。C++的库函数已经提供了丰富的功能，但在进行程序设计时，有时需要根据具体问题的需求设计自己的函数模块，函数的定义格式为：

<返回值类型> <函数名> (<参数列表>)
<函数体>

其中，<返回值类型>是指函数返回值的数据类型，可以是任意一种基本数据类型或用户自定义数据类型，以及类类型。<函数名>是给函数指定的名字，函数名应遵循标识符的命名规定。<参数列表>是指参数的个数、名称和类型，函数定义中的参数称为形参。<函数体>是指函数完成的功能，由说明语句和执行语句组成。

在 C 语言中，函数的参数传递有两种方式：按变量值传递和按变量的地址传递，C++不仅可以实现上述两种参数传递方式，还可以进行引用传递。C++语言可以用简单变量作为参数进行传递，也可以将对象作为参数传递给函数，其方法与传递其他类型的数据一样。

4.1.1 使用对象作为函数参数

对象作为函数参数时，其参数传递机制与其他类型的数据作为函数参数相同。在进行函数调用时，可将实参对象的值复制一份给对应的形参对象。因此，作为形参的对象，其数据的改变并不会影响实参对象。

[例 4-1] 设计中国象棋中"马"的移动函数，其规则是假设"马"现在的坐标为（x0, y0），移动后的坐标为（x0+1, y0+2）。

```
#include <iostream>
using namespace std;
class Point{
public:
    Point(int a,int b){
        x=a;
        y=b;
```

```
        }
        void Move(Point p);
        void Print(){
            cout<<"x:"<<x<<", y:"<<y<<endl;
        }
    private:
        int x;
        int y;
};
int main()
{
    Point ob(1,2);
    cout<<"before move:   ";
    ob.Print();
    ob.Move(ob);
    cout<<"after   move:   ";
    ob.Print();
    return 0;
}
void Point::Move(Point p) {
    p.x=p.x+1;
    p.y=p.y+2;
}
```

程序运行结果为：

```
before move:   x:1, y:2
after   move:   x:1, y:2
```

说明：在 main()中定义对象 ob 时，系统自动调用构造函数将其数据成员初始化为 1 和 2；在执行 Move()时，由于作为参数的对象是按值传递的，即实参 ob 将自己的值复制了一份对应地赋给形参 p，在 Move()中对形参 p 的数据成员 x 和 y 的值修改结果不会影响实参 ob。因此导致对象 ob 在执行 Move()前后的运行结果没有变化。

4.1.2 使用对象指针作为函数参数

在进行函数调用时，以对象指针作为参数，其实质是传地址调用，即形参与实参共享同一内存单元。因此，作为形参的对象，其数据的改变将影响实参对象，从而实现函数之间的信息传递。此外，使用对象指针作为参数仅将对象的地址传递给形参，而不进行副本的复制，可以提高运行效率，减少时空开销。

[例 4-2] 修改例 4-1，用对象指针作为函数参数。

```
#include <iostream>
using namespace std;
class Point{
public:
    Point(int a,int b){
        x=a;
        y=b;
    }
    void Move(Point *p);
    void Print(){
        cout<<"x:"<<x<<", y:"<<y<<endl;
    }
```

```
private:
    int x;
    int y;
};
int main()
{
    Point ob(1,2);
    cout<<"before move:   ";
    ob.Print();
    ob.Move(&ob);
    cout<<"after   move:   ";
    ob.Print();
    return 0;
}
void Point::Move(Point *p) {
    (*p).x=(*p).x+1;  //也可以写成：p->x=p->x+1
    (*p).y=(*p).y+2;  //也可以写成：p->y=p->y+2;
}
```

程序运行结果为：

```
before move:   x:1, y:2
after   move:   x:2, y:4
```

说明：在 main()中，对象 ob 在执行 Move()时，由于作为参数的对象 ob 是按地址进行传递的，在 Move()中对数据成员 x 和 y 的值修改结果将通过参数*p 传回主程序，因此对象 ob 调用 Print()的运行结果在执行 Move()前后就不一样了。

4.1.3 使用对象引用作为函数参数

在实际中，使用对象引用作为函数参数非常普遍。因为用对象引用作为函数参数不但具有用对象指针作为函数参数的优点，而且相比之下，用对象引用作为函数参数可更简单、更直接。

[例 4-3] 修改例 4-1，用对象引用作为函数参数。

```
#include <iostream>
using namespace std;
class Point{
public:
    Point(int a,int b){
        x=a;
        y=b;
    }
    void Move(Point &p);
    void Print(){
        cout<<"x:"<<x<<", y:"<<y<<endl;
    }
private:
    int x;
    int y;
};
int main()
{
    Point ob(1,2);
    cout<<"before move:   ";
```

```
        ob.Print();
        ob.Move(ob);
        cout<<"after   move:   ";
        ob.Print();
        return 0;
    }
    void Point::Move(Point &p) {

        p.x=p.x+1;
        p.y=p.y+2;
    }
```
程序运行结果与例 4-2 相同。

说明：程序运行结果表明，采用引用调用同样实现了将对象 ob 的数据成员的值进行改变的目的。因为对象 ob 在执行 Move()时采用了引用调用，是双向传递，形参的值发生了变化，对应的实参的值也发生变化。因此对象 ob 调用 Print()的运行结果在执行 Move()的前后不一样。

4.1.4 三种传递方式比较

① 使用对象作为函数参数。当进行函数调用时，需要给形参分配存储单元，形参和实参的结合是值传递，实参将自己的值传递给形参，形参实际上是实参的副本。这是一种单向传递，形参的变化不会影响到实参。

② 使用指针作为函数参数。当进行函数调用时，需要给形参分配存储单元，形参和实参的结合是地址传递，实参将自己的地址传递给形参。这是一种双向传递，形参的变化会直接影响到实参。这种传递方式的缺点是程序的阅读性较差。

③ 使用引用作为函数参数。当进行函数调用时，在内存中并没有产生实参的副本，它是直接对实参操作。这种方式是双向传递，形参的变化会直接影响到实参。与指针作为函数参数比较，这种方式更容易使用、更清晰。当参数传递的数据较大时，用引用比用一般变量传递参数的效率要高，所占的空间要少。

4.2 内联函数

在程序设计中，效率是一个重要指标。在 C 语言中，保护效率的一个方法是使用宏（Macro）。宏可以不用函数调用，但看起来像函数调用。宏是用预处理器来实现的。预处理器直接用宏代码代替宏调用，因此就不需要函数调用所需的保存调用时的现场状态和返回地址、进行参数传递等的时间花费。然而 C++的预处理器不允许存取私有（Private）数据，这意味着预处理器宏在用作成员函数时变得非常无用。为了既保持预处理器宏的效率又增加安全性，而且还能像一般成员函数一样可以在类里访问自如，C++引入了内联函数（Inline Function）。内联函数是一个函数，它与一般函数的区别是，在使用时可以像宏一样展开，所以没有函数调用的开销。因此，使用内联函数可以提高系统的执行效率。但在内联函数体中，不能含有复杂的结构控制语句，如语句 switch 和 while 等。内联函数实际是一种空间换时间的方案，因此其缺点是增大了系统空间方面的开销。在类内给出函数体定义的成员函数被默认为内联函数。

内联函数的定义格式为：
```
inline 返回值类型   函数名(形式参数表)
{
    //函数体
}
```

内联函数的调用方法与其他用户自定义函数相同。

[例 4-4] 内联函数应用举例——大小写字母转换。
```
#include <iostream>
using namespace std;
inline char Trans(char ch);    //大小写字母转换函数原型声明
int main()
{
    char ch;
    while((ch=getchar())!='\n')
        cout<<Trans(ch);
    cout<<endl;
    return 0;
}
inline char Trans(char ch) {
    if(ch>='a'&&ch<='z')
        return ch-32;
    else
        return ch+32;
}
```

说明：程序的功能是将大写字母转换成小写字母，将小写字母转换成大写字母。Trans()用于字母的转换，该函数不仅可以频繁调用，而且代码简单，因此 Trans()适合定义为内联函数。

注意：① 内联函数代码不宜太长，一般是 1～5 行代码的小函数，而且不能含有复杂的分支或循环等语句。

② 在类内定义的成员函数默认为内联函数。

③ 在类外给出函数体的成员函数，若要定义为内联函数，则必须加上关键字 inline。否则，编译器将它作为普通成员函数对待。

④ 递归调用的函数不能定义为内联函数。

4.3 函数重载

函数名可以看作一个操作的名字。通过这些名字写出易于人们理解和修改的程序，然而大多数编程语言规定每个函数只能有唯一的标识符。如果想打印三种不同类型的数据，即整型、字符型和实型，则不得不用三个不同的函数名，如 Print_int()、Print_char()、Print_float()，这样显然增加了编程的工作量。针对这类问题，也就是说，当函数实现的是同一类功能，只是部分细节不同（如参数的个数或参数类型不同）时，C++提供了函数重载机制，即将这些函数取成相同的名字，从而使程序易于阅读和理解，方便记忆和使用。

函数重载是指两个或两个以上的函数具有相同的函数名，但其参数类型不一致或参数个数不同。编译器根据实参和形参的类型及个数进行相应的匹配，自动确定调用哪一个函数，使重载的函数虽然函数名相同，但功能却不完全相同。

函数重载是 C++对 C 语言的扩展，包括非成员函数的重载和成员函数重载。

4.3.1 非成员函数重载

非成员函数重载是指对用户所编写的那些功能相同或类似、参数个数或类型不同的用户自定义函数，在 C 语言中必须采用不同的函数名加以区分，而在 C++中却可以采用相同的函数名，从而提高程序的可读性。支持函数重载是 C++多态性的体现之一。

[例 4-5] 函数重载举例——编程求两个数的积。

```cpp
#include <iostream>
using namespace std;
int Mul(int x,int y);                    //函数原型声明
double Mul(double x,double y);           //函数原型声明
int main()
{
    int x,y;
    double a,b;
    cout<<"input x,y "<<endl;
    cin>>x>>y;
    cout<<"x*y="<<Mul(x,y)<<endl;
    cout<<"input a,b "<<endl;
    cin>>a>>b;
    cout<<"a*b="<<Mul(a,b)<<endl;
    return 0;
}
int Mul(int x,int y) {
    return x*y;
}
double Mul(double x,double y) {
    return x*y;
}
```

说明：main()两次调用求乘积函数 Mul，但两次调用时程序执行了不同的函数。在调用函数时，系统根据函数的参数类型进行匹配或根据参数个数进行匹配，判断具体调用哪一个函数。本例重载函数的参数个数相等，所以根据参数类型匹配确定调用哪一个函数。如果参数类型是 int，则调用 int Mul(int x, int y)；如果参数类型是 double，则调用 double Mul(double x, double y)。

读者可再增加一个重载函数，使参数的个数为 3，看看其运行结果。

从上面的例子可以看出，函数的重载机制不仅方便了函数名的记忆，更主要的是完善了同一个函数的代码的功能，给调用带来了许多方便。程序中各种形式的 Mul()都称为 Mul 的函数重载。

注意：① 重载函数必须具有不同的参数个数或不同的参数类型，若只是返回值的类型不同或形参名不同是不行的。例如：

  void Mul (int x,int y);
  int Mul (int x,int y);   //错误，编译器不以返回值来区分函数

再如：

  int Mul (int x,int y);
  int Mul (int a,int b);   //错误，编译器不以形参名来区分函数

② 重载函数应满足的条件。函数名相同，函数的返回值类型可以相同也可以不同，但各函数的参数表中的参数个数或类型必须有所不同，这样才能进行区分，从而正确地调用函数。

③ 匹配重载函数的顺序。寻找一个严格的匹配，如果能找到，则调用该函数；通过内部类型转换寻求一个匹配，如果能找到，则调用该函数；通过强制类型转换寻求一个匹配，如果能找到，则调用该函数。

④ 不要将不同功能的函数定义为重载函数，以免产生误解。例如：

```cpp
int TestFun(int a,int b) {
    return a+b;
}
double TestFun(double a,double b) {
    return a*b;
}
```

⑤ 创建重载函数时，必须让编译器能区分两个（或更多）的重载函数。当创建的多个重载函数编译器不能区分时，编译器就认为这些函数具有多义性，即调用是错误的，编译器不会编译该程序。例如：

```
#include <iostream>
using namespace std;
float Mul(float x);
double Mul(double x);
int main()
{
    cout<<Mul(10.4)<<endl;
    cout<<Mul(10)<<endl;         //错误，产生二义性
    return 0;
}
float Mul(float x) {
    return 2*x;
}
double Mul(double x) {
    return 2*x;
}
```

说明：当执行 cout<<Mul(10.4)<<endl 语句时，因为 10.4 是 double 类型参数，所以不会导致二义性；但是在执行 cout<<Mul(10)<<endl 语句时，传递的是 10，这时编译器就不知道应该把它转换为 double 还是 float，从而产生二义性。

⑥ 当函数的重载带有默认参数值时，要避免产生二义性（见 4.4 节）。

4.3.2 成员函数重载

成员函数重载主要是为了适应相同成员函数的参数多样性。成员函数重载的一个很重要的应用就是重载构造函数。因为构造函数的名字预先由类的名字确定，所以只能有一个构造函数名。但在解决实际问题时，可能会需要创建具有不同形态的对象，例如，创建一个对象时可能需要带参数，也可能不需要带参数，或是带的参数的个数不一样。解决这些问题就需要用到 C++ 提供的函数的重载机制。通过对构造函数进行重载，可以实现定义对象时初始化赋值的多样性。但是析构函数不能重载，因为一个类中只允许有且仅有一个析构函数。

[例 4-6] 构造函数重载——求两个复数的和。

分析：解决这个问题需要定义三个对象，其中，两个可进行加法运算的复数对象和一个用来存放和的复数（total）对象。total 是用来存放和的，所以开始时实部和虚部都应该初始化为 0，而进行加法计算的两个复数，其实部和虚部可能都有，也可能只有一部分，这样就导致在定义对象时，对象所带参数的个数是不一样的。因此需要多个构造函数来实现不同对象的初始化赋值，即构造函数重载。

```
#include <iostream>
using namespace std;
class Complex{
public:
    Complex(double r,double i);
    Complex(double r);
    Complex();
    Complex Add(Complex a);
    void Print ();
private:
```

```cpp
        double real;
        double imag;
};
int main()
{
    Complex com1(1.1,2.2),com2(3.3,4.4),com3(4.4),total;
    total=com1.Add(com2);
    total.Print();
    total=com1.Add(com3);
    total.Print();
    return 0;
}
Complex::Complex(double r,double i) {
    real=r;
    imag=i;
}
Complex::Complex(double r) {
    real=r;
    imag=0;
}
Complex::Complex(){
    real=0;
    imag=0;
}
Complex Complex::Add(Complex c) {
    Complex temp;
    temp.real =real +c.real;      //real 相当于 this->real,此处省略了 this
    temp.imag =imag +c.imag;      //imag 相当于 this->imag,此处省略了 this
    return temp;
}
void Complex::Print (){
    cout<<real;
    if(imag>0)
        cout<<"+";
    if(imag!=0)
        cout<<imag<<"i"<<endl;
}
```

说明：程序定义了三个构造函数，即带两个参数、带一个参数和无参的构造函数 Complex()。main()在创建对象 com1 和 com2 时自动调用了带两个参数的构造函数，给 com1 的数据成员 real 和 imag 赋初值为 1.1 和 2.2，给 com2 的数据成员 real 和 imag 赋初值为 3.3 和 4.4；创建 com3 时自动调用了带一个参数的构造函数，给 com3 的数据成员 real 和 imag 赋初值为 4.4 和 0；创建 total 时自动调用了无参的构造函数，将 total 的数据成员 real 和 imag 均初始化为 0。通过构造函数重载，使创建不同对象时都有合适的构造函数进行初始化。

读者可以再添加复数的减法、乘法等函数，从而进一步扩充复数运算的功能。

4.4 函数的默认参数值

比较例 4-6 中的三个构造函数 Complex()，它们之间有一定的相似性。从某种程度上说，第二个构造函数是第一个构造函数的特例，它的虚部被初始化为 0；第三个构造函数是第二个构造函数的特例，它的实部也被初始化为0。在这种情况下去创建和管理同一个函数的三个不同版本实在是浪费精力。那么在调用函数时，是否可以用不同的方法调用同一个函数呢？这在很多程序设计语言中是不允许的。在 C++中提供了默认参数值的做法，也就是说，允许在函数原型声明或定义时给一个或多个参数指定默认参数值。这样在调用函数时，如果不给出实参，则可以按指定的默认参数值执行。例如：

    void Fun(double x=0,double y=0) { … }   //表示 x 和 y 的默认参数值为 0

  当调用函数时，编译器按从左向右顺序将实参与形参相结合。若未指定足够的实参，则编译器按顺序用函数原型中的默认参数值来补足所缺少的实参，例如：

    Fun(3.5, 9.6); //x=3.5, y=9.6
    Fun(3.5);   //x=3.5, y=0
    Fun();   //x=0, y=0

  说明：① 当函数既有原型声明又有定义时，默认参数值只能在原型声明中指定，不能在函数定义中指定，例如：

    void Fun(double x=0,double y=0); //正确，在函数原型声明中指定默认参数值
    void Fun(double x=0,double y=0)   //错误，不能在函数定义中指定默认参数值
    {
      //…
    }

  ② 在函数原型中，所有带默认值的参数都必须出现在没有默认值参数的右边。也就是说，一旦开始定义带默认值的参数，在其后面就不能再定义没有默认值的参数了。例如：

    void Fun(int i,int j=5,int k); //错误

因为在定义带默认值的参数 int j=5 后，不应该再定义没有默认值的参数 int k，所以应改为：

    void Fun(int i,int k,int j=5);

  ③ 在函数调用时，若某个参数省略，则其后的参数皆应省略而采用默认参数值，不允许再给其后的参数指定参数值，例如：

    Fun(,9.6);   //错误的调用

  ④ 当重载函数带有默认参数值时，要注意避免二义性。例如：

    void Fun(double r,double i=0);
    void Fun(double r);

是错误的。因为如果有函数调用 Fun(3.5)，编译器将无法确定调用哪一个函数。

  ⑤ 使用函数的默认参数值可以在一定程度上简化程序的编写。例 4-6 中，构造函数的重载（三个函数）就可以写成一个：

    class Complex{
      …
    public:
      Complex(double r=0,double i=0);
      …
    };
    Complex::Complex(double r,double i) {
      real=r;
      imag=i;
    }

  注意：读者可以试着将例 4-6 中的构造函数用默认参数值的方法实现。

  [例 4-7] 函数默认参数值的应用——求平面上两点之间的距离。

    #include <iostream>
    using namespace std;

```
#include <math.h>
class Point{
public:
    Point(double a=0,double b=0){
        x=a;
        y=b;
    }
    double Distance(Point p);          //计算两点之间的距离
private:
    double x;
    double y;
};
int main()
{
    Point p1(3,4),p2;
    cout<<"the distance is    "<<p1.Distance(p2)<<endl;
    return 0;
}
double Point::Distance(Point p) {
    double d;
    d=sqrt((x -p.x)*(x -p.x)+(y -p.y)*(y -p.y));
    return d;
}
```

说明：定义对象 p1 和 p2 时，p1 的数据成员 x 和 y 的值是 3 和 4；p2 没有带初值，根据函数的默认参数值，数据成员 x 和 y 的值被初始化为 0；在调用 Distance()计算距离时，实参 p2 和形参 p 相结合，而对象 p1 的地址赋给了 this 指针，然后调用成员函数。也就是说，在 Distance()中隐含使用了 this 指针。Distance()中的语句相当于：

d=sqrt((this->x -p.x)*(this->x -p.x)+(this->y -p.y)*(this->y -p.y));

4.5 友元

类的主要特点之一是数据隐藏，也就是说，类的私有成员或保护成员只能通过其成员函数来访问。有没有办法允许在类外对某个对象的私有成员或保护成员进行操作呢？在 C++中提供了友元机制来解决上述问题。友元既可以是不属于任何类的一般函数，也可以是另一个类的成员函数，还可以是整个的一个类（这时，这个类中的所有成员函数都可以成为友元函数）。

4.5.1 友元函数

友元函数不是当前类中的成员函数，它不仅可以是一个不属于任何一个类的一般函数（非成员函数），也可以是另外一个类的成员函数。当函数被声明为一个类的友元函数后，它就可以通过对象名访问类的私有成员和保护成员。

1．非成员函数作为友元函数

非成员函数作为类的友元函数后，就可以通过对象访问封装在类内部的数据。声明友元函数的方法是，在类的定义中用关键字 friend 进行声明，格式为：

friend　函数返回值　函数名(形参表);

[例 4-8]　使用友元函数将百分制学生的成绩转换成相应的分数等级。

规则：90～100 分为优，80～89 分为良，70～79 分为中，60～69 分为及格，60 分以下为不及格。

分析：学生信息包括姓名、成绩和分数等级。定义一个学生类，姓名、成绩和分数等级作为类的数据成员；用友元函数实现成绩转换功能。

```cpp
#include<iostream>
#include<iomanip>
using namespace std;
#include<string.h>
class Student{
public:
    Student(char na[],int sco) {
        strcpy_s(name,strlen(na)+1,na);
        score=sco;
    }
    friend void Trans(Student *s);
    void Print(){
        cout<<setw(10)<<name<<setw(6)<<score<<setw(8)<<level<<endl;
    }
private:
    char name[10];
    int  score;
    char level[7];
};
int main()
{
    int i;
    Student stu[]={Student("王华",78),Student("李明",92),Student("张伟",62),Student("孙强",88)};
    cout<<"输出结果:"<<endl;
    cout<<setw(10)<<"姓名"<<setw(6)<<"成绩"<<setw(8)<<"等级"<<endl;
    for(i=0;i<4;i++){
        Trans(&stu[i]);
        stu[i].Print();
    }
    return 0;
}
void Trans(Student *s) {
    if(s->score>=90)
        strcpy_s(s->level,strlen("优")+1, "优");
    else if(s->score>=80)
        strcpy_s(s->level,strlen("良")+1, "良");
    else if(s->score>=70)
        strcpy_s(s->level,strlen("中")+1, "中");
    else if(s->score>=60)
        strcpy_s(s->level,strlen("及格")+1, "及格");
    else
        strcpy_s(s->level,strlen("不及格")+1, "不及格");
}
```

程序运行结果为：

姓名	成绩	等级
王华	78	中
李明	92	优
张伟	62	及格
孙强	88	良

说明：程序将用户自定义函数 Trans 声明为类 Student 的友元函数，因此，在类外可以通过类 Student 的对象 s 直接访问私有数据成员 score 和 level，从而实现成绩转换功能。

注意：① 非成员函数成为类的友元函数后，如果在类外定义，则不能在函数名前加"类名::"，因为它不是该类的成员函数；非成员函数作为类的友元函数没有 this 指针；调用友元函数时必须在其实参表中给出要访问的对象。

② 友元函数既可以在类的私有部分进行声明，也可以在类的公有部分进行声明。

③ 当一个函数需要访问多个类时，应该把这个函数同时定义为这些类的友元函数，这样，该函数才能访问这些类的私有或保护成员，见例 4-9a。

④ 如果友元函数带了两个不同的类的对象，其中一个对象所对应的类要在后面声明。为了避免编译时的错误，必须通过向前引用告诉 C++，该类将在后面定义，见例 4-9b（对于类也同样适用：如果类 A 用到的参数类型是后面即将定义的类 B，则需要在声明类 A 的前面进行一个空声明，即 class B；表示向前引用，类 B 的定义在后面）。

[例 4-9a] 输入日期和时间，计算该时间是当年的第几秒。

分析：日期具有年、月、日的属性，时间具有小时、分、秒的属性。定义日期类 Date 和时间类 Time 时，类 Date 的数据成员是年、月、日，类 Time 的数据成员是小时、分、秒。用友元函数计算输入的时间是当年的第几秒。

```
#include <iostream>
using namespace std;
class Time;
class Date {
public:
    Date(int y,int m,int d);
    friend void Calcutetime(Date d,Time t);
private:
    int year;
    int month;
    int day;
};
class Time{
public:
    Time(int h,int m,int s);
    friend void Calcutetime(Date d,Time t);
private:
    int hour;
int minute;
int second;
};
int main()
{
    Date d(2018,11,13);
    Time t(14,20,25);
    Calcutetime(d,t);
    return 0;
}
Date::Date(int y,int m,int d):year(y),month(m),day(d){}
Time::Time(int h, int m, int s):hour(h),minute(m),second(s){}
void Calcutetime (Date d,Time t) {
    int mon[12]={31,28,31,30,31,30,31,31,30,31,30,31};
```

```
            int i,days=d.day,totaltime;
            for(i=1;i<d.month;i++)
                days=days+mon[i-1];
            if((d.year%4==0 && d.year %100!=0 ||d.year %400==0)&&d.month >=3)
                days=days+1;
            totaltime=((days*24+t.hour)*60+t.minute)*60+t.second;
            cout<<d.year <<'-'<<d.month <<'-'<<d.day <<"   ";
              cout<<t.hour <<':'<<t.minute <<':'<<t.second <<endl;
            cout<<"total time:   "<<totaltime<<"   seconds"<<endl;
        }
```

说明：程序中在声明类 Date 的前面有一条语句"class Time;"，表示向前引用。因为友元函数 Calcutetime()带了两个不同的类的对象，其中一个是类 Date 的对象，另一个是类 Time 的对象，而类 Time 要在类 Date 后面才能进行声明。为了避免编译时的错误，通过向前引用（Forward Reference）告诉系统类 Time 将在后面定义。Calcutetime()既是类 Date 的友元函数，也是类 Time 的友元函数，因此在 Calcutetime()中可以通过对象访问各自的私有数据成员。

注意：引入友元函数提高了程序的运行效率，可实现类之间的数据共享，方便编程。但是声明友元函数相当于在实现封装的黑盒子上开了一个洞，如果一个类声明了许多友元函数，则相当于在黑盒子上开了许多洞，这在一定程度上破坏了数据的隐蔽性和类的封装性，从而降低了程序的可维护性。当然，这样做并不能使数据成为公有的或全局的，未经授权的其他函数仍然不能直接访问这些私有数据。因此在使用友元函数时应根据具体情况而定。

2．类的成员函数作为友元函数

一个类的成员函数可以作为另一个类的友元函数，这种成员函数不仅可以访问自己所在类中的成员，还可以通过对象名访问 friend 声明语句所在类的私有成员和保护成员，从而使两个类相互合作。例如：

```
        class A{
        //…
            void fa();
        };
        class B{
        //…
            friend void A::fa();
        };
```

说明：成员函数 fa()声明为类 B 的友元函数后，就具有访问类 B 的保护或私有数据成员的特权。

[例 4-9b] 输入日期和时间，计算该时间是当年的第几秒。

```
        #include <iostream>
        using namespace std;
        class Time;
        class Date{
        public:
            Date(int y, int m, int d);
            void Calcutetime(Time t);
        private:
            int year;
            int month;
            int day;
        };
        class Time{
```

```
public:
    Time(int h, int m, int s);
    friend void Date::Calcutetime(Time t);
private:
    int hour;
    int minute;
    int second;
};
int main()
{
    Date d(2018, 11, 13);
    Time t(14, 20, 25);
    d.Calcutetime(t);
    return 0;
}
Date::Date(int y,int m,int d):year(y),month(m),day(d){}
Time::Time(int h,int m,int s):hour(h),minute(m),second(s){}
void Date::Calcutetime (Time t) {
    int mon[12]={31,28,31,30,31,30,31,31,30,31,30,31};
    int i,days=day,totaltime;
    for(i=1;i<month;i++)
        days=days+mon[i-1];
    if((year%4==0 && year %100!=0 ||year %400==0)&&month >=3)
        days=days+1;
    totaltime=((days*24+t.hour)*60+t.minute)*60+t.second;
     cout<<year <<'-'<<month <<'-'<<day <<"   ";
     cout<<t.hour <<':'<<t.minute <<':'<<t.second <<endl;
    cout<<"total time:   "<<totaltime<<"   seconds"<<endl;
}
```

说明：本例中将类 Date 中的成员函数 Calcutetime()声明为类 Time 的友元函数，因此在 Calcutetime()中不仅可以访问本类的私有数据成员 year、month 和 day，而且可以通过对象 t 访问类 Time 中的私有数据成员 hour、minute 和 second。

4.5.2 友元类

友元函数可以使函数能够访问某个类中的私有或保护成员。如果类 A 的所有成员函数都想访问类 B 的私有或保护成员，一种方法是将类 A 的所有成员函数都声明为类 B 的友元函数，但这样做显得比较麻烦，且程序也显得冗余。为此，C++提供了友元类。也就是说，一个类也可以作为另一个类的友元类。若类 A 声明为类 B 的友元类，则类 A 中的每个成员函数都具有访问类 B 的保护或私有数据成员的特权，其方法如下：

```
class A                          class B
{                                {
    //…                              //…
    void fa();                       friend class A;
};                               };
```

[例 4-10] 将一个复数转换为二维向量。

分析：复数具有实部和虚部，二维向量有两个向量，可定义复数类 Complex 和二维向量类 Vector，利用友元类将复数的实部和虚部对应地赋给二维向量中的两个向量，并输出结果。

```
#include <iostream>
```

```cpp
using namespace std;
class Complex{
public:
    Complex(double r,double i):real(r), imag(i){}
    friend class Vector;
private:
    double real;
    double imag;
};
class Vector{
private:
    double x, y;
public:
    void Change(Complex c);
    void Print(Complex c);
};
int main()
{
    Complex c(1.2,3.4);
    Vector v;
    v.Change(c);
    v.Print(c);
    return 0;
}
void Vector::Change(Complex c) {
    x=c.real;
    y=c.imag;
}
void Vector::Print(Complex c) {
    cout<<"复数:";              //输出复数
    cout<<c.real;
    if(c.imag>0)   cout<<"+";
    cout<<c.imag<<"i"<<endl;
    cout<<"二维向量:";           //输出二维向量
    cout<<"("<<x<<","<<y<<")"<<endl;
}
```

说明：程序中将类 Vector 声明为类 Complex 的友元类，这样类 Vector 的所有成员函数都成为类 Complex 的友元函数，因此在 Change()和 Print()中都可以通过对象名访问类 Complex 的私有数据成员 real 和 imag。

注意：友元关系是单向的。如果类 A 是类 B 的友元，则类 A 中的所有成员函数都可以直接访问类 B 的保护和私有数据成员。但反过来，类 B 中的所有成员函数不可以访问类 A 中的保护和私有成员。友元关系不能进行传递。如果类 A 是类 B 的友元，类 B 是类 C 的友元，则不能推出类 A 就是类 C 的友元。友元在声明时既可以放在类的私有部分，也可以放在类的公有部分，两种做法的语义相同。

4.6 静态成员

通常在函数体内定义一个变量时，每次函数调用时编译器都会为这些内部变量分配内存。如果这个变量有一个初始化表达式，那么每当程序运行到此处，初始化就被执行。如果想在两次函数调用之间保留一个变量的值,通常的做法是定义一个全局变量来解决,但全局变量并不受某个函数的控制,从某种程度上说存在不安全的因素。为了解决这个问题,C 语言和 C++允许在函数内部创建一个 static 对象,这个对象将存储在程序的静态数据区中,而不是在堆栈中,它只在函数第一次调用时初始化一次,以后将在两次函数之间保持其值。

4.6.1 静态数据成员

当声明一个类后,可以建立该类的多个对象,每个对象都有类中所定义数据成员的拷贝,对应不同的存储空间,各个对象相互独立,实现了数据的封装与隐藏。但在有些情况下,类中的某个数据成员是该类所有对象所共有的,如果采用前面所讲述的数据成员的定义方法,则不能实现数据成员的共享。

[例 4-11] 建立一个学生成绩的线性表,要求输出每个学生的信息和总人数。

分析:设计学生(Student)类,抽象出所有学生都具有的属性:姓名、学号、成绩。使用构造函数实现学生的初始化,并用成员函数 Print()实现输出每个学生的信息和总人数。类 Student 设计如下:

```
class Student{
public:
    Student(char *na,int sno,float sco);
    void Print();
private:
    char *name;
    int no;
    int total;
    float score;
};
```

该如何统计学生的总人数呢?一种方法是将需要共享的数据成员定义成全局变量,但是这样做将带来安全隐患,如破坏类的封装性、不利于信息隐藏等。另一种方法是在类中增加一个数据成员用来存放总人数(如前所述)。如果这样设计类,在用类 Student 定义对象时,每定义一个对象,则该对象中就会有存放总人数的数据成员的副本,而总人数对于所有对象都是一样的。因此当总人数发生变化时,所有对象中存放总人数的数据成员(total)都要同时改变,就需要再声明一个专门用来变化总人数(total)的成员函数。然而这样做很不方便,也容易造成数据的不一致性。由于这个数据是所有对象所共享的,C++提供了静态数据成员来解决该类问题。类的静态数据成员拥有一块单独的存储区,不管用户创建了多少个该类的对象,所有这些对象的静态数据成员都共享这块静态存储空间,进而为这些对象提供了一种互相通信的方法。因此这类数据成员应定义为静态数据成员。

静态数据成员的定义格式为:
static 类型名 静态成员名;
静态数据成员的初始化格式为:
类型 类名::静态数据成员= 初始化值;
例 4-11 的程序代码如下:

```
#include <iomanip>
#include <iostream>
using namespace std;
#include <string.h>
class Student{
public:
```

```cpp
        Student(char *na,int sno,float sco);
        void Print();
        ~Student(){
            delete []name;
        }
    private:
        char *name;
        int no;
        float score;
        static int total;           //定义静态数据成员
};
int Student::total =0;              //初始化静态数据成员
int main()
{
    Student s1("张明",1,90);
    s1.Print();
    Student s2("王兰",2,95);
    s2.Print();
    Student s3("于敏",3,87);
    s3.Print();
    return 0;
}
Student::Student(char *na,int sno,float sco): no(sno), score(sco){
    name=new char[strlen(na)+1];
    strcpy_s(name,strlen(na)+1,na);
    total++;
}
void Student::Print(){
    cout<<"第"<<total<<"个学生:"<<name<<setw(4)<<no<<setw(4)<<score<<endl;
    cout<<"总人数是:"<<total<<endl;
}
```

程序运行结果为：
第 1 个学生:张明   1 90
总人数是:1
第 2 个学生:王兰   2 95
总人数是:2
第 3 个学生:于敏   3 87
总人数是:3

说明：运行结果表明，该程序每创建一个学生，学生总人数就显示增加 1 人。这是因为每当定义一个对象时，系统就自动调用构造函数，在构造函数里 total 进行加 1 运算；而数据成员 total 又是一个静态数据成员，它可以实现同一个类的不同对象之间的数据共享，所以不管创建多少个对象，对应的数据成员 total 只有 1 个。

注意：① 静态数据成员声明时，加关键字 static 说明。

② 静态数据成员的初始化应在类外声明并在对象生成之前进行。默认时，静态成员被初始化为零。

③ 静态数据成员在编译时创建并初始化，不能用构造函数进行初始化。静态数据成员不能在任何函数内分配存储空间和初始化。

④ 静态数据成员属于类，不属于任何一个对象。在类外对静态数据成员初始化时，访问格式为：
类名::静态数据成员

⑤ 静态数据成员的主要用途是定义类的各个对象所公用的数据，如统计总数、平均数等。
⑥ 静态数据成员与普通数据成员一样，可以声明为 public、private 或 protected。

[例 4-12] 静态数据成员的使用。

```
#include <iostream>
using namespace std;
class Student{
public:
    Student(int inum,int ino): no(ino){
        num = inum;
    }
        void Print();
private:
    static int num;
    int no;
};
int Student::num;
int main()
{
    Student s1(30,91001);
     cout<<"s1: ";
    s1.Print();
    Student s2(31,91002);
     cout<<"s2: ";
    s2.Print();
     cout<<"s1: ";
    s1.Print();
    return 0;
}
void Student::Print(){
    cout<<"static member: "<<num<<" non-static member: "<<no<<endl;
}
```

程序运行结果为：
s1: static member: 30 non-static member: 91001
s2: static member: 31 non-static member: 91002
s1: static member: 31 non-static member: 91001

说明：类 Student 中定义了静态数据成员 num 和普通数据成员 no。当创建对象 s1 时，系统自动调用构造函数将 s1 的数据成员 num 和 no 初始化为 30、91001；创建对象 s2 时，系统调用构造函数将 s2 的数据成员 num 和 no 初始化为 31、91002。因为 num 是静态数据成员，因此对于对象 s1 和 s2，该成员是共享的。所以当再次输出 s1 所对应的数据成员 num 和 no 时，num 的值已变为 31，而普通数据成员 no 的值没有发生变化。

4.6.2 静态成员函数

与静态数据成员一样,用户也可以创建静态成员函数,方法是在成员函数名前用 static 修饰。静态成员函数是为类的全体服务而不是为一个类的部分对象服务，因此就不需要定义全局函数。当产生一个静态成员函数时，也就表达了与一个特定类的联系。静态成员函数不能访问一般的数据成员和成员函数，它只能访问静态数据成员和其他的静态成员函数。静态成员函数是独立于类对象而存在的，因此没有 this 指针。

静态成员函数的定义格式为：

static　返回类型　静态成员函数名(参数表);
调用格式为：
　　类名::静态成员函数名(实参表);

[例 4-13] 静态成员函数应用举例——输出职工信息和总人数。

分析：定义类 Employee，确定属性：姓名、职工号、工资；对于总人数 total，因为是所有对象共有的，因此定义为静态数据成员。静态成员函数 PrintTotal()输出总人数，成员函数 PrintInfo()输出职工信息。

```cpp
#include <iomanip>
#include <iostream>
using namespace std;
class Employee{
public:
    Employee();
    static void PrintTotal();
    void PrintInfo();
private:
    char name[10];
    int num;
    static int total;
};
int Employee::total=0;
int main()
{
    Employee::PrintTotal();      //在未定义对象之前就可以通过类名访问静态成员函数
    Employee s[3];
    int i;
    cout<<endl;
    for(i=0;i<3;i++)
        s[i].PrintInfo();
    Employee::PrintTotal();
    return 0;
}
Employee::Employee(){
    cout<<"输入职工姓名和编号"<<endl;
    cin>>name>>num;
    total++;
}
void Employee::PrintTotal(){
    cout<<endl<<"总人数:"<<total<<endl;
}
void Employee::PrintInfo(){
    cout<<"姓名:"<<name<<setw(7)<<"编号:"<<num<<endl;
}
```

说明：本例定义了类 Employee 的对象数组，每个对象元素调用成员函数 PrintInfo()输出每个职工的姓名及编号；通过类名访问静态成员函数 PrintTotal()输出总人数。通过本例可以看出，在未定义对象之前就可以通过"类名::"方式访问静态成员函数。

注意：① 静态成员函数可以在创建对象之前处理静态数据成员，这是普通成员函数不能实现的。

② 静态成员函数在同一个类中只有一个成员函数的地址映射，可节约计算机系统的开销，

提高程序运行效率。

③ 静态成员函数既可以在类内定义，也可以在类外定义，在类外定义时，不要用 static 修饰。

④ 静态数据成员既可以被非静态成员函数引用，也可以被静态成员函数引用。但是静态成员函数不能直接访问类中的非静态成员。

例如，将 PrintTotal() 写成：

```
void Employee::PrintTotal(){
    cout<<"姓名:"<<name<<setw(7)<<"编号:"<<num<<endl;
    //错误，不能直接访问非静态成员
    cout<<endl<<"总人数:"<<total<<endl;
}
```

一般而言，静态成员函数不能直接访问类中的非静态成员。若确实需要访问时，静态成员函数只能通过对象名（或指向对象的指针）访问该对象的非静态成员。

[例 4-14] 在静态成员函数中访问非静态成员。

```
#include <iomanip>
#include <iostream>
using namespace std;
class Employee{
public:
    Employee();
    static void PrintTotal(Employee );
private:
    char name[10];
    int num;
    static int total;
};
int Employee::total=0;
int main()
{
    Employee s;
    Employee::PrintTotal(s);
    return 0;
}
Employee::Employee(){
    cout<<"输入职工姓名和编号"<<endl;
    cin>>name>>num;
    total++;
}
void Employee:: PrintTotal(Employee a) {
    cout<<endl<<"姓名:"<<a.name<<setw(7)<<"编号:"<<a.num<<endl;
    cout<<"总人数:"<<total<<endl;
}
```

说明：① 在静态成员函数 PrintTotal() 中通过对象 s 访问非静态成员 name 和 num。

② 静态成员函数不含 this 指针。

③ 如果程序中没有实例化的对象，则只能通过"类名::"方式访问静态成员函数。如果有实例化的对象，则既可以通过类名方式访问静态成员函数，也可以通过对象访问静态成员函数。但一般不建议用对象名来引用。

例如：

```
#include <iostream>
```

```
using namespace std;
class Student{
public:
    Student(int no) {
        sno = no;
    }
    static void Print();
private:
    static int sno;
};
int Student::sno;
int main()
{
    Student s(91001);
    s.Print();           //通过对象访问静态成员函数
    Student::Print();    //通过类名访问静态成员函数
    return 0;
}
void Student:: Print(){
    cout<<"static member: "<<sno<<endl;
}
```

说明：程序中定义了对象 x 后，在访问静态成员函数时既可以通过对象访问，也可以通过"类名::"方式访问。

4.6.3 静态对象

在定义对象时，可以定义类的静态对象。与静态变量一样，在定义对象时（且只是第一次）才需要执行构造函数进行初始化。静态对象的析构函数是在 main()结束时才自动执行的。与普通对象相同，静态对象的析构函数的执行与构造函数执行的顺序相反。

静态对象的定义格式为：
  static 类名 静态对象名；

[例 4-15] 静态对象的构造函数、析构函数的执行。

```
#include<iostream>
using namespace std;
#include <string.h>
class Student{
public:
    Student(char na[]);
    ~Student();
private:
    char name[10];
};
void TestFun();
Student stu1("Student A");   //定义全局对象 stu1
int main()
{
    cout << "inside main" << endl;
    TestFun();
    TestFun();
    cout << "outside main" << endl;
```

```
        return 0;
    }
    Student::Student(char na[]){
        strcpy_s(name, strlen(na)+1,na);
        cout << "inside construct: " << name << endl;
    }
    Student:: ~Student(){
        cout << "inside destruct: " << name << endl;
    }
    void TestFun(){
        static Student stu2("Student B");    //定义静态对象 stu2
        Student stu3("Student C");           //定义局部对象 stu3
    }
```
程序运行结果为：
```
inside construct: Student A
inside main
inside construct: Student B
inside construct: Student C
inside destruct: Student C
inside construct: Student C
inside destruct: Student C
outside main
inside destruct: Student B
inside destruct: Student A
```

说明：对象 stu1 是一个全局的类 Student 的对象，全局对象的生命周期从定义时开始到整个程序结束时停止。在创建全局对象 stu1 时，系统自动调用该对象的构造函数。TestFun()内部定义了两个对象，一个是静态对象 stu2，另一个是局部对象 stu3。执行 TestFun()时，根据构造函数的性质，系统按对象定义的顺序依次执行静态对象 stu2 和局部对象 stu3 的构造函数；当 TestFun()结束时，局部对象 stu3 的生命周期结束，系统自动执行 stu3 的析构函数。静态对象的生命周期是从定义时开始到整个程序结束时停止，因此不执行静态对象 stu2 的析构函数。第二次调用 TestFun()时，静态对象 stu2 已经存在，因此不执行静态对象 stu2 的构造函数，而继续执行局部对象 stu3 的构造函数。当 TestFun()结束时，局部对象 stu3 的生命周期结束，系统自动执行 stu3 的析构函数，此时依然不执行静态对象 stu2 的析构函数。当 main()结束时，依次执行静态对象 stu2 的析构函数和全局对象 stu1 的析构函数。

读者可以在 main()中再增加一个局部对象，试分析其运行结果。

4.7 应用实例

[例 4-16] 学生成绩管理系统。

功能：实现插入学生信息、删除学生信息、输出学生信息。

分析：设计类 Student，包括学号、姓名和成绩；设计类 Aclass（见图4-1），其中数据成员 cname 表示班级的名称，data[MAXSIZE]表示最多有 MAXSIZE 个学生，每个元素代表 1 个学生；last 表示当前线性表中元素的个数，即学生总人数。对所有学生的操作有插入学生信息、删除学生信息和输出学生信息。

```
        #include <iomanip>
        #include <iostream>
        using namespace std;
        #define MAXSIZE 20
```

```cpp
class Aclass;
class Student{
public:
    Student();
    friend class Aclass;
private:
    long no;
    char name[10];
    float score;
};
class Aclass{
public:
    Aclass();
    int InsertSeqList(int i,Student x);   //在第 i 个位置上插入 1 个学生
    int DeleteSeqList(int i);             //删除第 i 个学生
    void PrintSeqList();                  //输出学生信息
private:
    char cname[20];
    Student data[MAXSIZE];
    int last;
};
void Menu();
int main()
{
    Aclass sq;  //定义对象 sq
    int n,m=1;
    while(m)
    {
        Menu();
        cin>>n;
        switch(n)
        {
        case 1:    {
            int i;                        //i 为位置号
            Student x;                    //x 为待插入学生
            cout<<"请输入位置:";
            cin>>i;
            sq.InsertSeqList(i,x);
            cout<<endl<<"插入后信息:"<<endl<<endl;
            sq.PrintSeqList();
            break;
            }
        case 2:{
            int i;                        //i 为位置号
            cout<<"请输入删除的位置:";
            cin>>i;
            sq.DeleteSeqList(i);
            cout<<endl<<"删除后信息:"<<endl<<endl;
            sq.PrintSeqList();
            break;
            }
        case 0:m=0;
```

Aclass
char cname[20];
Student data[MAXSIZE];
int last;
Aclass();
int InsertSeqList(int i, Student x);
int DeleteSeqList(int i);
void PrintSeqList();

图 4-1 学生管理系统的类 Aclass

```cpp
            }
        }
        return 0;
}
void Menu(){
        cout<<endl<<"1.插入"<<endl;
        cout<<"2.删除"<<endl;
        cout<<"0.退出"<<endl;
        cout<<endl<<"请选择:";
}
Student::Student(){
    no=0;
    strcpy_s(name,strlen(" ")+1," ");
    score=0;
}
Aclass::Aclass(){
    cout<<"请输入班级名称:"<<endl;
    cin>>cname;
    last=-1;
}
int Aclass::InsertSeqList(int i,Student x) {
    cout<<"请输入学生(学号、姓名、成绩):"<<endl;
    cin>>x.no>>x.name>>x.score;
    int j;
    if(last==MAXSIZE-1)
    {
        cout<<"table is full!"<<endl;
        return(-1);
    }
    if(i<1||i>(last+2))
    {
        cout<<"位置错误!"<<endl;
        return(0);
    }
    for(j=last;j>=i-1;j--)
    {
        data[j+1]=data[j];
    }
    data[i-1]=x;
    last++;
    return(1);
}
int Aclass::DeleteSeqList(int i) {
    int j;
    if(i<1||i>(last+1))
    {
        cout<<"位置错误!"<<endl;
        return(0);
    }
    for(j=i;j<=last;j++)
    {
        data[j-1]=data[j];
```

```
        }
        last--;
        return(1);
}
void Aclass::PrintSeqList(){
        int i;
        cout<<"班级： "<<cname<<endl;
        cout<<"学生:"<<endl;
        for(i=0;i<=last;i++)
        {
                cout<<data[i].no<<setw(8)<<data[i].name<<setw(4)<<data[i].score<<endl;
        }
        cout<<endl;
}
```

说明：程序定义了类 Student 和类 Aclass，数据成员 data[MAXSIZE]表示存放所有学生信息的线性表。对象 sq 调用成员函数 InsertSeqList()，实现在线性表 data[MAXSIZE]的第 i 个位置插入 1 个学生。对象 sq 调用成员函数 DeleteSeqList()删除线性表 data[MAXSIZE]中的第 i 个学生。对象 sq 调用成员函数 PrintSeqList()输出线性表中的所有学生的信息。

[例 4-17] 银行办公系统。

功能：模拟银行办公情景，当要进行银行业务时，则排队等候；当办理完银行业务时，则离开队伍，并显示当前队伍中的顾客信息。

分析：构造类 Customer（见图 4-2）表示顾客，数据成员 account 表示办理业务的顾客账号，amount 表示存、取款金额（大于 0 表示存款，小于 0 表示取款），成员函数 Print()表示输出顾客账户的信息。类 BankQueue（见图 4-3）表示办理银行业务的顾客所排的队列。成员函数 InSeQueue()表示进入队列，等待服务；成员函数 OutSeQueue()表示业务已办完，离开队列；成员函数 EmptySeQueue()表示判断当前队列是否还有顾客；成员函数 PrintSeQueue()表示输出队列中顾客的信息。

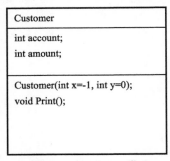

图 4-2　Customer 类　　　　　　图 4-3　BankQueue 类

```
#include <iostream>
#include <iomanip>
using namespace std;
#define MAXSIZE 10
class BankQueue;                        //队列类，向前引用
class Customer{                         //客户类
public:
        Customer(int x=-1,int y=0);     //带默认参数值的构造函数
        void Print();                   //输出顾客账户的信息
private:
        int account;                    //账号
```

```cpp
    int amount;                    //金额，大于0表示存款，小于0表示取款
};
class BankQueue{                   //队列类
public:
    BankQueue();
    int InSeQueue(Customer x);
    int OutSeQueue(Customer *x);
    int EmptySeQueue();
    void PrintSeQueue();
private:
    Customer cus[MAXSIZE];
    int front, rear;
    int num;                       //表示当前队伍中的顾客人数
};
void Menu();
int main()
{
    int n,m=1;
    BankQueue q;
    while(m)
    {
        Menu();
        cin>>n;
        switch(n)
        {
            case 1:{
                int    flag;
                int account,amount;
                cout<<"输入账号和金额"<<endl;
                cin>>account>>amount;
                Customer c(account,amount);
                flag=q.InSeQueue (c);
                if(flag==1)
                {
                    cout<<endl<<"队列中的元素:"<<endl;
                    q.PrintSeQueue ();
                }
                else
                    cout<<"队列已满！"<<endl;
                break;
            }
            case 2:{
                int    flag;
                Customer    p;
                flag=q.OutSeQueue (&p);
                if(flag==1)
                {
                    cout<<endl<<"队列中的元素:"<<endl;
                    q.PrintSeQueue ();
                    cout<<"出队的元素:"<<endl;
                    p.Print ();
```

```
                    }
                    else
                        cout<<"队列已空！"<<endl;
                    break;
                }
                case 3:{
                    int    flag;
                    flag=q.EmptySeQueue();
                    if(flag!=1)
                    {
                        cout<<endl<<"队列中的元素:"<<endl;
                        q.PrintSeQueue ();
                    }
                    else
                        cout<<"队列已空！"<<endl;
                    break;
                }
                case 0:m=0;
            }
        }
    }
    return 0;
}
Customer::Customer(int x,int y): account(x), amount(y){}
void Customer::Print(){
    cout<<account <<setw(5)<<amount <<endl;
}
BankQueue::BankQueue(){
    front=rear=MAXSIZE-1;
    num=0;
}
int BankQueue::InSeQueue(Customer x){
    if(num==MAXSIZE)    return(-1);
    else
    {
        rear=(rear+1)%MAXSIZE;
        cus[rear]=x;
        num++;
        return(1);
    }
}
int BankQueue::OutSeQueue(Customer *x){
    if(num==0)    return -1;
    else
    {
        front=(front+1)%MAXSIZE;
        *x=cus[front];
        num--;
        return 1;
    }
}
void BankQueue::PrintSeQueue(){
```

```
            int i,number;
            number=num;
            for(i=(front+1)%MAXSIZE;number>0;number--,i=(i+1)%MAXSIZE)
                cus[i].Print ();
            cout<<endl;
        }
        int BankQueue::EmptySeQueue (){
            if(num==0)
                return 1;
            else
                return 0;
        }
        void Menu(){
            cout<<endl<<endl<<"1........入队"<<endl;
            cout<<endl<<"2........出队"<<endl;
            cout<<endl<<"3........判队空"<<endl;
            cout<<endl<<"0........退出"<<endl;
            cout<<endl<<"    请选择"<<endl;
        }
```

说明：程序定义了类 Customer 和类 BankQueue。在类 Customer 中，构造函数是一个带默认参数值的函数，表示如果在调用构造函数时没有给 x 和 y 传值，则 x 和 y 取默认值-1 和 0。类 BankQueue 中的私有数据成员 cus[MAXSIZE]，表示最多 MAXSIZE 个顾客等待办理银行业务；front 和 rear 表示顾客所排队列的队头和队尾序号；num 表示当前队列中的顾客人数。InSeQueue() 实现（顾客的）入队操作；OutSeQueue()实现（顾客的）出队操作；EmptySeQueue()判断当前队列是否为空；PrintSeQueue()输出当前队列中所有顾客的信息。

小结

1．函数参数的传递机制

在进行函数调用时，对象作为参数的调用方法与其他类型的数据相同。在向函数传递对象时，是通过传值调用传递给函数的。因此，作为形参的对象，其数据的改变并不能影响实参对象。

对象指针作为参数传递给函数，是传地址调用的。因此，作为形参的对象，其数据的改变将影响实参对象，从而实现函数之间的信息传递。

对象引用作为函数参数，形参是实参的别名。因此，作为形参的对象，其数据的改变将影响实参对象，从而实现函数之间的信息传递。

2．内联函数

函数在调用时因为要保存现场和恢复现场，故系统开销相对较大。为了解决这个问题，C++ 引入了内联函数。通过内联函数可以把函数体的代码直接插入调用处，将调用函数的方式改为顺序执行直接插入程序的代码，可减少程序的执行时间，但也增加了代码的实际长度。在 C++ 中，宏的概念是作为内联函数来实现的，内联函数实际上是一种空间换时间的方案。

3．函数重载

函数重载是 OOP 的一个重要概念，其本质就是允许函数同名，即在相同的函数名下，可以实现不同的操作。系统将根据参数类型或者参数个数的不同来区分这些重载的函数。用户在调用时，只要给出不同类型的参数或者不同个数的参数，编译器就能区分应调用哪一个函数。重载函数的使用可以提高程序的可读性，方便函数的使用。

4. 函数的默认参数值

默认参数值的引用是为了使函数调用更容易，特别是当这些函数的许多参数都有特定值时。它不仅使书写函数调用更容易，而且阅读也更方便，尤其当用户是在编制参数过程中，可把那些最不可能调整的默认参数值放在参数表的最后面，从而给函数调用带来方便性和灵活性。

5. 友元

友元机制允许在类外对某个对象的数据成员进行操作。友元关系反映了程序中类与类之间、用户自定义函数与类之间、成员函数与另一个类之间的关系。这个关系是单向的，不可传递的。友元既可以是不属于任何类的一般函数，也可以是另一个类的成员函数，还可以是整个的一个类（这个类中的所有成员函数都可以成为友元函数）。

友元函数不是当前类中的成员函数，而是类外所定义的一般函数（非成员函数）或另一类的成员函数。当一个非成员函数声明为一个类的友元函数后，它就可以访问类的所有对象的成员。当一个类的成员函数声明为另一个类的友元函数后，这种成员函数不仅可以访问自己所在类中的私有成员和保护成员，还可以访问 friend 声明语句所在类中的私有成员和保护成员，从而使两个类相互合作。不仅函数可以作为一个类的友元，一个类也可以作为另一个类的友元。

6. 静态成员

静态成员表示整个类的范围信息，其声明以 static 关键字开始，包括静态数据成员和静态成员函数。

使用静态数据成员，即可以保证各个对象相互独立，实现数据的封装与隐藏，也可以实现某些数据成员的共享。静态数据成员不属于某个对象所独有，而是类中所有成员共享，静态数据成员的值可以修改，但对每个对象都是一样的，其空间分配不在构造函数内完成，空间回收也不在析构函数内完成。静态数据成员的主要用途是定义类的各个对象所公用的数据，如统计总数、平均数等。

静态成员函数可以在不生成类对象的情况下，直接存取静态数据成员。它在同一个类中只有一个成员函数的地址映射，可节约计算机系统的开销，提高程序运行效率。静态成员函数不含 this 指针，且不能访问类中的非静态成员。若确实需要访问时，静态成员函数只能通过对象名（或指向对象的指针）访问该对象的非静态成员。

静态对象的生命周期从定义时开始，到程序结束时停止。程序第一次执行静态对象定义时，自动调用构造函数创建对象，程序运行结束时可调用析构函数释放对象。

习题 4

1. 什么是 this 指针？它的主要作用是什么？
2. 什么是友元函数？
3. 为什么要进行函数重载？
4. 什么是内联函数？
5. 已知类中的一个成员函数说明为 void Set (X &a)，其中，X &a 的含义是（　　）。
    A．指向类 X 的指针为 a
    B．将 a 的地址赋给变量
    C．a 是类 X 的对象引用，用来作为 Set() 的形参
    D．变量 X 与 a 按位与作为函数 Set() 的形参
6. 下面关于友元函数的描述正确的说法是（　　）。
    A．友元函数是独立于当前类的外部函数

B．一个友元函数不能同时定义为两个类的友元函数
C．友元函数必须在类的外部定义
D．在外部定义友元函数时，必须加关键字 friend

7．一个类的友元函数能够访问该类的（　　）。
　　A．私有成员　　　B．保护成员　　　C．公有成员　　　D．所有成员

8．友元函数的作用之一是（　　）。
　　A．提高程序的运行效率　　　　　B．加强类的封装性
　　C．实现数据的隐藏性　　　　　　D．增强成员函数的种类

9．函数重载的意义在于（　　）。
　　A．使用方便，提高可读性　　　　B．提高执行效率
　　C．减少存储空间的开销　　　　　D．提高程序可靠性

10．下面关于重载函数的说法中，正确的是（　　）。
　　A．重载函数一定具有不同的返回值类型
　　B．重载函数形参个数一定不同
　　C．重载函数一定有不同的形参列表
　　D．重载函数名可以不同

11．一个函数功能不太复杂，但要求被频繁调用，应选用（　　）。
　　A．内联函数　　　B．重载函数　　　C．递归函数　　　D．嵌套函数

12．将函数声明为内联函数的关键字是（　　）。
　　A．register　　　B．static　　　C．inline　　　D．extern

13．在内联函数内允许使用的是（　　）。
　　A．循环语句　　　B．开关语句　　　C．赋值语句　　　D．以上都允许

14．在 C++中，下列关于默认参数值的描述中，正确的是（　　）。
　　A．设置默认参数值时，应当全部设置
　　B．设置默认参数值后，调用函数不能再对参数赋值
　　C．设置默认参数值时，应当从右向左设置
　　D．只能在函数定义时设置默认参数值

15．下列关于静态数据成员的特性描述中，错误的是（　　）。
　　A．说明静态数据成员时，前边要加关键字 static
　　B．静态数据成员在类外进行初始化
　　C．引用静态数据成员时，要在静态数据成员名前加<类名>和作用域运算符
　　D．静态数据成员不是所有对象所共有的

16．下列关于静态数据成员的叙述中，错误的是（　　）。
　　A．静态数据成员在对象调用析构函数后，从内存中撤销
　　B．即使没有实例化类，静态数据成员也可以通过类名进行访问
　　C．类的静态数据成员是该类所有对象所共享的
　　D．类的静态数据成员需要初始化

17．下列关于静态成员的叙述中，错误的是（　　）。
　　A．类的外部可以直接调用类的静态数据成员和静态成员函数
　　B．与一般成员一样，只有通过对象才能访问类的静态成员
　　C．类的静态数据成员不能在构造函数中初始化
　　D．类的一般成员函数可以调用类的静态成员

18. 声明类的成员为静态成员，必须在其前面加上关键字（   ）。
    A. const   B. static   C. public   D. virtual
19. 静态成员为该类的所有（   ）共享。
    A. 成员   B. 对象   C. this 指针   D. 友元

20. 写出程序运行结果。
```
#include <iostream>
using namespace std;
float TestFun(float x,float y);
int TestFun(int x,int y);
int main(){
    float a,b;   int c;
    a=50.3;  b=24.4;   c= TestFun(a,b);
    cout<<c<<endl;   return 0;
}
float TestFun(float x,float y){
    return x+y;
}
int TestFun(int x,int y){
    return x+y;
}
```

21. 写出程序运行结果。
```
#include <iostream>
using namespace std;
int TestFun(int x=4,int y=5,int z=6);
int main(){
    int a=3,b=4,c=5;
    c= TestFun(b,a);
    cout<<c<<endl;
    return 0;
}
int TestFun(int x,int y,int z){
    return x+y+z;
}
```

22. 写出程序运行结果。
```
#include <iostream>
using namespace std;
class  A{
public:
    A(){
        a++;cout<<a<<endl;
    }
    void f(){
        b++;cout<<b<<endl;
    }
private:
    static int a;
    int b;
};
int A::a=0;
int main(){
    A a1,a2,a3;
    return 0;
}
```

23. 写出程序运行结果。
```
#include <iostream>
using namespace std;
class  CStatic{
public:
    CStatic(){
        val++;
    }
    static int GetVal() {
        return val;
    }
private:
    static int val;
};
int CStatic::val=0;
int main(){
    CStatic   c[10];
    cout<<"CStatic::val="
        <<CStatic:: GetVal()<<endl;
    return 0;
}
```

24. 写出程序运行结果。
```
#include <iostream>
using namespace std;
class Sample {
public:
    Sample(int m);
    void Addvalue(int m);
    void Disp();
```

```
private:
    int n;
    static int s;
};
int Sample::s=5;
int main(){
    Sample ob(10);
    ob.Addvalue(5);
    ob.Disp();
    return 0;
}
Sample::Sample(int m){ n=m; }
void Sample::Addvalue(int m) { s*=n+m; }
void Sample::Disp() { cout<<"s="<<s<<endl; }
```

思考题

1．利用重载求两个整数、三个整数和四个整数的最小值。

2．利用重载计算长方形、正方形、圆和梯形的面积。

3．利用重载实现对 10 个整数和 10 个实数的排序。

4．有 Distance 类和 Point 类，将 Distance 类定义为 Point 类的友元类来实现计算两点之间的距离。

5．利用静态数据成员的概念，设计一个类，统计目前存在多少个该类的对象。

6．利用静态数据成员的概念，设计学生类，学生信息包括姓名、学号和成绩。编写程序统计学生的总人数及总成绩，并输出。

7．利用静态的概念，设计小猫类，统计并输出每只小猫的体重、小猫的总数量及总体重。

第 5 章 常　　量

学习目标

（1）了解 define 与 const 的区别。
（2）掌握 const 在不同情形下的应用。
（3）掌握引用拷贝构造函数的使用方法。

相对于变量，常量是一经定义便不能再被改变的量。C++中引入常量的最初目的是取代 define，相对于 C 语言中的常量具有许多不同之处。

5.1　const 的最初动机

首先看一个简单的例子：
```
for(int i=0; i<=100;i++)
{
    ...
}
```
看到这段代码，读者一方面会产生疑问：i<=100 所定义的循环范围目的是什么？即可读性问题。100 作为循环范围的意义是什么？为什么是 100？另一方面是关于维护性的问题，假设程序代码中有很多地方要用到 100 这个数字，如果发生改动，则要明白每个 100 的具体作用，哪些需要修改，哪些不需要修改，工作量可想而知。

解决的办法是，给它起一个有意义的名字，即用值替代的方式，可起到见名知意的作用。如使用 C 语言（C++）中的#define MAX 100。但是，使用 define 会引发一些潜在的问题。

5.1.1　由 define 引发的问题

首先看一个由 define 使用所引发的常见错误：
```
#define fun(a) a*5
...
int s=fun(3+5);
...
```

设计的目的是要得到结果(3+5)*5=40，然而结果却出乎意料，竟然是 28！原因何在？

在 define 预处理机制中，编译器仅把 fun(a)当作一个"名字"来对待，它替代的是数字（或公式）a*5。预处理过程中，编译器既不对其做类型检查，也不对其分配存储空间，当调用 fun(a)时，仅仅对 fun(a)中的符号做简单的"替换"处理，转换成如下格式：

    fun(a)=3+5*5

即用 3+5 替换预定义中的 a，结果自然为 28。

编译器永远也"看"不到 fun(a)这个符号，因为在预处理过程中它被"替换"掉了，因此也不会将其加入符号列表。如果在编译过程中遇到 define 定义的常量编译错误，则编译器的报错就更加莫名其妙，因为报错信息指的是 3+5*5 错误，而不是 fun(a)。

5.1.2　const 的使用方法

使用 const 的好处是允许指定一种语义上的约束，即某种对象不能被修改，且由编译器具体实施这种约束。通过 const 可以通知编译器和其他程序员某个值要保持不变。只要是这种情况，就应明确地使用 const，因为这样做可以借助编译器的帮助确保这种约束不被破坏。

const 声明格式为：

  const 类型名 对象名；

例如：

  const　int MAX=100;

表明可以在编译器知道的任何地方使用 MAX。MAX 不允许被改变，因为它是用 const 修饰的"常量"，并可以用 MAX 来定义数组的长度，例如：

  int iDataList[MAX];

注意：① 尽量把 const 定义放进头文件里，由此通过包含头文件把 const 定义放在一个需要放置的地方，并由编译器分配给它一个编译单元。C++中的 const 为内部连接，即由 const 定义的常量仅在被定义的文件中才能看到，而不会被其他文件看到，除非使用 extern。在一般情况下，编译器不为 const 分配空间（而 extern 则强制分配空间）。

② 当定义一个常量（const）时，必须进行初始化，即赋初值给它，除非已经用 extern 做了清楚的说明，例如：

  extern　const int bufsize;

在文件 1.h 中有以下声明：

  //1.h
  const int bufsize=100;
  …

在 2.cpp 中需要用到常量 bufsize：

  //2.cpp
  extern const int bufsize;
  …

在程序设计中，如果不想改变某个数值，就应该声明它为"常量"，且全部用 const 替代 define。常量的作用是：① 消除不安全因素；② 消除存储和读操作，使代码的执行效率更高。

类似地，可以用 const 修饰数组，表示"常"数组，即数组的值不能被修改。例如：

  const int DATALIST[]={5,8,11,14};　　　//合法使用，定义一个常量数组
  struct MyStruct{int i; int j;}
  const struct MyStruct sList[]={{1,2},{3,4}}; //正确，定义一个结构体常量数组
  //DATALIST[0]=12;　　　　　　　　　　//错误
  //sList[1].i=100;　　　　　　　　　　　//错误

在上面例子中，用 const 修饰数组后，数组内容为常量，不能被修改。

注意：定义上述数组后，对常数组的以下引用是错误的：

  char cList[DATALIST[1]];　　　　　　//错误
  float fList[sList[0].i];　　　　　　　//错误

错误的原因在于，在编译时编译器必须为数组分配固定大小的内存。而用 const 修饰的数组意味着"不能被改变"的一块存储区，但其值在编译期间不能被使用。

5.2　const 与指针

const 与指针的结合使用有两种情况：① 用 const 修饰指针，即修饰存储在指针里的地址；② 修饰指针指向的对象。

为防止混淆使用，采用"最靠近"原则，即 const 离哪个量近则修饰哪个量：如果 const 离变量近，则表达的含义为指向常量的指针；如果 const 离指针近，则表达的含义为指向变量的常指针。

5.2.1 指向常量的指针

定义格式为：
　　const 类型名 * 指针变量名；
或
　　类型名 const * 指针变量名；
即两种格式是等价的。
　　例如：
　　　　const int* p;
　　　　int const* p;
表明 p 是一个指向 const int 的指针，即 p 指向一个整型常量，这个常量当然不能被改变，但是 p 可以"被改变"。例如：
　　　　const int DATA=10;
　　　　const int* p=&DATA;
　　　　*p=20;　　　　　　　//错误
　　　　const int MAX=100;
　　　　p=&MAX;　　　　　　//正确
上面例子中，因为 p 指向的为常量，*p 等同于常量 DATA，不能被改变；而 p 可以被改变，指向其他常量，因为 p 本身为"指针变量"，不是常量。

5.2.2 常指针

定义格式为：
　　类型名* const 指针名；
　　例如：
　　　　int i=4;
　　　　int* const q=&i;
表明 q 为一个常指针，一个指向 int 型的变量 i 的 const 指针，q 必须有一个初值，它只能指向这个初始对象 i，不能"被改变"而指向其他对象，但对象的值可以被改变。例如：
　　　　i=5;
　　　　*q=6;
表明常指针 q 指向整型变量 i，i 的初值为 4，通过赋值语句"i=5;"变为 5，又经赋值语句"*q=6;"而改变为 6。
　　不仅可以使用一个常指针指向一个变量，也可以把非 const 对象变为 const 对象。例如：
　　　　int i=4;
　　　　int* const p=&i;　　　　　//可以用 const 指针指向一个非 const 对象
　　　　const int* const q=&i;　　//可以把非 const 对象地址赋值给 const 对象指针
　　也可以用指向字符的指针来指向字符串，例如：
　　　　char *p= "hello!";
此处，p 为非 const 指针，指向非 const 数据（虽然"hello"为常量），但编译器把它当作非常量来处理，指针指向它在内存中的首地址。虽然没有语法错误，但是不建议这样使用。如果想用指针指向字符串常量，建议按照如下方式使用：
　　　　const char* q="hello!";　　　　　//正确，非 const 指针，const 数据
　　　　const char* const p="hello!";　　//正确，const 指针，const 数据
　　该方式可以把非 const 数据对象地址赋给 const 指针，但是不能把 const 对象的地址赋给指向非 const 对象的指针，例如：

```
    int i=5;
    const int j=3;
    int* p=&i;
    //int* q=&j;              //错误，把 const 对象的地址赋给指向非 const 对象的指针
    int* s=(int*)&j;          //强制转换，虽然合法，但不建议这样使用
```

5.3 const 与引用

从前面知识得知，使用引用和指针一样，其目的都是提高程序的执行效率，const 旨在提高安全性。在常量修饰引用时，也同样要注意"一致性"的问题，例如：

```
    const int j=3;
    const int& c=j;
    int& k=j;                 //错误，不能用普通引用类型引用常量
```

还可以这样定义常量的引用：

```
    const int& k=(int)5.67;
```

上述语句实际的做法分为两步：① 为(int)5.67 分配一个临时空间；② 为这个临时空间与引用关联。其作用等价于：

```
    const int m=(int)5.67;
    const int& k=m;
```

5.4 const 与函数

函数与 const 的结合使用有两种方式：① 参数为 const 类型；② 返回值为 const 类型。

5.4.1 const 类型的参数

定义格式为：

返回值类型 函数名称(const 类型 参数名,…)

例如：

```
    void f(const int i){
        i++;              //错误
    }
```

表明参数 i 的初值在 f()中不能被改变。C++和 C 语言一样，在函数调用中参数的使用都是按照从实参向形参单向的值传递方式，一般情形对于普通参数（非指针和非引用方式），在函数中修改形参的值并不会影响实参的值，因此在普通参数前添加 const 不是很重要。

对于传递地址类型的参数要不想让使用者在函数中改变其值,const 则显得尤为重要了。例如：

```
    void f(const int* p){
        (*p)++;           //错误
        p++;              //正确
    }
```

其中，*p 指向的为常量，故不可修改*p 的内容，但是 p 为（指针）变量就可以被修改。

当 C++在函数的参数使用引用时，需要特别注意对常量引用的使用。

[例 5-1] 对常量引用的例子。

```
    void t1(int&){}
    void t2(const int&){}
    int main(){
        //t1(1);           //错误，在 t1()中，可以修改参数内容，而 1 为常量
        t2(1);             //正确，在 t2()中，参数声明为常量
        int m=10;
```

```
        const int n=20;
        t1(m);              //正确
        t1(n);              //错误,不能使用普通引用方式引用常量
        t2(m);              //正确,可以用常量方式引用普通变量
        t2(n);              //正确
    }
```

本例中,t1()的参数为普通引用方式,表明在 t1()中可以修改此参数的值,而在 main()中调用 t1(1),数值 1 为常量,与 t1()参数的引用类型相矛盾,故此错误;t2()中的参数声明为常量的引用方式,因此在 main()中调用 t2(1)是正确的。

5.4.2 const 类型的返回值

可以用 const 修饰函数的返回值,即函数返回一个常量值,此常量值既可以赋给常量(对常量初始化),也可以赋给变量。

[例 5-2] 返回值为常量的函数。

```
    int res(){
        return 5;
    }

    const int conres1(){
        return 5;
    }
    const int& conres2(const int& c){
        return c;
    }
    int main(){
        int j=res();                //正确
        j++;                        //正确
        const int i=res();          //正确,把函数返回值赋值给常量(常量初始化)
        int k=conres1();            //正确,把常量的值赋值给变量
        k--;                        //正确,变量变化
        const int f=conres1();      //正确,常量赋值给常量
        const int m=conres2(i);     //正确,常量赋值给常量
        int n==conres2(i);          //错误,常量本身赋给变量
        return 0;
    }
```

显然,对于返回值为常量函数时,const 则稍显多余,为防止混淆,一般不加 const。然而对于返回值为某个类对象时,const 则显得尤为重要了。

[例 5-3] 常对象的使用。

```
    class TCons{
        int iData;
    public:
        TCons(int i=0):iData(i){}
        void Seti(int i){
            iData=i;
        }
    };
    //返回值为普通对象
    TCons test1(){
        return TCons();
```

```
        }
        //返回值为常对象
        const TCons test2(){
            return TCons();
        }
        int main(){
            test1()=TCons(10);    //正确，test1()返回一个 TCons 对象，并把对象 TCons(10)的值赋给它
            test1().Seti(20); //正确，调用 test1()，得到一个返回对象，并调用此对象的成员函数 Seti()
            //test2()=TCons(10);   //错误，常对象不能被修改（赋值）
            //test2().Seti(20); //错误，常对象内容不能被修改
            return 0;
        }
```
test1()返回一个非 const 对象，而 test2()返回一个 const 对象，所以 test1()可以被修改，而 test2()则不能。如果返回的对象内容不想被修改，则可声明为 const 对象。

5.4.3　const 在传递地址中的应用

函数的实参与形参相结合时，在传递地址的过程中，对于在被调用的函数中不需要修改的指针或对象，用 const 修饰是合适的。下面给出一个复合应用示例。

[例 5-4]　常指针使用举例。
```
        //一个普通的函数 test，参数为指针型
        void test(int* p){}
        //参数为常量形式的函数，指针指向的内容为常量形式
        void testpointer(const int* p){
            //(*p)++;           //错误，不允许修改常量内容
            int i= *p;          //正确，常量赋值给变量 i
            //int *q=p;         //错误，不能把一个指向常量的指针赋值给一个指向非常量的指针
        }
        //返回值的内容为常量
        const char* teststring(){
            return "hello!";
        }
        //返回值的内容、指针皆为常量
        const int* const testint(){
            static int i;
            return &i;
        }
        int main(){
            int m=0;
            int* im=&m;
            const int* cim=&m;          //正确，可以把非常量的地址赋值给一个指向常量的指针
            test(im);
            test(cim);                  //错误，不能把指向常对象的指针赋值给指向非常对象的指针
            testpointer(im);            //正确
            testpointer(cim);           //正确
            char* p=teststring();       //错误，不能把指向常对象的指针赋值给指向非常对象的指针
            const char* q=teststring(); //正确
            int* ip=testint();          //错误，不能把指向常对象的指针赋值给指向非常对象的指针
            const int* const ipm=testint();    //正确
            const int* iqm=testint();          //正确
            *testint()=10;              //错误，testint()返回值为指向常量的指针，其内容不能被修改
```

```
            return 0;
    }
```
说明：test()是一个有普通指针参数的函数，而 testpointer()是一个带有指向常量指针参数的函数，因此在 testpointer()中试图修改 const 内容时会发生错误。

teststring()返回值为一个地址（函数中字符串常量的地址），表明编译器为字符串常量分配的地址。此时 const 显得非常必要，否则，如果允许执行语句"char *p=teststring();"，则会导致通过指针 p 来修改常量的内容而发生错误。

而 testint()返回的指针不仅是常量，而且指向的空间是静态的，函数不随着调用的结束而释放指针所指向的空间，调用结束后仍然有效。需要注意的是，testint()的返回值类型为 const int* const，它可以赋值给 const int* const 类型的变量，也可以赋值给 const int* 类型的变量（编译器不报错，因为返回值为拷贝方式），第二个 const 的含义仅当返回量出现在赋值号左边时（*testint()=10），const 才显示它的含义，编译器才会报错。

main()中列举了各种 const 与指针的混合应用，凸显了 const 的关键应用。

5.5 const 与类

const 在类里有两种应用：一是在类里建立类内局部常量，可用在常量表达式中，而常量表达式在编译期间被求值；二是 const 和类成员函数的结合使用。

5.5.1 类内 const 局部常量

在一个类内使用 const 修饰的意思是"在这个对象的寿命期内，这是一个常量"。然而，对这个常量来讲，每个不同的对象可以含有一个不同的值。

在类内建立一个 const 成员时不能赋初值，只能在构造函数里对其赋初值，而且要放在构造函数的特殊地方。因为 const 必须在创建它的地方被初始化，所以在构造函数的主体里，const 成员必须已被初始化了。例如：

```
class conClass{
    const int NUM;
public:
    conClass();
};
conClass::conClass():NUM(100){}
```

常用的一个场合就是在类内声明一个常量，用这个常量来定义数组的大小，从而把数组的大小隐藏在类内。

错误示例：

```
class conClass{
    const int NUM=100;      //错误
    int iData[NUM];         //错误
public:
    conClass();
};
```

以上示例为错误的情形。因为在类内进行存储空间分配时，编译器无法知道 const 的内容是什么，所以不能把它用作编译期间的常量。

有如下两种解决方法。

（1）静态常量。为提高效率保证所有的类对象最多只有一份拷贝值，通常需要将常量声明为是静态的，例如：

```
class Student{
    static const int NUM=30;
    int iScoreList[NUM];
    …
};
```

程序中的 NUM 不是定义而是一个声明，所以在类外还需要加上如下代码来进行定义：
　　const int Student::NUM;

但是，老版本的编译器不会接受这样的语法，因为它认为类的静态成员在声明时定义初值是非法的，而且，类内只允许初始化整数类型（如 int、bool、char 等）是常量。因此上述初始化语句应改写为：
```
class Student{
    static const int NUM;
    …
};
const int Student::NUM=30;
```

（2）enum（枚举常量）。例如：
```
class Student {
    enum {NUM=30};
    int iData[NUM];
public:
    conClass();
};
```

使用 enum 不会占用对象的存储空间，枚举常量在编译时被全部求值，也可以明确地指定枚举常量的值：
　　enum { MAX=100,SUM=200,NEXT};

对于 NEXT，编译器可根据最后一个给出的值来决定当前的枚举值，这里 NEXT 值为 201（在 SUM 值的基础上加 1）。

5.5.2 常对象与常成员函数

像声明一个普通的常量一样，可以声明一个"复杂"的对象为常量。
　　const int i=10;
　　const conClass cTest(10);

因为声明 cTest 为 const 类型，所以必须保证在对象 cTest 的整个生命周期内不能被改变。对于公有数据这点很容易做到，然而对于私有数据，该如何保证每个成员函数的调用不改变呢？需要声明这个成员函数为 const 类型，等同于告诉编译器此类的一个 const 对象可以调用这个成员函数，而 const 对象调用非 const 成员函数则不行。

const 成员函数定义格式为：
```
class  类名
{
    …
    返回值类型 成员函数名称(参数列表) const;
    …
};
```

注意：如果在函数的前面加上 const，则表明函数返回值为 const，为防止混淆，应把 const 放在函数的后面。在一个 const 成员函数里，试图改变任何数据成员或调用非 const 成员函数，编译器都将显示出错信息。为更好地理解 const 成员函数，看如下实例。

[例 5-5] const 成员函数与非 const 成员函数使用方式的比较。

```
//student.h
#ifndef    STUDENT_H_              //防止重复包含头文件 student.h
#define    STUDENT_H_
class Student{
    int No;
    char Name[20];
public:
    Student();
    int GetNo()const;               //const 成员函数
    const char* GetName();          //返回值为 const 的成员函数,不是 const 成员函数
};
#endif
//student.cpp
#include <string.h>
#include <student.h>
Student::Student(){
    No=1;
    strcpy(Name,"wang");
}
int Student::GetNo()const{
    return No;
}
const char* Student::GetName(){
    return Name;
}
//5-5.cpp
#include <student.h>
int main(){
    Student s1;
    s1.GetNo();
    s1.GetName();
    const Student s2;
    s2.GetNo();                     //正确,常对象调用 const 成员函数
    s2.GetName();                   //错误,常对象调用了非 const 成员函数
    return 0;
}
```

然而,有些时候确实需要改变常对象的某些数据成员时该怎么办呢?有两种方法:① 强制转换;② 使用 mutable。

① 强制转换

[例 5-6] 在常成员函数中修改成员变量的值。

```
class Test{
    int i,j;
public:
    Test():i(0),j(0){};
    void f()const;
};
void Test::f()const{
    //i=1;                          //错误,在常成员函数中修改类成员
    ((Test*)this)->j=5;             //正确
```

· 96 ·

```
    }
    int main(){
        const Test t;
        t.f();                    //正确
        return 0;
    }
```

现在更为常用的方法是使用 mutable 修饰符，用它指定某个特定的数据成员在常量对象的某个函数里是可以被改变的。

② 使用 mutable

[例 5-7] 在常成员函数中修改由 mutable 所修饰的变量值。

```
    class Test{
        int i;
        mutable int j;
    public:
        Test():i(0),j(0){};
        void f()const;
    };
    void Test::f()const{
        //i=1;                    //错误，在常成员函数中修改类成员
        j=5;                      //正确，可以在常成员函数中修改被 mutable 修饰的类成员
    }
    int main(){
        const Test t;
        t.f();                    //正确
        return 0;
    }
```

5.6 拷贝构造函数

在程序执行中不仅可以由构造函数创建对象，也可以通过已有对象创建新对象。在 3.2.3 节对象的赋值中曾经讲过，可以通过一个已存在的对象来给另一个对象赋值。在对象进行赋值时，对象的每一个成员逐一复制（赋值）给另一个对象的同一成员。首先，看一个例子，目的是统计当前类声明了多少个对象。

[例 5-8] 统计类声明对象的个数。

```
    #include <iostream>
    using namespace std;
    class Student{
        static int number;
    public:
        Student(){
            number++;
            show("Student");
        }
        ~Student(){
            number--;
            show("~Student");
        }
        static void show(const char* str=NULL){
            if(str)
                cout<<str<<":";
```

```
            cout<<"number="<<number<<endl;
        }
    };
    int Student::number=0;
    Student f(Student x){
        x.show("x inside f()");
        return x;
    }
    int main(){
        Student h1;
        Student h2=f(h1);
        Student::show("after call f()");
        return 0;
    }
```

程序运行结果为：

Student:number=1
x inside f():number=1
~Student:number=0
after call f():number=0
~Student:number=-1
~Student:number=-2

可能不是预期的结果。

声明对象 h1 后，对象个数 number 为 1，这是正确的。在调用 f()后希望 number 变为 2（因为已有对象 h2），然而 number 却变为 0，这使得 main()执行结束后，number 变为 -2。原因何在呢？

在调用 f()时，原来的对象 h1 在函数之外，函数内要增加一个新对象，参数 x 的值是原来对象 h1 的拷贝。而参数传递采用的是"位拷贝"（Bit Copy）方式，所以达不到预期效果。当局部对象在调用 f()结束时，析构函数被调用，从而使 number 减小。同理，h2 的值也采用"位拷贝"方式传递，构造函数也没有被调用。所以结果是 main()执行结束后，number 变为负值。

C++需要真正的初始化操作——拷贝构造函数。当使用拷贝构造函数时，编译器将不再使用"位拷贝"方式。

拷贝构造函数定义格式为：

构造函数名(const 类名&);

例如：

```
class A{
    …
Public:
    A();                //构造函数
    A(const A&);        //拷贝构造函数
}
```

注意：拷贝构造函数中的参数类型也可以声明为非 const 形式。const 形式表明在拷贝构造函数中不修改引用参数的值，而非 const 形式表明赋值给新对象的同时可以修改被引用对象的值。

当用传值的方式传递类对象时，需要使用拷贝构造函数，包括对象之间赋值、函数参数之间值传递、函数返回值。

[例 5-9] 例 5-8 修改的例子。

```
#include <iostream>
using namespace std;
class Student{
```

```cpp
        static int number;
    public:
        Student(){
            number++;
            show("Student");
        }
        //拷贝构造函数
        Student(const Student&){
            number++;
            show("Student");
        }
        ~Student(){
            number--;
            show("~Student");
        }
        static void show(const char* str=NULL){
            if(str)
                cout<<str<<":";
            cout<<"number="<<number<<endl;
        }
};
int Student::number=0;
Student f(Student x){
    x.show("x inside f()");
    return x;
}
int main(){
    Student h1;
    Student h2=f(h1);//拷贝构造函数被调用
    Student::show("after call f()");
    return 0;
}
```

程序运行结果为：

```
Student:number=1
Student:number=2
x inside f():number=2
Student:number=3
~Student:number=2
after call f():number=2
~Student:number=1
~Student:number=0
```

再来看一个清晰完整的应用实例。

[例 5-10] 跟踪程序运行时，当前 Point 类对象的个数。

```cpp
#include <iostream>
using namespace std;
class Point{                    //定义一个点类
    static int number;          //用来计算点类的对象个数
    int   X,Y;                  //坐标
public:
    Point(int xx=0,int yy=0){
X=xx;
```

```cpp
        Y=yy;
        number++;
        showmsg("normal construction");
    }
        Point(const Point& p);      //拷贝构造函数
        ~Point(){
    number--;
    showmsg("~Point");
    }
        void showmsg(const char* p=NULL);
    };
    int Point::number=0;
    Point::Point (const Point& p){
        X=p.X;
        Y=p.Y;
        number++;
        showmsg("copy construction");   //为区别普通构造函数,加提示信息
    }
    void Point::showmsg(const char* p/* =NULL */){
        if(p)
            cout<<p<<":";
        cout<<number<<endl;
    }
    void fun1(Point p){

        p.showmsg("inside fun1()");
    }
    int main(){
        Point A(1,2);
        Point B(A); //拷贝构造函数被调用
        fun1(A);    //拷贝构造函数被调用
        return 0;
    }
```

运行结果:
    normal construction:1
    copy construction:2
    copy construction:3
    Inside fun1():3
    ~Point:2
    ~Point:1
    ~Point:0

正如预期的那样,声明对象 A 后,数目为 1;声明对象 B(调用拷贝构造函数)后,数目为 2;调用 fun1()时,带有参数 A,所以对象数目为 3;调用完毕后,析构函数执行,数目减少为 2;main()接收后,对象 B、A 先后析构,数目变为 0。

使用拷贝构造函数时应注意以下问题:

① 并不是所有的类声明中都需要拷贝构造函数。仅当准备用传值的方式传递类对象时,才需要拷贝构造函数。

② 为防止一个对象不被通过传值方式传递,需要声明一个私有(private)拷贝构造函数。因为拷贝构造函数是私有的,已显式地声明接管了这项工作,所以编译器不再创建默认的拷贝

构造函数。

[例 5-11] 声明私有的拷贝构造函数。

```cpp
using namespace std;
class Point{
    static int number;
    Point(const Point& p);
public:
    Point(int xx=0,int yy=0){
        X=xx;
        Y=yy;
        number++;
        showmsg("normal construction");
    }
    ~Point(){
        number--;
        showmsg("~Point");
    }
    void showmsg(const char* p=NULL);
private:
    int   X,Y;
};
int Point::number=0;
Point::Point (const Point&   p){
    X=p.X;
    Y=p.Y;
    number++;

    showmsg("copy construction");
}
void Point::showmsg(const char* p/* =NULL */){
    if(p)
        cout<<p<<":";
    cout<<number<<endl;
}
void fun1(Point p){
    p.showmsg("inside fun1()");
}
int main(){
    Point A(1,2);
//Point B(A);      //错误，拷贝构造函数为私有的，不能被调用
//fun1(A);         //错误，同上
    return 0;
}
```

小结

本章给出了 const 的使用方法，以及 const 与指针、const 与函数、const 与类的各种应用，所有这些都为程序设计提供了良好的类型检查形式及安全性。

拷贝构造函数采用相同类型的对象引用作为其参数，可以被用来从现有的类创建新类。当用传值方式传递或返回一个对象时，编译器会自动调用这个拷贝构造函数。虽然，编译器将自

动地创建一个拷贝构造函数,但是,程序员如果认为需要为自定义的类创建一个拷贝构造函数,就应该自己定义它,以确保其正确操作。如果不想通过传值方式传递和返回对象,应该创建一个私有拷贝构造函数。

习题 5

1. 使用 const 的优点是什么？应该注意哪些问题？
2. 指出下面非法的定义。
   A．int I; B．const int ic; C．const int *pic; D．int *const cpi;
3. 下列哪些初始化为合法的？指出原因。
   A．int i=1; B．const int ic=I; C．const int *pic=⁣
   D．int *const cpi=⁣ E．const int *const cpic=⁣
4. 根据第 3 题，以下赋值哪些是非法的？为什么？
   A．i=ic; B．pic=cpic; C．pic=⁣ D．cpic=⁣
   E．cpi=pic; F．ic=*cpic;
5. 下列定义是否有效？为什么？如果无效如何改正？
   A．const int &ival==1; B．const int &* pval=&ival;
6. 下列定义是否正确？如果错误，如何改正？
   ① const int Num=10; ② const int Len[3]={10,20,30}; ③ enum ENum{M1=10,M2=20};
   　int DataList[Num];　　 int DataList[Len[2]];　　　　　 float fList[M2];
7. 设计一个包含 const 成员的类，在构造函数初始化表达式里初始化这个 const 成员，再设计一个无标记的枚举，用它决定一个数组的大小。
8. 设计一个类，该类具有 const 和非 const 成员函数，并创建这个类的 const 和非 const 对象，试着为不同类型的对象调用不同类型的成员函数。

思考题

1. 比较宏定义与 const 定义各自的特点。
2. 拷贝构造函数中的参数不使用引用形式可以吗？为什么？

第6章 运算符重载

学习目标

（1）理解为什么要进行运算符重载，在什么情况下进行运算符重载。
（2）掌握成员函数重载运算符。
（3）掌握友元函数重载运算符。
（4）理解并掌握引用在运算符重载中的作用。
（5）理解类型转换的必要性，掌握类型转换的使用方法。

重载是面向对象的基本特点之一。面向对象程序设计的重载有函数重载和运算符重载。函数重载是指在相同作用域内，若干个参数特征不同的函数使用相同的函数名，也称为函数名重载；运算符重载是另一种调用函数的方法，是指同样的运算符可以施加于不同类型的操作数上面，也就是说，对已有的运算符赋予多重含义，使同一个运算符作用于不同类型的数据时产生不同的行为，是一种静态联编的多态。

6.1 运算符重载的基本概念

与函数重载相似，运算符也存在重载问题。C++预定义的运算符只适用于基本数据类型。为了解决一些实际问题，可能需要定义一些新类型即自定义类型，然而 C++不允许生成新的运算符，因此为了实现对自定义类型的操作，就必须自己来编写程序说明某个运算符如何作用于这些数据类型，这样的程序可读性较差。针对这种情况，C++允许重载现有的大多数运算符，即允许给已有的运算符赋予新的含义，从而提高了 C++的可扩展性，针对同样的操作，使用重载运算符比函数的显式调用更能提高程序的可读性。

C++对运算符重载进行了以下规定限制：

① 只能重载 C++中原先已定义的运算符。不能自己"创造"新的运算符进行重载。
② 并不是所有的运算符都可以进行重载。不能进行重载的运算符有"."".*""::""?:"。
③ 不能改变运算符原有的优先级和结合性。C++已预先规定了每个运算符的优先级和结合性，以决定运算次序。不能改变其运算次序，如果确实需要改变，只能采用加"()"的办法。
④ 不能改变运算符对预定义类型数据的操作方式，但是可以根据实际需要，对原有运算符进行适当地改造与扩充。
⑤ 运算符重载有两种方式，即重载为类的成员函数和重载为类的友元函数。

6.2 成员函数重载运算符

C++允许重载大多数已经定义的运算符。运算符重载函数既可以是类的成员函数，也可以是类的友元函数。在类的内部定义成员函数重载运算符的原型格式为：

  class 类名
  {
    //…
    返回类型 **operator** 运算符(形参表)
    //…
  };

在类的外部定义成员函数重载运算符的格式为：
　　返回类型　类名::operator　运算符(形参表)
　　{
　　　　//函数体
　　}

说明：返回类型是指运算符重载函数的运算结果类型；operator 是定义运算符重载函数的关键字；运算符是要重载的运算符名称；形参表中给出了重载运算符所需要的参数和类型。

6.2.1 重载单目运算符

用成员函数重载运算符时，如果运算符是单目的，则参数表为空。因为这时操作数访问该重载运算符对象本身的数据，该对象由 this 指针指向，所以参数表为空。

单目运算符的调用有两种方式，即显式调用和隐式调用。

显式调用：对象名.operator 运算符()
隐式调用：重载的运算符 对象名

[例 6-1] 重载"-"运算符。

```
#include <iostream>
using namespace std;
class Point{
public:
    Point(int i=0,int j=0);
    Point operator -();
    void Print();
private:
    int x,y;
};
int main()
{
    Point ob(1,2);
    cout<<"ob:"<<endl;
    ob.Print();
    cout<<"-ob:"<<endl;
    ob=ob.operator-();        //显式调用
//ob=-ob;                     //隐式调用
    ob.Print();
    return 0;
}
Point::Point(int i,int j): x(i), y(j){}
void Point::Print(){
    cout<<"(x,y): "<<"("<<x<<","<<y<<")"<<endl;
}
Point Point::operator -(){
    x=-x;
    y=-y;
    return *this;
}
```

说明：程序定义对象 ob 时调用构造函数将数据成员初始化为 1, 2，然后调用重载的"-"运算符实现对 ob 的数据成员 x 和 y 的取负运算。在进行重载时，函数没有接收参数，运算符后的操作数由 this 指针指向。语句"x=-x; y=-y;"相当于"this->x=-this->x; this->y=-this->y;"。

· 104 ·

6.2.2 重载双目运算符

重载双目运算符时，左边操作数是访问该重载运算符对象本身的数据，由 this 指针指向，右边操作数通过重载运算符的成员函数的参数指出。所以，此时成员函数只有一个参数。

双目运算符的调用有两种方式，即显式调用和隐式调用。

显式调用：*对象名*.operator *运算符*(*参数*)

隐式调用：*对象名* *重载的运算符* *参数*

[例 6-2] 重载 "+" 运算符，以实现两个字符串相加。

分析：定义类 String，确定数据成员 buffer 和 length，buffer 表示存放的字符串，length 表示字符串的长度。重载 "+" 运算符实现字符串的相加，成员函数 ShowString 实现字符串的输出。

```
#include <iostream>
using namespace std;
#include <string.h>
const int MAXSIZE=20;
class String{
public:
    String(const char *instr=NULL);
    String operator+(const char *astr);        //重载 "+" 运算符
    void ShowString();
private:
    char buffer[MAXSIZE];
    int length;
};
int main()
{
    String title("C/C++ ");
    title=title + "Program";                   //隐式调用
//title=title.operator+("Program");            //显式调用
    title.ShowString();
    return 0;
}
String::String(const char *instr){
    if (instr!=NULL)
    {
strcpy_s(buffer,strlen(instr)+1, instr);
        length=strlen(buffer);
    }
}
String String::operator+(const char *astr){
    String temp;
    int templen;
    templen=strlen(buffer)+strlen(astr);       //计算相加后的字符串总长度
    if(templen+1>MAXSIZE)
    {
        cout<<"String is too large!"<<endl;
        strcpy_s(temp.buffer,strlen(buffer)+1, buffer);
        return temp;
    }
    length=templen;
    strcpy_s(temp.buffer,strlen(buffer)+1, buffer);
```

```
        strcat_s(temp.buffer,templen+1,astr);      //字符串相加
        return temp;
}
void String::ShowString(){
        cout<<buffer<<endl;
}
```

说明：程序在定义对象 title 时调用构造函数给成员 buffer 赋值字符串"C/C++"。在执行语句"title=title+"Program";"时，编译器首先将 title+"Program"解释为 title.operator+ ("Program")，从而调用运算符重载函数 operator+(char*astr)实现字符串的相加。最后，将运算符重载函数的返回值赋给 title。在进行重载时，函数只接收一个参数，该参数是运算符的第二个参数，第一个操作数由 this 指针指向。语句"strcpy_s(temp.buffer,strlen(buffer)+1,buffer);"相当于"strcpy_s(temp.buffer, strlen (this->buffer)+1,this->buffer);"。

[例 6-3] 用成员函数重载运算符实现复数的加、减运算。

```
#include <iostream>
using namespace std;
class Complex {
public:
        Complex(double r=0.0,double i=0.0);
        void Print();
        Complex operator+(Complex c);    //重载加法运算符
        Complex operator-(Complex c);    //重载减法运算符
private:
        double real;
        double imag;
};
int main()
{
        Complex com1(1.1,2.2),com2(3.3,4.4),total;
        total=com1+com2;                //隐式调用
        total.Print();
        total=com1-com2;                //隐式调用
        total.Print();
        return 0;
}
Complex::Complex(double r,double i): real(r), imag(i){}
Complex Complex::operator+(Complex c){
        Complex temp;
        temp.real =real+c.real;
        temp.imag =imag+c.imag;
        return temp;
}
Complex Complex::operator-(Complex c){
        Complex temp;
        temp.real =real-c.real;
        temp.imag =imag-c.imag;
        return temp;
}
void Complex::Print(){
        cout<<real;
        if(imag>0)
```

```
            cout<<"+";
        if(imag!=0)
            cout<<imag<<"i"<<endl;
}
```

说明：程序中，对运算符"+"和"-"做了重载，用于实现复数的加、减运算。从 main() 的语句中可以看出，经重载后，运算符的使用方法和普通运算符基本一样，但编译器会自动完成相应的运算符重载函数的调用过程。例如，对于语句"total=com1+com2;"，编译器首先将 com1+com2 解释为 com1.operator+(com2)，从而调用运算符重载函数 operator+(Complex c)，然后再将运算符重载函数的返回值赋给 total。同样，对于语句"total=com1-com2;"，也按照上述规则进行。在编译解释 com1+com2 时，由于成员函数隐含了一个 this 指针，因此在解释 com1.operator+(com2) 时相当于 operator+(&com1, com2)。

6.2.3 重载++、--运算符

在 C++中经常使用前缀和后缀的++、--运算符，如果将++（或--）运算符置于变量前，则 C++在引用变量前先加 1（或先减 1）；如果将++（或--）运算符置于变量后，则 C++在引用变量后使变量加 1（或使变量减 1）。较早版本的 C++不支持前缀和后缀的++、--运算符的重载，但新版的 C++能识别++、--运算符是前缀的还是后缀的，使用格式为：

```
类名 operator ++()          //前缀方式
类名 operator ++(int)       //后缀方式
类名 operator --()          //前缀方式
类名 operator --(int)       //后缀方式
```

[例 6-4] 为类 Point 重载++运算符。

```
#include <iostream>
using namespace std;
class Point {
public:
    Point(int i=0,int j=0);
    Point operator ++();
    Point operator ++(int);
    void Print();
private:
    int x, y;
};
int main()
{
    Point ob1(1,2),ob2(4,5),ob;
    cout<<"ob1:";
    ob1.Print();
    cout<<endl<<"执行 ob=++ob1: "<<endl;
    ob=++ob1;                //前缀++运算符重载
    cout<<"ob:";
    ob.Print();
    cout<<"   ob1:";
    ob1.Print();
     cout<<endl<<"ob2:";
    ob2.Print();
    cout<<endl<<"执行 ob=ob2++"<<endl;
    ob=ob2++;                //后缀++运算符重载
```

```cpp
        cout<<"ob:";
        ob.Print();
        cout<<"   ob2:";
        ob2.Print();
         cout<<endl;
        return 0;
}
Point::Point(int i,int j): x(i), y(j){}
void Point::Print(){
    cout<<"("<<x<<","<<y<<")";
}
Point Point::operator ++(){
    ++x;
    ++y;
    return *this;
}
Point Point::operator ++(int){
    Point temp=*this;      //保存原对象值
    x++;
    y++;
    return temp;
}
```

说明：① 在执行语句 "++ob1;" 时，编译器解释为 ob1.operator ++()，从而调用运算符重载函数 operator ++()对 ob1 的数据成员进行加 1 运算，指针 this 指向 ob1，最后返回*this，实现 ob1 的前缀运算符的性质。

② 在执行语句 "ob=ob2++;" 时，满足了后缀运算符的本质，即先进行赋值操作，然后再对对象 ob2 进行加 1 运算。编译器解释为 ob2 调用后缀++运算符的重载函数，即 ob2.operator ++(int)，这时 this 指针指向 ob2，在后缀++运算符的重载函数中定义一个临时的类 Point 对象 temp，将 this 所指的对象（ob2）的值赋给 temp，使 temp 保存原对象（ob2）的值，然后对 this 所指对象的数据成员进行加 1 运算，从而实现对象++运算，最后函数返回的值是 temp。当执行语句 "ob=ob2++;" 时，ob 的值是重载函数返回的 temp 值，即原来的 ob2 值，这样就满足了后缀运算符的本质，而 ob2 也做了相关的运算。

③ 在后缀++运算符重载函数的参数表中有一个整型参数，但该参数并不使用，仅用于区别++运算符为前缀还是后缀，因此参数表中只给出了类型名，而没有参数名。

[例 6-5] 为 Fraction（分数）重载--运算符。

```cpp
#include <iostream>
using namespace std;
#include<math.h>
class Fraction {
public:
    Fraction (int nume,int deno);
    Fraction(){}
    Fraction operator --();
    Fraction operator --(int);
    void Print();
    void Simplify();
private:
    int mnume, mdeno;
```

```cpp
};
int main()
{
    Fraction ob1(2,5),ob2(3,11),ob;
    cout<<"ob1 = ";
    ob1.Print();
    cout<<endl<<"ob=--ob1:";
    ob=--ob1;                          //前缀--运算符重载
     cout<<endl<<"ob = ";
    ob.Print();
    cout<<"    ob1 = ";
    ob1.Print();
    cout<<endl<<"ob2 = ";
    ob2.Print();
     cout<<endl<<"ob=ob2--:";
    ob=ob2--;                          //后缀--运算符重载
    cout<<endl<<"ob: = ";
    ob.Print();
    cout<<"    ob2: = ";
    ob2.Print();
     cout<<endl;
    return 0;
}
Fraction:: Fraction(int nume,int deno): mnume(nume), mdeno(deno){}
void Fraction::Simplify(){
    int m,n,r;
    if (mdeno!=0)
    {
        if (mnume!=0)
        {
            if(mdeno<0)
            {
                mdeno=-mdeno;      //分母取正数
                mnume=-mnume;      //符号在分子上
            }
            m=abs(mnume);
            n=abs(mdeno);
            while(n!=0)
            {
                r=m%n;
                m=n;
                n=r;
            }
            mnume=mnume/m;
            mdeno=mdeno/m;
        }
    }
}
Fraction Fraction::operator --(){
    mnume= mnume-mdeno;
     Simplify();
```

```cpp
        return *this;
    }
    Fraction Fraction::operator --(int){
        Fraction temp=*this;    //保存原对象值
        mnume= mnume-mdeno;
         Simplify();
        return temp;
    }
    void Fraction:: Print(){
        if(mnume!=0)
            cout<<mnume<<"/"<<mdeno;
        else
            cout<<"0"<<endl;
    }
```

6.2.4 重载赋值运算符

在 C++中，对于任何一个类，如果没有用户自定义的赋值运算符函数，系统就会自动为其生成一个默认的赋值运算符函数，以完成数据成员之间的逐位复制。通常，默认的赋值运算符函数可以完成赋值任务，但在某些特殊情况下，如果类中有指针类形式，就不能进行直接的相互赋值。

[例 6-6] 指针悬挂问题。

```cpp
#include <iostream>
#include <iomanip>
using namespace std;
class Student    {
public:
    Student(const char *na,int sco);
    ~Student();
    void Print();
private:
    char *name;
    int score;
};
int main()
{
    Student s1("张明靖",90);
    Student s2("王芳",80);
    cout<<"学生 2: ";
    s2.Print();
    s2=s1;
    cout<<"******修改之后*********"<<endl;
    cout<<"学生 2: ";
    s2.Print();
    return 0;
}
Student ::Student(const char *na,int sco){
    name=new char[strlen(na)+1];
    strcpy_s(name, strlen(na)+1, na);
    score=sco;
}
Student ::~Student(){
```

```
        delete []name;
    }
    void Student ::Print(){
        cout<<name<<setw(5)<<score<<endl;
    }
```

程序将显示运行结果出错的信息。

说明：出错的原因是，当执行赋值语句"s2=s1;"时，s2 和 s1 里的 name 指针指向了同一个空间，当对象 s1 和 s2 的生命周期结束时，系统将调用析构函数释放空间，因为只有一个空间，所以只能释放 1 次，另一个指针所指的空间就不存在了，最终产生了指针悬挂，如图6-1所示。

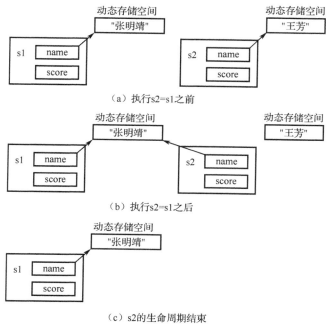

图 6-1　指针悬挂

解决方法：重载赋值运算符，解决指针悬挂问题。

```
#include <iostream>
#include <iomanip>
using namespace std;
class Student{
public:
    Student(const char *na,int sco);
    Student &operator=(const Student &); //声明赋值运算符重载函数
    ~Student();
    void Print();
private:
    char *name;
    int score;
};
int main()
{
    Student s1("张明靖",90);
    Student s2("王芳",80);
```

```
        cout<<"学生 2: ";
         s2.Print();
        s2=s1;
        cout<<"******修改之后*********"<<endl;
        cout<<"学生 2: ";
        s2.Print();
        return 0;
    }
    Student ::Student(const char *na,int sco){
        name=new char[strlen(na)+1];
        strcpy_s(name, strlen(na)+1, na);
        score=sco;
    }
    Student ::~Student(){
        delete []name;
    }
    void Student ::Print(){
        cout<<name<<setw(5)<<score<<endl;
    }
    Student & Student::operator=(const Student &p) {    //定义赋值运算符重载函数
        if(this==&p)                                     //避免 p=p 的赋值
            return *this;
        delete []name;                                   //释放原空间
        name=new char[strlen(p.name )+1];                //分配新空间
        strcpy_s(name, strlen(p.name )+1, p.name );      //字符串拷贝
        return *this;
    }
```

程序运行结果为:

学生 2: 王芳   80
******修改之后*********
学生 2: 张明靖   90

说明：当程序执行语句"s2=s1;"时，则调用赋值运算符"="的重载函数，在函数中首先判断是不是 s1 给自己赋值，如果是，则不进行赋值操作；否则先释放 s2 中 name 成员所占空间，然后给 name 开辟新的空间，最后进行字符串的赋值操作。

注意：① 赋值运算符不能重载为友元函数，只能重载为一个非静态成员函数；
② 赋值运算符重载函数不能被继承。

[例 6-7] 重载+=运算符。

```
#include <iostream>
using namespace std;
#include<string.h>
const int MAXSIZE=20;                                    //存放字符串的最大长度
class String{
public:
    String(const char *instr =NULL);
    const String &operator +=(const String &);           //声明+=运算符重载函数
    void ShowString();
    ~String();
private:
    char *buffer;
    int length;
```

· 112 ·

```cpp
    };
    int main()
    {
        String s1("happy"),s2(" birthday");
        s1+=s2;
        s1.ShowString();
        s1+=" to you";
        s1.ShowString();
        return 0;
    }
    String::String(const char *instr){
        if(instr!=NULL)
        {
            length=strlen(instr);
            buffer=new char[length+1];
            strcpy_s(buffer, length+1,instr);
        }
    }
    //定义+=运算符重载函数
    const String & String::operator +=(const String &astr) {
        char *temp=buffer;                          //指向原字符串所占空间
        length+=astr.length;                        //计算连接后的字符串的长度
        buffer=new char[length+1];                  //重新分配空间
        strcpy_s(buffer,strlen(temp)+1,temp);       //将原字符串复制到分配的空间
        //将 append_str 的字符串连接所分配的空间
        strcat_s(buffer, length+1,astr.buffer);
        delete []temp;                              //释放原字符串所占空间
        return *this;
    }
    void String::ShowString(){
        cout<<buffer<<endl;
    }
    String::~String(){
        delete []buffer;
    }
```

说明：程序重载+=运算符，实现了字符串的连接运算。在执行语句"s1+=s2;"时会进行函数调用 s1.operator +=(s2)。指针 this 指向 s1，重载函数中首先定义指针 temp 指向对象 s1 的字符串指针 buffer 所指空间，计算连接后的字符串长度，用 new 为存放字符串的指针 buffer 重新分配空间，并用 strcpy_s()将原来的字符串复制到分配的空间，接着用 strcat_s()将对象 astr 的字符串连接到所分配的空间，最后用 delete 释放对象 s1 原来的字符串占据的空间，返回*this。

6.2.5 重载下标运算符

当程序变得复杂时，有时需要必须重载数组下标运算符[]。C++重载数组运算符时认为其是双目运算符，因此重载数组下标运算符时，运算符成员函数的格式为：

```
返回类型    类名::operator[] (形参)
{
    //函数体
}
```

[例 6-8] 重载下标运算符应用：用一维数组实现一个三维向量类。

```cpp
#include <iostream>
#include <iomanip>
using namespace std;
class Vector    {
public:
    Vector(int a1,int a2,int a3);
    int &operator[](int bi);
private:
    int v[3];
};
int main()
{
    int i;
    Vector v(1,3,5);
    cout<<"修改前:"<<endl;
    for(i=0;i<3;i++)
        cout<<v[i]<<setw(4);
    cout<<endl;
    cout<<"修改后:"<<endl;
    for(i=0;i<3;i++)
        v[i]=2*i;
    for(i=0;i<3;i++)
        cout<<v[i]<<setw(4);
    cout<<endl;
    return 0;
}
Vector::Vector(int a1,int a2,int a3){
    v[0]=a1;
    v[1]=a2;
    v[2]=a3;
}
int &Vector::operator [] (int bi){
    if(bi<0||bi>=3)
    {
        cout<<"Bad subscript!"<<endl;
        exit(1);
    }
    return v[bi];
}
```

说明：程序执行语句"cout<<v[i]<<setw(4);"时，编译器将 v[i]解释为 v.operator[](i)，从而调用运算符重载函数 operator [] (int bi)。在函数中首先判断数组下标的值是否越界，如果越界，则显示相应的错误信息，否则返回下标所对应的元素的值。在定义重载[]函数时，由于返回的是一个 int 的引用，可以使重载的[]用在赋值语句的左边，所以语句"v[i]=2*i;"是合法的，从而使程序更加灵活。

注意：① 重载下标运算符的优点是，可以增加 C++中数组检索的安全性；

② 重载下标运算符时，返回一个 int 的引用，可使重载的[]运算符用在赋值语句的左边，因而在 main()中，v[i]可以出现在赋值运算符的任何一边，使编制程序更灵活了。

6.2.6 重载函数调用运算符

重载函数调用运算符()时,并不是创建新的调用函数的方法,而是创建了可传递任意数目参数的运算符函数。通常重载函数调用运算符时,定义了传递给重载函数的参数。重载函数调用运算符成员函数的格式为:

返回类型　类名::**operator() (形参)**
{
　　//函数体
}

[**例 6-9**]　重载函数调用运算符。

分析:本例声明了一个矩阵类 Matrix,通过重载调用运算符(),使其返回矩阵元素的值,并能修改矩阵元素的值。

```
#include <iostream>
using namespace std;
class Matrix {
public:
    Matrix(int,int);
    int &operator()(int,int);
private:
    int *m;
    int row, col;
};
int main()
{
    Matrix aM(10,10);
    cout<<aM(3,4)<<endl;
    aM(3,4)=35;
    cout<<aM(3,4)<<endl;
    return 0;
}
Matrix::Matrix(int r,int c){
    row =r;
    col =c;
    m=new int[row*col];
    for(int i=0;i<row*col;i++)
        *(m+i)=i;
}
int &Matrix::operator()(int r,int c){
    return(*(m+r*col+c));
}
```

说明:程序中 aM(10,10)相当于一个 10 行 10 列的二维矩阵。在执行语句"cout<<aM(3,4)<<endl;"时,编译器将 aM(3,4)解释为 aM.operator()(3,4),从而调用运算符重载函数 operator() (int r,int c),然后返回矩阵第 3 行第 4 列的元素值;语句"aM(3,4)=35;"修改矩阵第 3 行第 4 列的元素值,之所以能够这样写,是因为 operator()是一个返回引用类型 int &。

6.3 友元函数重载运算符

在大多数情况下,用友元函数或成员函数重载运算符在功能上没有差别。用友元函数重载运算符时,因为友元函数没有 this 指针,所以如果运算符是单目的,则参数表中有一个操作数;

如果运算符是双目的,则参数表中有两个操作数。友元函数重载运算符的格式为:

    friend <函数类型>**operator**<重载的运算符>(<形参>)　　　　//单目运算符重载
    { … }　　　　//函数体
    friend <函数类型>**operator**<重载的运算符>(<形参1,形参2>)　　//双目运算符重载
    { … }　　　　//函数体

[例 6-10] 用友元函数重载运算符实现复数的加、减运算。

```cpp
#include <iostream>
using namespace std;
class Complex    {
public:
    Complex(double r=0.0,double i=0.0);
    void Print();
    friend Complex operator+(Complex a,Complex b);
    friend Complex operator-(Complex a,Complex b);
private:
    double real;
    double imag;
};
int main()
{
    Complex com1(5.5,6.6),com2(7.7,9.8),total;
    total=com1+com2;
    total.Print();
    total=com1-com2;
    total.Print();
    return 0;
}
Complex::Complex(double r,double i): real(r), imag(i){}
Complex operator+(Complex a,Complex b){
    Complex temp;
    temp.real =a.real +b.real;
    temp.imag =a.imag +b.imag;
    return temp;
}
Complex operator-(Complex a,Complex b){
    Complex temp;
    temp.real =a.real -b.real;
    temp.imag =a.imag -b.imag;
    return temp;
}
void Complex::Print(){
    cout<<real;
    if(imag>0)
        cout<<"+";
    if(imag!=0)
        cout<<imag<<"i"<<endl;
}
```

说明:在进行复数加、减运算时,com1+com2 相当于执行函数调用 operator+(com1,com2), com1-com2 相当于执行函数调用 operator-(com1,com2),通过参数传递将进行加、减运算的对象 com1 和 com2 传递给对应的形参 a 和形参 b,在重载运算符的友元函数中实现了复数的加、减运

算，最后将运算结果返回。

[例 6-11] 重载 "-" 单目运算符。

```cpp
#include <iostream>
using namespace std;
class Point {
public:
    Point(int i=0,int j=0);
    friend Point operator -(Point ob);
    void Print();
private:
    int x;
    int y;
};
int main()
{
    Point ob1(1,2),ob;
    cout<<"ob1:";
    ob1.Print();
    cout<<"***执行 ob=-ob1****"<<endl;
    ob=-ob1;
    cout<<"ob:";
    ob.Print();
    return 0;
}
Point::Point(int i,int j): x(i), y(j){}
void Point::Print(){
    cout<<"("<<x<<","<<y<<")"<<endl;
}
Point operator -(Point ob){
    ob.x=-ob.x;
    ob.y=-ob.y;
    return ob;
}
```

说明：程序中-ob1 相当于执行函数调用 operator-(ob1)，在重载运算符的友元函数中对对象 ob 的数据成员进行取负运算，最后将运算结果返回。

[例 6-12] 重载++运算符。

```cpp
#include <iostream>
using namespace std;
class Point {
public:
    Point(int i=0,int j=0);
    friend Point operator ++(Point ob);
    void Print();
private:
    int x, y;
};
int main()
{
    Point ob1(1,2),ob;
    cout<<"ob1: ";
```

```
        ob1.Print();
        cout<<"***执行 ob=++ob1****"<<endl;
        ob=++ob1;
        cout<<"ob1: ";
        ob1.Print();
        cout<<"ob:";
        ob.Print();
        return 0;
}
Point::Point(int i,int j):x(i), y(j){}
void Point::Print(){
        cout<<"("<<x<<","<<y<<")"<<endl;
}
Point operator ++(Point ob){
        ++ob.x;
        ++ob.y;
        return ob;
}
```

程序运行结果为：
ob1: (1,2)
执行 ob=++ob1*
ob1: (1,2)
ob:(2,3)

说明：ob1 的结果与所希望的并不一致，产生不一致的原因在于友元函数没有 this 指针，所以不能引用 this 指针所指的对象。这个函数采用对象参数通过传值的方法传递参数，函数体内对 ob 的所有修改都不会传到函数体外。因此，对象 x 和对象 y 并未增加，所以没有输出所希望的结果。

解决这个问题有两种方法：① 采用引用参数传递操作数；② 用成员函数重载运算符。下面介绍引用参数传递操作数的方法，读者可以尝试采用成员函数重载运算符的方法，看看其运行结果。

[例 6-13] 引用参数传递操作数。

```
#include <iostream>
using namespace std;
class Point      {
public:
        Point(int i=0,int j=0);
        friend Point operator ++(Point &ob);
        void Print();
private:
        int x;
        int y;
};
int main()
{
        Point ob1(1,2),ob;
        cout<<"ob1:";
        ob1.Print();
         cout<<"***执行 ob=++ob1****"<<endl;
        ob=++ob1;
        cout<<"ob1:";
        ob1.Print();
```

```
            cout<<"ob:";
            ob.Print();
            return 0;
        }
        Point::Point(int i,int j):x(i), y(j){}
        void Point::Print(){
            cout<<"("<<x<<","<<y<<")"<<endl;
        }
        Point operator ++(Point &ob){
            ++ob.x;
            ++ob.y;
            return ob;
        }
```
程序运行结果为：
    ob1:(1,2)
    执行 ob=++ob1*
    ob1:(2,3)
    ob:(2,3)

说明：语句"++ob1;"将执行函数调用 operator++(ob1)，在进行函数调用时，由于采用了引用调用为双向传递，形参的值发生了变化，对应实参的值也发生了变化。因此在函数体内对 ob 的所有修改使对应的实参 ob1 也发生了变化。

6.4 成员函数与友元函数重载运算符的比较

在进行运算符重载时，既可以用成员函数重载，也可以用友元函数重载。下面是这两种方式成员函数重载运算符的比较。

① 对于双目运算符，用成员函数重载时参数表中有一个参数，而用友元函数重载时参数表中有两个参数；对于单目运算符，用成员函数重载时参数表中没有参数，而用友元函数重载时参数表中有一个参数。

② 双目运算符一般可以用友元函数重载或用成员函数重载，下面的情况必须使用友元函数重载。

例如，用成员函数重载"+"运算符：
```
        Complex Complex::operator+(int a){
            Complex temp;
            temp.real =real+a;
            temp.imag =imag+a;
            return temp;
        }
```
如果类 Complex 的对象 com 要做赋值运算和加法运算，则下面的语句是正确的：
        com=com+10;
这是因为对象 com 是"+"运算符的左操作数，在调用重载"+"运算符的函数时，this 指针指向 com。因此语句"temp.real=real+a;"相当于"temp.real = this->real+a;"，而下面的语句就不正确了：
        com=10+com;
这是因为左操作数是一个整数，而整数是一个内部数据类型，不能产生对成员运算符函数的调用。

解决这类问题的方法是，采用两个友元函数来重载"+"运算符，从而消除由于"+"运算符的左操作数为内部数据类型带来的问题。

[例 6-14] 用友元函数重载"+"运算符。

```cpp
#include <iostream>
using namespace std;
class Complex    {
public:
    Complex(double r=0.0,double i=0.0);
    void Print();
    friend Complex operator+(Complex c,int a);
    friend Complex operator+(int a,Complex c);
private:
    double real;
    double imag;
};
int main()
{
    Complex com(1.1,2.2);
    com=com+10;
    cout<<"com+10= ";
    com.Print();
    cout<<"10+com= ";
    com=10+com;
    com.Print();
    return 0;
}
Complex::Complex(double r,double i): real(r), imag(i){}
Complex operator+(Complex c,int a){
    Complex temp;
    temp.real =c.real+a;
    temp.imag =c.imag+a;
    return temp;
}
Complex operator+(int a,Complex c){
    Complex temp;
    temp.real =a+c.real;
    temp.imag =a+c.imag;
    return temp;
}
void Complex::Print(){
    cout<<real;
    if(imag>0)
        cout<<"+";
    if(imag!=0)
        cout<<imag<<"i"<<endl;
}
```

程序运行结果为：
  com+10= 11.1+12.2i
  10+com= 21.1+22.2i

说明： 在执行 com+10 运算时，相当于调用 operator+(com,10)；在执行 10+com 运算时，相当于调用 operator+(10,com)。通过这样两个友元函数重载"+"运算符，就消除了由于"+"运算符的左操作数为内部数据类型带来的问题。

C++中的大部分运算符既可以用成员函数重载，也可以用友元函数重载。在选择时主要取决于实际情况和使用者的习惯。运算符重载规则如下：

① 对于双目运算符，用友元函数重载比用成员函数重载更便于使用。如果一个运算符的操作需要修改类对象的状态，建议使用成员函数重载；如果运算符所需的操作数（尤其是第一个操作数）希望有隐式类型转换，则运算符必须用友元函数重载。

② 对于赋值"="、函数调用"()"、下标"[]"、指针成员引用"->"等运算符，必须用成员函数重载，否则将导致编译错误。

③ 对于流插入"<<"和流提取">>"运算符，必须用友元函数重载。

④ 对于单目运算符（如取负"–"、指针"*"、取地址"&"），自增"++"、自减"– –"等运算符，建议选择成员函数重载。

⑤ 对于复合赋值运算符+=、–=、/=、*=、&=、! =、~=、%=、>>=、<<=，建议用成员函数重载。

⑥ 对于算术运算符、关系运算符、逻辑运算符、位运算符等，建议用友元函数重载。

6.5 类型转换

大多数程序可以处理各种数据类型的信息，有时所有操作会集中在同一种类型上，例如，整数加整数还是整数（其结果不超出整数的表示范围）。但有时也需要将一种类型的数据转换为另一种类型的数据，例如，赋值、计算、向函数传值及函数返回值等操作都可能需要进行类型转换。对于内部类型（基本类型、预定义类型），编译器知道如何进行类型转换。开发者也可以用强制类型转换实现内部类型的转换。

6.5.1 系统预定义类型之间的转换

C++规定，当不同类型的数据进行运算时，需先将数据转换成同一类型，然后才可以进行运算。数据的类型转换可以通过两种转换形式完成：一种是隐式类型转换；另一种是显式类型转换。

1．隐式类型转换

当执行赋值表达式V=E时，如果V和E的类型不一致，则将E先转换为V的类型后再赋值。

与C语言一样，C++中规定数据类型级别从高到低的次序是：double→float→long int→int→short/char。

当两个操作数类型不一致时，运算之前将级别低的自动转换为级别高的，然后再进行运算。如当char型数据或short型数据与int型数据进行运算时，要把char型数据或short型数据转换成int型数据。

2．显式类型转换

显式类型转换有以下两种方式。

① 强制转换法：**(类型名)表达式**　　　　② 函数法：**类型名(表达式)**

例如：(float) (5%2)　　　　　　　　　　　例如：float (a+b)

以上介绍的是一般数据类型之间的转换。如果用户自定义类型，该如何实现与其他数据类型的转换呢？编译器不知道怎样实现用户自定义类型与内部类型之间的转换，又该如何解决呢？通常采用两种方法：用构造函数实现类型转换和用运算符转换函数实现类型转换。

6.5.2 用构造函数实现类型转换

用构造函数实现类型转换，类内至少定义一个只带一个参数（没有其他参数，或其他参数都有默认值）的构造函数。这样，当进行类型转换时，系统会自动调用该构造函数，创建该类的一个临时对象，该对象由被转换的值初始化，从而实现类型转换。

[例 6-15] 将一个 char 型数据转换为 String 类型的数据。

```cpp
#include <iostream>
using namespace std;
#include <string.h>
class String   {
public:
    String(const char *ch=NULL);
    void Print();
    ~String();
private:
    char *str;
    int length;
};
int main()
{
    String s="C/C++ program";
    s.Print();
    return 0;
}
String::String (const char *ch){
    if(ch!=NULL)
    {
        length=strlen(ch);
        str=new char[length+1];
        strcpy_s(str, length+1,ch);
    }
}
void String::Print(){
    cout<<str<<endl;
}
String::~String() {
    delete[] str;
}
```

程序运行结果为：

C/C++ program

说明：语句"String(const char *str=NULL);"声明了一个转换构造函数。该构造函数可以用来进行类型转换。main()中，在执行语句"String s="C/C++ program";"时，编译器首先调用构造函数建立包含"C/C++ program"的一个临时 String 类的对象（通过转换构造函数将一个 char *字符串转换为 String 的对象），然后再将该临时 String 类的对象赋给对象 s。使用这种转换构造函数意味着不用再为字符串赋给 String 类对象提供重载的赋值运算符（因为基本运算符"="不允许将一个 char *字符串赋给一个 String 类对象）。任何只带一个参数（或其他参数都带有默认值）的构造函数都可以认为是一种转换构造函数。

[例 6-16] 预定义类型向自定义类型的类型转换。

```cpp
#include <iostream>
using namespace std;
class Complex{
public:
```

```cpp
        Complex();
        Complex(int r);
        Complex(double r,double i);
        void Print();
        friend Complex operator+(Complex c1,Complex c2);
    private:
        double real;
        double imag;
};
int main()
{
    Complex com1(1.1,2.2),com2;
    Complex com3=10;
    cout<<"com1 = ";
    com1.Print();
     cout<<"执行 com1=20+com1"<<endl;
    com1=20+com1;
    cout<<"com1 = ";
    com1.Print();
    com2=10+200;
    cout<<"执行 com2=10+200"<<endl;
     cout<<"com2 = ";
    com2.Print();
    cout<<endl<<"执行 com3=10"<<endl;
     cout<<"com3 = ";
    com3.Print();
     cout<<endl;
    return 0;
}
Complex::Complex():real(0), imag(0){}
Complex::Complex(int r) :real(r), imag(0){}
Complex::Complex(double r,double i): real(r), imag(i){}
Complex operator+(Complex c1,Complex c2){
    Complex temp;
    temp.real =c1.real+c2.real;
    temp.imag =c1.imag+c2.imag;
    return temp;
}
void Complex::Print(){
    cout<<real;
    if(imag>0)
        cout<<"+";
    if(imag!=0)
        cout<<imag<<"i"<<endl;
}
```

程序运行结果为：
    com1 = 1.1+2.2i
    执行 com1=20+com1
    com1 = 21.1+2.2i
    执行 com2=10+200
    com2 = 210

执行 com3=10
com3 = 10

说明：编译程序在分析赋值表达式 com3=10 时，根据隐式类型转换规则，将整数 10 转换为 com3 的类型，通过调用构造函数 Complex(int r)完成所需要的类型转换。在分析赋值表达式 com1=20+com1 时，编译程序首先调用构造函数 Complex(int r)将整型数 20 转换成 Complex 类型，然后再调用运算符函数 operator+完成两个 Complex 类型数据的加法运算，最后再赋值。在赋值表达式 com2=10+200 时，编译程序首先完成整数的加法运算，然后再调用构造函数 Complex(int r)将整型数 210 转换为 Complex 类型，最后再赋值。

6.5.3 用运算符转换函数实现类型转换

用构造函数可以实现类型转换，但是其所完成的类型转换功能具有一定的局限性。由于无法为系统预定义类型定义构造函数，因此，不能利用构造函数把自定义类型的数据转换为系统预定义类型的数据，只能实现系统预定义类型向自定义类型的类型转换。

为了解决上述问题，C++允许用户在类中定义成员函数，从而得到要转换的类型。

运算符转换函数定义格式为：

```
class 类名
{
    //…
    operator 目的类型()
    {
        //…
        return 目的类型的数据;
    }
    //…
};
```

其中，目的类型为要转换成的类型，它既可以是用户自定义的类型，也可以是系统的预定义类型。

在使用运算符转换函数时，需要注意以下三个问题：

① 运算符转换函数只能定义为一个类的成员函数，而不能定义为类的友元函数；

② 运算符转换函数既没有参数也不显式地给出返回类型；

③ 运算符转换函数中必须有"return 目的类型的数据;"这样的语句，即必须返回目的类型数据作为函数的返回值。

[例 6-17] 自定义类型向预定义类型的转换。

```
#include <iostream>
using namespace std;
class Complex    {
public:
    Complex(double r=0,double i=0);
    operator float();
    operator int();
    void Print();
private:
    double real;
    double imag;
};
int main()
{
    Complex c1(2.2,4.4);
```

```cpp
        cout<<"c1=";
        c1.Print();
        cout<<"Type changed to float...."<<endl;
        cout<<"float(c1)*0.5 = ";
        cout<<float(c1)*0.5<<endl;
        Complex c2(4.7,6);
        cout<<"c2= ";
        c2.Print();
        cout<<"Type changed to int ...."<<endl;
        cout<<"int(c2)*2 = ";
        cout<<int(c2)*2<<endl;
        return 0;
    }
    Complex::Complex(double r,double i) : real(r), imag(i){}
    Complex::operator float(){
        return real;
    }
    Complex::operator int(){
        return int(real);
    }
    void Complex::Print(){
        cout<<real;
        if(imag>0)
            cout<<"+";
        if(imag!=0)
            cout<<imag<<"i"<<endl;
    }
```

程序运行结果为：
  c1= 2.2+4.4i
  Type changed to float....
  float(c1)*0.5 = 1.1
  c2= 4.7+6i
  Type changed to int ....
  int(c2)*2 = 8

注意：本程序两次调用运算符转换函数。第一次采用显式调用的方式，将类 Complex 的对象 c1 转换成 float 类型。第二次采用显式调用的方式，将类 Complex 的对象 c2 转换成 int 型。

实现用户定义类型的类型转换也可以分为显式转换和隐式转换两种方式。下面举例说明隐式转换的方式。

[例 6-18] 用隐式转换实现用户定义类型的转换。

```cpp
    #include <iostream>
    using namespace std;
    class Complex    {
    public:
        Complex(double r,double i);
        Complex(double i=0);
        operator double();
        void Print();
    private:
        double real;
        double imag;
```

```cpp
};
int main()
{
    Complex com1(1.1,2.2),com2(2.3,3.2),com;
     cout<<"com1 = ";
     com1.Print();
     cout<<"com2 = ";
     com2.Print();
    com=com1+com2;
     cout<<"com1+com2 = ";
    com.Print();
    return 0;
}
Complex::Complex(double r,double i) : real(r), imag(i){}
Complex::Complex(double i){
    real=imag=i;
}
Complex::operator double(){
    cout<<"Type changed to double...."<<endl;
    return real+imag;
}
void Complex::Print(){
    cout<<real;
    if(imag>0)
        cout<<"+";
    if(imag!=0)
        cout<<imag<<"i"<<endl;
}
```

程序运行结果为：
```
com1 = 1.1+2.2i
com2 = 2.3+3.2i
Type changed to double....
Type changed to double....
com1+com2 = 8.8+8.8i
```

说明：本程序类 Complex 并没有重载"+"运算符，那是如何实现"+"的运算呢？这是由于 C++可以自动进行隐式转换。在执行语句"com=com1+com2;"时，首先寻找成员函数的"+"运算符，结果没有找到；寻找非成员函数的"+"运算符，结果也没有找到。由于系统中存在基本类型的"+"运算，因此寻找能将参数（类 Complex 的对象 com1 和 com2）转换成基本类型的运算符转换函数，结果找到 operator double()，于是调用 operator double()将 com1 和 com2 转换成 double 类型，然后进行相加。由于最后要将结果赋给类 Complex 的对象，因此调用构造函数 Complex(double i)将相加所得的结果转换成类 Complex 的一个临时对象，然后将其赋给 Complex 对象 com。

[例 6-19] 用运算符转换函数实现复数类型向二维向量类型的转换。

```cpp
#include <iostream>
using namespace std;
class Vector{
public:
    Vector(double vx=0,double vy=0);
    void Print();
```

```cpp
private:
    double x;
    double y;
};
class Complex{
public:
    Complex(double r=0,double i=0);
    operator Vector();
private:
    double real;
    double imag;
};
int main()
{
    Complex com(1.1,2.2);
    Vector vec;
    vec=com;
    cout<<"vec = ";
    vec.Print();
    return 0;
}
Complex::Complex(double r,double i): real(r), imag(i){}
Complex::operator Vector(){
    return Vector(real,imag);
}
Vector::Vector(double vx,double vy){
    x=vx;
    y=vy;
}
void Vector::Print(){
    cout<<"("<<x<<","<<y<<")"<<endl;
}
```

程序运行结果为：

vec = (1.1,2.2)

说明：语句 vec=com;要将一个类 Complex 的对象赋给 Vector 类的对象，因此需要进行类型转换，寻找能将类 Complex 的对象转换为 Vector 类的对象的运算符转换函数 operator Vector()，结果找到了。因此先将 com 对象转换成 Vector 类的对象，然后将值赋给 vec 并调用 print()进行输出。

小结

本章介绍 C++中运算符重载和类型转换的概念，并举例说明运算符重载和类型转换的用法。

运算符重载是指同样的运算符可以施加于不同类型的操作数上，也就是说，对已有的运算符赋予多重含义，使同一个运算符作用于不同类型的数据时产生不同的行为，是一种静态联编的多态。

对于双目运算符，用成员函数重载时参数表中有一个参数，而用友元函数重载时参数表中有两个参数；对于单目运算符，用成员函数重载时参数表中没有参数，而用友元函数重载时参数表中有一个参数。

重载运算符时，只能重载 C++中原先已定义的运算符，不能自己"创造"新的运算符进行重载。不能改变运算符原有的优先级和结合性。

C++中的大部分运算符既可以用成员函数重载，也可以用友元函数重载。对于双目运算符，一般使用友元函数重载比较方便。如果一个运算符的操作需要修改类对象的状态，建议使用成员函数重载。如果运算符所需的操作数（尤其是第一个操作数）希望有隐式类型转换，则运算符必须用友元函数重载。重载后的运算符的含义必须清楚、直观，在理解时不应该有二义性。

采用类型转换可以实现用户定义的类型与其他数据类型的转换。类型转换有两种方法：构造函数实现类型转换和运算符转换函数进行类型转换。

用构造函数完成类型转换，类内至少定义一个只带一个参数（没有其他参数，或其他参数都有默认值）的构造函数。用构造函数实现的类型转换具有一定的局限性，只能实现基本类型向自定义类型的转换。采用运算符转换函数可以将当前类型转换成希望的类型。

习题 6

1. 重载赋值运算符时，应声明为（　　）。
   A．静态成员函数　　　B．友元函数　　　C．普通函数　　　D．成员函数
2. 为了满足运算符+的可交换性，必须将其重载为（　　）。
   A．静态成员函数　　　B．友元函数　　　C．普通函数　　　D．成员函数
3. 下列运算符中，（　　）运算符不能使用友元函数重载。
   A．>>　　　　　　　B．++　　　　　　　C．=　　　　　　　　D．+
4. 写出程序运行结果。
   ```
   #include <iostream>
   using namespace std;
   class Coord {
   public:
       Coord(int i=0,int j=0);
       void Print();
       friend Coord operator ++(Coord op);
   private:
       int x;   int y;
   };
   int main(){
       Coord ob(10,20);
       ob.Print();     ++ob;
       ob.Print();     return 0;
   }
   Coord::Coord(int i,int j):x(i),y(j){}
   void Coord::Print(){
       cout<<"x:"<<x<<",y:"<<y<<endl;
   }
   Coord operator ++(Coord op){
       ++op.x;     ++op.y;
       return op;
   }
   ```
5. 写出程序运行结果。
   ```
   #include <iostream>
   using namespace std;
   class Point{
   public:
       Point(int a=0,int b=0):x(a),y(b){}
       friend Point operator -(Point obj);
       void Print();
   private:
       int x;   int y;
   };
   int main(){
       Point ob1(50,60),ob2;
       ob1.Print();   ob2=-ob1;   ob2.Print();
       ob1.Print();   return 0;
   }
   Point operator -(Point obj){
       obj.x =-obj.x;   obj.y =-obj.y;
       return obj;
   }
   void Point::Print(){
       cout<<"("<<x<<","<<y<<")"<<endl;
   }
   ```
6. 写出程序运行结果。
   ```
   #include <iostream>
   using namespace std;
   class Point{
   public:
       void Init(int a=0,int b=0,int c=0);
   ```

```cpp
        void Print();
        Point operator ++();
        Point operator ++(int);
        friend Point operator --(Point &);
        friend Point operator --(Point &,int);
    private:
        int x;      int y;      int z;
};
int main(){
    Point obj1,obj2,obj3,obj4,obj;
    obj1.Init(4,2,5);    obj2.Init(2,5,9);    obj3.Init(8,3,8);    obj4.Init(3,6,7);
    obj=++obj1;    cout<<"obj: ";    obj.Print();    cout<<"obj1: ";    obj1.Print();
    obj=obj2++;    cout<<"obj: ";    obj.Print();    cout<<"obj2: ";    obj2.Print();
    obj=--obj3;    cout<<"obj: ";    obj.Print();    cout<<"obj3: ";    obj3.Print();
    obj=obj4--;    cout<<"obj: ";    obj.Print();    cout<<"obj4: ";    obj4.Print();
    return 0;
}
void Point::Init (int a,int b,int c){
    x=a;    y=b;    z=c;
}
void Point::Print(){
    cout<<"("<<x<<","<<y<<","<<z<<")"<<endl;
}
Point Point::operator ++(){
    ++x;    ++y;    ++z;    return *this;
}
Point Point::operator ++ (int){
    x++;    y++;    z++;    return *this;
}
Point operator--(Point &op){
    --op.x;    --op.y;    --op.z;    return op;
}
Point operator--(Point &op,int){
    op.x--;    op.y--;    op.z--;    return op;
}
```

思考题

1．重载减法运算符，实现两个字符串相减。

2．编写程序：用成员函数重载运算符"+"和"-"实现两个二维数组相加和相减。要求一个二维数组的值由构造函数设置，另一个二维数组的值由键盘输入。

3．同题2，用友元函数重载运算符"+"和"-"，实现两个二维数组相加和相减。

4．设计人民币类，其数据成员为 fen（分）、jiao（角）、yuan（元）。重载人民币类的加法、减法运算符。

5．使用构造函数实现二维向量类型和复数类型的相互转换。

第 7 章 组合、继承与多态

学习目标

（1）理解基类和派生类的概念。
（2）能够通过继承建立新类，掌握多继承和多派生的方法。
（3）理解并掌握如何提高代码的可重用性。
（4）理解继承与组合的特点。
（5）理解多态，掌握虚函数的设计方法。

面向对象设计的重要目的之一就是代码重用，这也是 C++的重要特性之一。代码重用鼓励人们使用已有的、得到认可并经过测试的高质量代码。多态允许以常规方式书写代码来访问多种现有的且已专门化了的相关类。继承（Inheritance）和多态（Polymorphism）是面向对象程序设计方法的两个最主要的特性。继承可以将一群相关的类组织起来，并共享其间的相同数据和操作行为；多态使程序员在这些类上编程时，就像在操作一个单一体，而非相互独立的类，并且可以有更多灵活性来加入或删除类的一些属性或方法。

在 C++中可以用类的方法解决代码重用，通过创建新类重用代码，而不是从头创建，这样就可以使用其他人已经创建并调试过的类，其关键是使用类而不是更改已存在的代码。本章将介绍实现的两种方法：第一种方法是简单地创建一个包含已存在的类对象的新类称为组合，因为这个新类是由已存在类的对象组合的。第二种方法是创建一个新类作为一个已存在类的类型，采用这个已存在类的形式，只对它增加代码，但不修改，这种方法称为继承，其中大量的工作由编译器完成。继承是面向对象程序设计的核心。

7.1 组合

对于比较简单的类，其数据成员多为基本数据类型，但对于某些复杂的类来说，其某些数据成员可能又是另一些类的类型，这就形成了类的组合（聚集）。实际上，C 语言中一直在使用组合，如结构体就可以看成不同类型数据的组合。前面章节中讲到的类也是不同类型数据及操作的组合，只不过是基本数据类型的组合而已。下面看一个基本数据类型组合成类的例子。

[例 7-1] 以类方式保存某个班级的名称、人数及每个学生的学号、姓名、学习成绩（本例省略了类 Student 的定义）。

```
//myclass.h
#ifndef MYCLASS_H
#define MYCLASS_H_
#include "student.h"
class Myclass{
    enum{ NUM=50 };
    char cName[20];              //班级名称
    int  iNum;                   //班级人数
    Student stuList[NUM];        //学生列表
public:
    Myclass();
    const char* GetClassName();
    const char* GetStuName(int iNo); //通过学号得到某个学生的姓名
```

```
};
#endif

//myclass.cpp
#include "myclass.h"
Myclass::Myclass(){
    iNum=0;
}
inline const char* Myclass::GetClassName(){
    return cName;
}
const char* Myclass::GetStuName(int iNo){
    for(int i=0;i<iNum;i++)
        if(stuList[i].GetNo()==iNo)
            return stuList[i].GetName();
    return NULL;
}
```

如果嵌入的对象是公有的，也可以用"多级"访问：

```
class X{
    int i;
public:
    void    Set(int j){ i=j; }
};
class Y{
public:
    X x;
};
...
Y y;
y.x.Set(10);
...
```

上例中，X 类型的 x 为 Y 类中的数据成员，因此可以通过 Y 类型的对象 y 来访问其数据成员 x，当然也就可以访问 x 的公有成员函数 Set()。

7.2 继承

继承是自然界普遍存在的一种现象，是从先辈那里得到已有的特征和行为。类的继承就是新类从已有类中获得已有的属性和行为，或者说从基类派生出既有基类特征又有新特征的派生类。

继承是代码重用的一种形式，新类通过继承从现有类中吸取其属性和行为，并对其进行覆盖或改写，产生新类所需要的功能。同样，新类也可以派生出其他更"新"的类，如图7-1所示。

汽车"继承"了交通工具的属性和行为，同时它也可以"派生"出新类：小汽车、卡车、旅行车，新类不仅具有汽车的特性，而且具有各自的新特性。

创建新类，但不是从头创建，可以使用其他人已经创建并调试过的类。关键是使用类，而不是更改已存在的代码。

类继承格式为：

class 子类名: [public | private | protected]父类名
{
    ...
}

子类（派生类）具有父类（基类）的所有属性和行为，且可以增加新的行为和属性。

C++提供了三种继承的方式：公有（public）、受保护（protected）和私有（private）。

1．公有继承

① 基类的 private、public 和 protected 成员的访问属性在派生类中保持不变。

② 派生类中继承的成员函数可以直接访问基类中的所有成员，派生类中新增的成员函数只能访问基类的 public 和 protected 成员，不能访问基类的 private 成员。

③ 通过派生类的对象只能访问基类的 public 成员。

[例 7-2] 矩形移动。

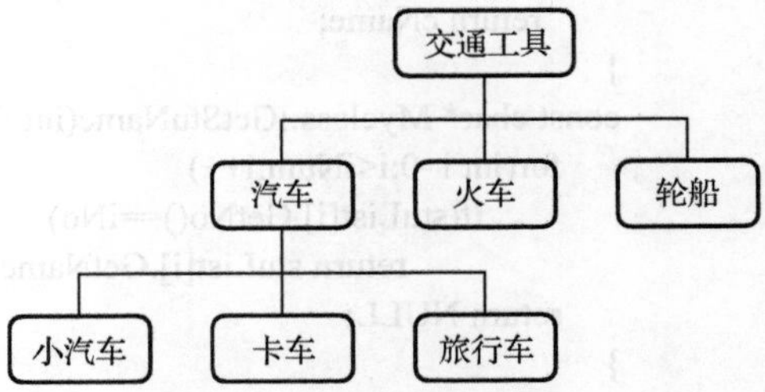

```cpp
#include <iostream>
using namespace std;
class Point{           //基类 Point 类的声明
    private:
        float X,Y;
    public:
        void InitP(float xx=0, float yy=0){
            X=xx;    Y=yy;
        }
        void Move(float xOff, float yOff){      //点的移动
            X+=xOff;    Y+=yOff;
        }
        float GetX() { return X; }
        float GetY() { return Y; }
};
class Rectangle: public Point{           //派生类声明
    private:                             //新增私有数据成员
        float W,H;                       //矩形的宽、高
    public:                              //新增公有函数成员
        void InitR(float x, float y, float w, float h){
            InitP(x,y);                  //调用基类公有成员函数
            W=w;         H=h;
        }
        float GetH() { return H; }
        float GetW() { return W; }
};
int main(){
    Rectangle rect;
    rect.InitR(2,3,20,10);      //通过派生类对象访问基类公有成员
    //rect.H;                    //错误，父类私有成员
    //rect.W;                    //错误，父类私有成员
    rect.Move(3,2);
    cout<<rect.GetX()<<',' \
        <<rect.GetY()<<',' \
        <<rect.GetH()<<',' \
        <<rect.GetW()<<endl;
    return 0;
}
```

图 7-1 继承关系

2．受保护继承

① 基类的 public 和 protected 成员都以 protected 身份出现在派生类中。

② 派生类中新增的成员函数可以直接访问基类中的 public 和 protected 成员，但不能访问基

类的 private 成员。

③ 通过派生类的对象不能访问基类中的任何成员。

3. 私有继承

① 基类的 public 和 protected 成员都以 private 身份出现在派生类中。

② 派生类中新增的成员函数可以直接访问基类中的 public 和 protected 成员，但不能访问基类的 private 成员。

③ 通过派生类的对象不能访问基类中的任何成员。

例如，把例 7-2 中矩形对点的继承改为私有继承，相应程序如下：

```
class Rectangle: private Point{          //派生类声明，Point 为例 7-2 中的 Point
    private:                              //新增私有数据成员
        float W,H;
    public:                               //新增公有函数成员
        void InitR(float x, float y, float w, float h){
            InitP(x,y);                   //调用基类公有成员函数
            W=w;   H=h;
        }
        float GetH() { return H; }
        float GetW() { return W; }
};
```

当声明的子对象调用父类的成员函数时，会发生错误：

```
Rectangle rect;
rect.InitP();        //错误，通过私有继承，父类的 InitP()在子类中变为私有的
```

如果确实要在子类里将私有继承父类的公有成员变为公有的，只需要在子类中声明为公有：

```
class Rectangle: private Point{
    ...
    public:
        Point::InitP;
        Point::GetX;
    ...
};
```

注意：在派生类中声明基类的函数时，只需要给出函数的名称，参数和返回值类型不应出现。

```
class Rectangle: private Point{
    ...
    public:
        Point::InitP;                                          //正确
        Point::GetX;                                           //正确
        void Point::InitR(float x, float y, float w, float h); //错误
        Point::InitR(float x, float y, float w, float h);      //错误
        Point::InitR();                                        //错误
    ...
};
```

7.3 继承与组合

在实际工作中往往需要在定义一个新类时这个新类的一部分内容是从已有类中继承的，还有一部分内容则是需要由其他类组合的，这就需要把组合和继承放在一起使用。例如，在定义 Z 类时它的一部分内容需从 X 类继承，另一部分内容则是 Y 类型的，具体定义如下：

```
class X{
    int i;
```

```cpp
};
class Y{
    float f;
};
class Z: public X{
    double d;
    Y y;
};
```

现在的问题是，什么时候使用继承？什么时候使用组合？还是两者结合使用？根据解决问题的目的和过程来决定，或者说根据事物的本来特征决定采用哪种方式。

组合通常在希望新类内部有已存在类性能时使用，而不希望已存在类作为其接口。这就是说，嵌入一个计划用于实现新类性能的对象，而新类的用户看到的是新定义的接口，而不是来自父类的接口。

继承是取一个已存在的类，并制作它的一个专门的版本。通常，这意味着取一个一般目的的类，并为了特殊的需要对它进行专门化。下面以人、教师、学生类的继承关系为例来说明它们各自的用法。

[例 7-3] 建立班级类，包括班级名称、人数；学生姓名、学号、性别、年龄、各门课程成绩；教师姓名、性别、年龄。

```cpp
//person.h
#ifndef PERSON_H_
#define PERSON_H_
class Person{                          //人类
    char strName[20];                  //姓名
    int  iAge;                         //年龄
    char cSex;                         //性别
public:
    Person(const char* cpName=NULL,int age=0,char sex='m');
    const char* GetName(){ return strName; }
    int    GetAge(){ return iAge; }
    char   GetSex(){ return cSex; }
    void   SetName(const char* cpName);
    void   SetAge(int age){iAge=age; }
    void   SetSex(char sex){cSex=sex; }
};
class Teacher:public Person{//教师类
    int iWID;                          //工号
public:
    Teacher(const char* cpName=NULL,int age=0,char sex='m',int no=0):Person(cpName,age,sex),
            iWID(no){}
    int GetWID(){ return iWID; }
    void SetWID(int no){iWID=no; }
};
class Student:public Person{           //学生类
    int  iNo;                          //学号
    float fScore[5];                   //5门课程的成绩
    float fAve;                        //平均成绩
public:
    Student(const char* cpName=NULL,int age=0,char sex='m',int no=0):Person(cpName,age,sex),
            iNo(no){}
```

```cpp
        int GetNo(){ return iNo; }
        void SetNo(int no){iNo=no; }
        void SetScore(const float fData[]);
        float GetAveScore(){ return fAve; }      //得到的平均成绩
};
#endif

//person.cpp
#include "person.h"
#include <string.h>
Person::Person(const char* cpName,int age,char sex){
    cSex=sex;    iAge=age;
    if(strlen(cpName)<20)
        strcpy_s(strName,cpName);
    else
        strName[0]='\0';
}
void Person::SetName(const char* cpName){
    if(strlen(cpName)<20)
        strcpy_s (strName,cpName);
    else
        strName[0]='\0';
}
void Student::SetScore(const float fData[]){
    float fSum=0;
    for(int i=0;i<5;i++){
        fScore[i]=fData[i];
        fSum+=fData[i];
    }
    fAve=fSum/5;
}

//myclass.h
#ifndef MYCLASS_H_
#define MYCLASS_H_
#include "person.h"
class MyClass{
    enum{NUM=50};
    Student stuList[NUM]; //学生列表
    int iNum;             //人数
    Teacher tea;          //教师
    char strClassName[20];//班级名称
public:
    MyClass(){ iNum=0; }
    ...
};
#endif
```

此例中，教师（Teacher）类、学生（Student）类都从人（Person）类继承而来，继承了类 Person 的姓名、年龄、性别等属性和行为。显然，如果采用组合的方式则会很烦琐。同样地，在班级类里用组合的方式集成了学生类和教师类，如果用继承，则班级也具有了性别、年龄等属性特征，这显然不符合设计的初衷。

总之，设计的目的就是进行高效的开发。继承与组合允许做渐增式开发，允许在已存在的代码中引进新代码，而不会给原代码带来错误，即使产生了错误也只与新代码有关。

7.4 继承与组合中的构造和析构

前面的章节介绍过，保证正确合理的初始化工作是非常重要的，尤其是在由继承和组合方式生成的类中。派生类通过继承派生，继承了基类的属性和特征行为，对所有继承来的成员的初始化工作仍然靠基类的构造函数来完成，但是必须在派生类中对基类的构造函数需要的参数及派生类的数据成员进行设置。同样，对派生类、基类的析构和清理工作也需要注意。

7.4.1 成员对象初始化

对于继承，应在冒号之后和这个类体的左花括号"{"之前放置基类。而在构造函数的初始化表达式中，可以将对子对象构造函数的调用语句放在构造函数参数表和冒号之后，在函数体的左花括号"{"之前。

对于组合应给出对象的名字而不是类名。如果在初始化表达式中有多于一个的构造函数调用，应当用逗号隔开，例如，

```
Student::Student(const char* cpName=NULL,int age=0,char sex='m',int no=0):Person(cpName,age,
    sex),iNo(no), fAve(0){
    ...
}
```

需要注意的是，这里对基本数据类型的初始化工作 m_iX(x)称为"伪构造函数"，甚至可以应用到类外：

```
int i(10);
```

7.4.2 构造和析构顺序

对于析构函数来说，执行次序与构造函数相反。系统调用构造函数生成对象；调用析构函数释放对象所占用的内存空间。当采用继承方式创建子类对象时，先从父类开始执行构造函数→父类的成员→执行子类的构造函数→子类成员；当撤销子类对象时，执行相反的顺序，即先撤销子类的成员→执行子类的析构函数→撤销父类成员→执行父类的析构函数。

例 7-4 反映了父类与子类的构造和析构顺序。

[例 7-4] 在采用继承方式生成的类中，构造函数与析构函数的调用顺序。

```
#include <iostream>
using namespace std;
class A{
    int a;
public:
    A(int i=0):a(i){
        cout<<"A is constructed"<<endl;
    }
    ~A(){
        cout<<"A is destructed"<<endl;
    }
};
class B:public A{
    int b;
public:
```

```cpp
    B(int j=0):b(j){
        cout<<"B is constructed"<<endl;
    }
    ~B(){
        cout<<"B is destructed"<<endl;
    }
};
int main(){
    B b;
    return 0;
}
```
程序运行结果为：
A is constructed
B is constructed
B is destructed
A is destructed

相对于基类和派生类，如果类中有静态数据成员，构造顺序又是怎样的呢？仍然是"仿生"自然界的顺序，即先父类再子类，按照属性成员声明的先后顺序进行构造：

① 调用基类的构造函数；
② 根据类中声明的顺序构造组合对象；
③ 派生类中构造函数的执行。

派生类构造函数的格式为：

class 派生类名: **[public | private | protected]**基类名
{
public:
　　派生类名(参数列表1): 基类名(参数列表2), 组合对象列表{ … }
};

析构的顺序则正好相反。

为了清晰地看到构造函数和析构函数的顺序，把例 7-4 复杂化。

[例 7-5] 组合类中构造函数与析构函数的调用顺序。

```cpp
#include <iostream>
using namespace std;
class X{
public:
    X(){
        cout<<"X is constructed"<<endl;
    }
    ~X(){
        cout<<"X is destructed"<<endl;
    }
};
class A{
    int a;
    X   x;                    //组合对象
public:
    A(int i=0):a(i){          //基类构造函数
        cout<<"A is constructed"<<endl;
    }
    ~A(){                     //基类析构函数
```

```cpp
            cout<<"A is destructed"<<endl;
        }
    };
    class Y{
        int y;
    public:
        Y(int i=0){
            y=i;
            cout<<"Y is constructed"<<endl;
        }
        ~Y(){
            cout<<"Y is destructed"<<endl;
        }
    };
    class Z{
        int z;
    public:
        Z(int i=0){
            z=i;
            cout<<"Z is constructed"<<endl;
        }
        ~Z(){
            cout<<"Z is destructed"<<endl;
        }
    };
    class B:public A{
        int b;
        Y   y;                          //派生类组合对象
        Z   z;
    public:
        B(int j=0):A(1),z(j),b(j),y(j){ //派生类构造函数的后面为内嵌对象列表
            cout<<"B is constructed"<<endl;
        }
        ~B(){                           //派生析构函数
            cout<<"B is destructed"<<endl;
        }
    };
    int main(){
        B b;
        return 0;
    }
```

程序运行结果为：
X is constructed
A is constructed
Y is constructed
Z is constructed
B is constructed
B is destructed
Z is destructed
Y is destructed
A is destructed
X is destructed

如果基类的构造函数没有参数,或者没有显示定义构造函数时,派生类构造时可以不向基类传递参数,甚至可以不定义构造函数(例 7-5 是为了显示构造和析构信息而人为加上的构造函数)。

注意: ① 派生类不能继承基类的构造函数和析构函数。当基类有带参数的构造函数时,则派生类必须定义构造函数,以便把参数传递给基类构造函数。

② 当派生类也作为基类使用时,则各派生类只负责其直接的基类构造。

③ 因为析构函数不带参数,所以派生类中析构函数的存在不依赖于基类,基类中析构函数的存在也不依赖于派生类。

[例 7-6] 继承类中构造函数与析构函数的调用顺序。

```cpp
#include <iostream>
using namespace std;
class A{
    int a;
public:
    A(){
        cout<<"A is constructed"<<endl;
    }
    ~A(){
        cout<<"A is destructed"<<endl;
    }
};
class Y{
    int y;
public:
    Y(int i=0){
        y=i;
        cout<<"Y is constructed"<<endl;
    }
    ~Y(){
        cout<<"Y is destructed"<<endl;
    }
};
class B:public A{
    int b;
    Y   y;
public:
    B(int j):b(j),y(j){
        cout<<"B is constructed"<<endl;
    }
    ~B(){
        cout<<"B is destructed"<<endl;
    }
};
class C:public B{
    int c;
public:
    C(int i):B(1),c(i){
        cout<<"C is constructed"<<endl;
    }
```

```cpp
    ~C(){
        cout<<"C is destructed"<<endl;
    }
};
int main(){
    C c(2);
    return 0;
}
```

程序运行结果为：
A is constructed
Y is constructed
B is constructed
C is constructed
C is destructed
B is destructed
Y is destructed
A is destructed

7.5 名字覆盖

如果在基类中有一个函数名被重载几次，在派生类中又重定义了这个函数名，则在派生类中会掩盖这个函数的所有基类定义。也就是说，通过派生类来访问该函数时，由于采用就近匹配的原则，只会调用在派生类中所定义的该函数，基类中所定义的函数都变得不再可用。

[例 7-7] 派生类中重载基类函数。

```cpp
class Number{
    public:
        void print(int i) { cout<<i; }
        void print(char c) { cout<<c; }
        void print(float f) { cout<<f; }
};
class Data: public Number{
    public:
        void print() {}
        void f() {
            print(5)            //错误，因为新定义的print()不带参数
        }
};
int main(){
    Data data;
    data.print();        //正确
    data.print(1);       //错误
    data.print(12.3);    //错误
    data.print('a');     //错误
    return 0;
}
```

因为类 Data 中对 print()做了重定义，所以没有找到一个匹配的函数给类 Data 对象调用。
如果要访问基类中声明的函数，则有以下方法：
① 使用作用域标识符限定；
   data.Number::print(5); //正确，被调用的函数是基类 Number 的 print(int)
② 避免名称覆盖。

```
class Number{
    public:
        void print(int i)   { cout<<i; }
        void print(char c)  { cout<<c; }
        void print(float f) { cout<<f; }
};
class Data: public Number{
    public:
        void print2(){}
        void f(){
            print(5); //正确
        }
};
```

在 f()中调用基类函数 print()的方法又称为"向上映射",即派生类"向上"调用基类的函数。当然,向上映射是派生类中在不引起歧义的情形下才有的,即没有名称覆盖发生。

7.6 虚函数

多态是面向对象程序设计的重要特性,重载和虚函数是体现多态的两个重要手段。虚函数体现了多态的灵活性,可进一步减少冗余信息,显著提高软件的可扩充性。

学习函数重载与继承的方法后,经常会遇到下面问题,在派生类中存在对基类函数的重载,当通过派生类对象调用重载函数时却调用了基类中的原函数。

[例7-8] 通过派生类对象间接调用重载函数。

```
//instru.h
#include <iostream>
using namespace std;
class Instru{
public:
    void play() const{
        cout <<"Instru::play"<<endl;
    }
};
class Piano:public Instru {
public:
    void play() const {
        cout<<"Piano::play" <<endl;
    }
};

//instru.cpp
#include "instru.h"
void tune(Instru& m){
    m.play();
}
int main(){
    Piano p;
    tune(p);
    return 0;
}
```

程序运行结果为:

Instru::play

可以看到，输出结果不是 Piano::play，而是 Instru::play。显然，这不是所希望的输出结果，因为这个对象实际上是 Piano 类型，而不只是 Instru 类型。C++虽然语法检验很严格，但是函数 tune（通过引用）接收一个 Instru 类型的对象，也不拒绝任何从 Instru 派生的类对象。为了理解这个问题引入下面的概念。

7.6.1 静态绑定与动态绑定

绑定（Binding）又称联编，是使一个计算机程序的不同部分彼此关联的过程。根据进行绑定所处阶段的不同分为静态绑定和动态绑定。

1．静态绑定

静态绑定在编译阶段完成，所有绑定过程都在程序开始之前完成。静态绑定具有执行速度快的特点，因为程序运行之前，编译程序能够进行代码优化。

已学习的函数重载（包括成员函数重载和派生类对基类函数的重载）就是静态绑定。例7-8中的问题根源在于，通过指针或引用引起的对普通成员函数的调用，由参数的类型决定，而与指针或引用实际指向的对象无关。这也是静态绑定的限定性。

2．动态绑定

如果编译器在编译阶段不确切地知道把发送到对象的消息和实现消息的哪段代码具体联系到一起，而是运行时才把函数调用与函数具体联系在一起，就称为动态绑定。相对于静态绑定，动态绑定是在编译后绑定，也称晚绑定，又称运行时识别（Run-Time Type Identification，RTTI）。动态绑定具有灵活性好、更高级和自然的问题抽象、易于扩充和维护等特点。

通过动态绑定，可以"动态"地根据指针或引用指向的对象实际类型来选择调用的函数。那么如何实现动态绑定呢？通常通过虚函数进行解决。

7.6.2 虚函数的定义

虚函数定义格式为：

```
class 基类名
{
    ...
    virtual 返回值类型 将要在派生类中重载的函数名(参数列表);
};
```

[例 7-9] 修改例 7-8，用虚函数方法实现对派生类中重载函数的调用。

```
//instru.h
#include <iostream>
using namespace std;
class Instru{
public:
    virtual void play() const{
        cout <<"Instru::play"<<endl;
    }
};
class Piano:public Instru{
public:
    void play() const {
        cout<<"Piano::play" <<endl;
    }
};
```

```cpp
class NewPiano:public Piano{
public:
    void play() const {
        cout<<"NewPiano::play" <<endl;
    }
};
void tune(Instru& m){
    m.play();
}
int main(){
    Piano a;
    tune(a);
    NewPiano b;
    tune(b);
    Instru* p=&a;
    tune(*p);
    p=&b;
    tune(*p);
    Instru c;
    tune(c);
    return 0;
}
```

程序运行结果为：
Piano::play
NewPiano::play
Piano::play
NewPiano::play
Instru::play

本例中，在 Pinao 类下派生了 NewPiano 类，不管有多少层，虚函数都能得到很好的应用。因为一旦在基类中声明为虚函数，它就是晚绑定的，可将根据类对象的类型动态决定调用基类或派生类的函数。

使用虚函数时需要注意以下 5 点：

① 在基类中声明虚函数，即需要在派生类中重载的函数，必须在基类中声明。例 7-9 中，因为 play()在基类 Instru 和派生类 Piano、NewPiano 中出现，所以必须在基类 Instru 中声明为虚函数。如果 play()在 Instru 类中没有定义，而是在 Piano 中首次定义，且在 Piano 类的派生类 NewPiano 中重载，则需要在 Piano 中声明为虚函数。

② 虚函数一经声明，在派生类中重载的基类的函数即是虚函数，不再需要加 virtual。如例 7-9 中 Piano 类和 NewPiano 类的 play()前没有加 virtual，但 play()同样是虚函数，因为已经在基类 Instru 中做了声明。

③ 只有非静态成员函数可以声明为虚函数。静态成员函数和全局函数不能声明为虚函数。

④ 编译器把名称相同、参数不同的函数看作不同的函数。基类和派生类中名字相同但参数列表不同的函数，不需要声明为虚函数。

⑤ 普通对象调用虚函数时，系统仍然以静态绑定方式调用函数。因为编译器编译时能确切地知道对象的类型，且能确切地调用其成员函数。例 7-9 中，使用如下语句：
Piano x;
NewPiano y;
x=y;
tune(x);

程序运行结果为：
Piano::play

7.6.3 虚析构函数

通过学习虚函数可以掌握虚函数在继承和派生中的调用方式。那么类的两种特殊的函数——构造函数和析构函数是否可以声明为虚函数呢？

① 构造函数不能声明为虚函数。因为构造函数有其特殊的工作，它处在对象创建初期，先要调用基类构造函数，然后调用按照继承顺序派生的派生类的构造函数。

② 析构函数能够且经常是虚函数。析构函数调用顺序与构造函数完全相反，从最晚派生类开始，以此向上到基类。因此，析构函数确切地知道它是从哪个类派生而来的。

虚析构函数声明格式为：

virtual ~析构函数名称();

[例 7-10] 虚析构函数定义举例。

```
class Instru{
public:
    virtual void play() const{
        cout <<"Instru::play"<<endl;
    }
    virtual ~Instru(){}
};
```

虚函数的目的是让派生类编制自己的行为，所以应该在基类中声明虚析构函数。当类中存在虚函数时，也应该使用虚析构函数。这样保证类对象销毁时能得到"完全"的空间释放。

如果某个类不包含虚函数时，一般表示它将不作为一个基类来使用，建议不要将析构函数声明为虚函数，以保证程序执行的高效性。

7.7 纯虚函数和抽象基类

在实际工作中往往需要定义这样一个类，对这个类中的处理函数（方法）只需要说明函数的名称、参数列表，以及返回值的类型，也就是说，只提供一个接口以说明和规范其他程序对此服务的调用，至于这个函数如何实现，则根据具体需要在派生类中定义即可。如在例 7-9 中，类 Instru 仅表示接口，不表示特例实现，声明一个 Instru 对象毫无意义。通常把这样的类称为抽象基类，而把这样的函数称为纯虚函数。纯虚函数定义格式为：

virtual 返回值类型 函数名称(参数列表) = 0;

当一个类中存在纯虚函数时，这个类就是抽象类。例如：

```
class Instru{
public:
    virtual void play() const=0;   //纯虚函数
};
```

如前所述，抽象类的主要作用是，为一个类族建立一个公共的接口，使它们能够更有效地发挥多态特性。使用抽象类时需注意以下 4 点：

① 抽象类只能用于其他类的基类，不能建立抽象类对象。抽象类处于继承层次结构的较上层，抽象类自身无法实例化，只能通过继承机制生成抽象类的非抽象派生类，然后再实例化。

② 抽象类不能用于参数类型、函数返回值或显式转换的类型。

③ 可以声明一个抽象类的指针和引用。通过指针或引用可以指向并访问派生类对象，以访问派生类的成员。

④ 抽象类派生出新的类之后，如果派生类给出所有纯虚函数的函数实现，这个派生类就可以声明自己的对象，因而其不再是抽象类；反之，如果派生类没有给出全部纯虚函数的实现，这时的派生类仍然是一个抽象类。

[例 7-11] 用抽象类的方法实现例 7-9。

```cpp
//instru.h
#include <iostream>
using namespace std;
class Instru{
public:
    virtual void play() const=0;
};
class Piano:public Instru {
public:
    void play() const {
        cout<<"Piano::play" <<endl;
    }
};
class NewPiano:public Instru{
public:
    void play() const {
        cout<<" NewPiano::play" <<endl;
    }
};
void tune(Instru& i){   //正确，此为引用方式，如果为普通参数传值方式，则为错误
    i.play();
}
int main(){
    Piano a;
    tune(a);
    NewPiano b;
    tune(b);
    //Instru c;        //错误，Instru 为抽象类，不能实例化对象
    return 0;
}
```

程序运行结果为：
Piano::play
NewPiano::play

本例中，Instru 类含有纯虚函数，所以 Instru 类是个抽象基类，不能声明对象，但可以作为引用或指针存在（如 tune()的参数）。由 Instru 派生的 Piano 类和 NewPiano 类，完整实现了基类的纯虚函数 play()，所以 Piano 类和 NewPiano 类可以声明对象。

纯虚函数非常有用，因为它使类有明显的抽象性，并告诉用户和编译器希望如何使用。在基类中，对纯虚函数提供定义是可能的，告诉编译器不允许纯抽象基类声明对象，而且纯虚函数在派生类中必须定义，以便创建对象。然而，如果希望一段代码对于一些或所有派生类定义能共同使用，而不希望在每个函数中重复这段代码，具体实现方法如下。

[例 7-12] 虚函数与纯虚函数的使用。

```cpp
#include <iostream>
using namespace std;
class Instru{
```

```cpp
    public:
        virtual void play() const=0;
        virtual void showmsg()const=0{
            cout<<"Instru::showmsg()"<<endl;
        }
};
class Piano:public Instru {
public:
     void play() const {
        cout<<"Piano::play" <<endl;
     }
     void showmsg()const{
            Instru::showmsg();
     }
};
class NewPiano:public Piano{
public:
    void play() const {
        cout<<"NewPiano::play" <<endl;
    }
    void showmsg()const{
        Instru::showmsg();
    }
};
void tune(Instru& i){
    i.play();
}
int main(){
    Piano a;
    tune(a);
    a.showmsg();
    NewPiano b;
    tune(b);
    b.showmsg();
    return 0;
}
```

程序运行结果为：
Piano::play
Instru::showmsg()
NewPiano::play
Instru::showmsg()

本例中，虽然 Instru 为抽象基类，不能声明对象，但由 Instru 派生的子类可以向上引用基类的成员函数。类 Piano 和类 NewPiano 调用了抽象基类的虚函数 showmsg()，使得代码的重用性得到提高。

7.8 多重继承

在派生类的声明中，基类名既可以有一个，也可以有多个。如果只有一个基类名，则这种继承方式称为单继承；如果基类名有多个，则这种继承方式称为多继承，这时的派生类就同时得到了多个已有类的特征，如图7-2所示。

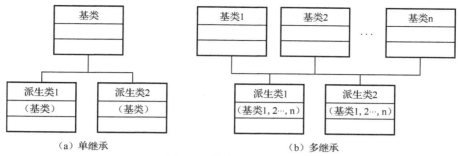

图 7-2 单继承和多继承

7.8.1 多继承语法

多继承允许派生类有两个或多个基类的能力，就是想使多个类以这种方式组合起来，使派生类对象的行为具有多个基类对象的特征。在多继承中各个基类名之间用逗号隔开。多继承的声明格式为：

class 派生类名:[继承方式]基类名 1,[继承方式]基类名 2,…,[继承方式]基类名 *n*
{
　　…
};

[例 7-13] 多继承的使用。

```
#include <iostream>
using namespace std;
class A{
    int a;
public:
    void SetA(int x){ a=x; }
};
class B{
    int b;
public:
    void SetB(int x){ b=x; }
};
class C: public A, private B{
    int c;
public:
    void SetC(int, int, int);
};
void C::SetC(int x, int y, int z)
{                           //派生类成员函数直接访问基类的公有成员
    SetA(x);
    SetB(y);
    c=z;
}
int main(){
    C obj;
    obj.SetA(5);
    obj.SetC(6,7,9);
    obj.setB(6);        //错误，不能访问私有继承的基类成员
    return 0;
```

}

例 7-13 中,类 C 从类 A 和类 B 继承而来,类 C 中可以访问基类 A、B 的公有成员,如 SetA()、SetB(),但不能访问基类的私有成员。C 的类对象可以访问公有继承的成员,如 SetA();但不能访问私有继承的成员,如 SetB(),这一点与单继承相同。同时,可以看到,类 C 同时具有类 A 和类 B 的特征。

7.8.2 虚基类

在多继承中,经常遇到这样的情况,如果基类 A、B 中有相同的成员函数 f(),那么它们的派生类 C 声明的对象将调用哪个基类的函数 f() 呢?

[例 7-14] 多继承中的二义性举例。

```
class A{
    int a;
public:
    void f(int x){ a=x; }
};
class B{
    int b;
public:
    void f(int x){ b=x; }
};
class C: public A, public B{
    int c;
public:
    void SetC(int x){
        c=x;
    }
};
int main(){
    C obj;
    obj.f(5);      //错误! 二义性
    return 0;
}
```

对编译器来说,并不知道是调用基类 A 的 f(),还是调用基类 B 的 f()。解决的办法是使用域名进行控制:

  obj.A::f(5);
  obj.B::f(5);

增加作用域分辨符虽然可以消除二义性,但显然降低了程序的可读性。因此,不建议在基类中使用同名函数,应尽量避免使用相同的名字。

注意: 多继承里还有一种极端的情况,即由相同基类带来的二义性,如图7-3所示。

该继承方式称"菱形"方式。类 m 的直接父类 d1、d2 继承了基类 base 的成员函数 show(),当然类 m 也继承了成员函数 show(),m 调用 show()则产生了二义性;类 m 继承 d1、d2 的同时也包含了"两份"基类 base,菱形继承使子对象重叠,增加了额外的空间开销。为此,C++引入了虚基类。

二义性问题需要在类 m 中重新定义 show(),额外的空间开销问题可采用虚基类的方式。

把一个基类定义为虚基类,必须在派生子类时在父类名字前加关键字 virtual,定义格式为:

  class 派生类名:virtual 访问权限修饰符 父类名{};

[**例 7-15**] 虚基类使用方法举例。

```cpp
#include <iostream>
using namespace std;
class base{
public:
    virtual const char* show()=0;
};
class d1: virtual public base{
public:
    const char* show(){ return "d1"; }
};
class d2:   virtual public base{
public:
    const char* show(){ return "d2"; }
};
class m: public d1,public d2{
public:
    const char* show(){
        return d2::show(); //为消除二义性，使用作用域运算符
    }
};
int main(){
    m m1;
    m1.show();
    return 0;
}
```

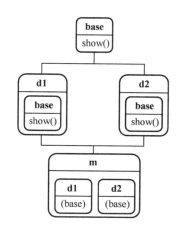

图 7-3 由相同基类带来的二义性

这样不仅消除了二义性，而且类 m1 中只有一份基类 base，也节省了空间。

7.8.3 最终派生类

例 7-15 中，各类没有构造函数，使用的是默认构造函数。如果类里有了带有参数的构造函数，情形将有所不同。例如，在 base 基类里增加构造函数：

```cpp
class base{
public:
    base(int){}
    virtual const char*   show()=0;
};
```

用派生类声明对象时，编译器报错，表示没有合适的构造函数调用。即使在基类的派生类 d1、d2 中也会增加对基类 base 的构造，情况也是如此。为解决此类问题，可引入最终派生类（most derived class）的概念。

最终派生类（最晚辈派生类）指当前所在的类。如例 7-15 中，在基类 base 的构造函数里，base 就是最终派生类；在派生类 m 里，m 就是最终派生类；在类 d1 里，类 d1 就是最终派生类。

当使用虚基类时，尤其是带有参数的构造函数的虚基类时，最终派生类的构造函数必须对虚基类初始化。不管派生类离虚基类有多远，都必须对虚基类进行初始化。

[**例 7-16**] 含虚基类构造函数的使用方法。

```cpp
#include <iostream>
using namespace std;
class base{
    int i;
public:
```

```cpp
            base(int x):i(x){}
            int geti(){ return i; }
            virtual const char* show(){ return "base"; }
    };
    class d1: virtual public base{
            int id1;
        public:
            d1(int x=1):base(0),id1(x){}
            const char*   show(){
                return "d1";
            }
    };
    class d2: virtual public base{
            int id2;
        public:
            d2(int x=2):base(1),id2(x){}
            const char* show(){ return "d2"; }
    };
    class m: public d1,public d2{
            int im;
        public:
            m(int x=0):base(3),im(x){}
            const char* show(){ return d2::show(); }
    };
    int main(){
        m m1;
        cout<<m1.show()<<endl;
        cout<<m1.geti()<<endl;
        d1 d11;
        cout<<d11.geti()<<endl;
        cout<<d11.show()<<endl;
        return 0;
    }
```

程序运行结果是：
d2
3
0
d1

使用虚基类时要注意以下两点：
① 必须在派生类的构造函数中调用初始化虚基类的构造函数；
② 给虚基类安排默认构造函数，可使虚基类的程序开发变得简单易行。

7.8.4 多继承的构造顺序

[例 7-17] 为了清晰地了解多继承的构造顺序，修改例 7-16。

```cpp
    #include<iostream>
    using namespace std;
    class base{
            int i;
        public:
            base(int x=0):i(x){
```

• 150 •

```cpp
            cout<<"base is constructed"<<endl;
        }
        virtual ~base(){
            cout<<"base is destructed"<<endl;
        }
        virtual char*   show()const=0;
};
class d1 :virtual public base{
        int id1;
public:
        d1(int x=1):base(0),id1(x){
            cout<<"d1 is constructed"<<endl;
        }
        virtual ~d1(){
            cout<<"d1 is destructed"<<endl;
        }
        char*   show() const{ return "d1"; }
};
class d2: virtual public base{
        int id2;
public:
        d2(int x=2):base(1),id2(x){
            cout<<"d2 is constructed"<<endl;
        }
        virtual ~d2(){
            cout<<"d2 is destructed"<<endl;
        }
        char*   show() const{ return "d2"; }
};
class m: public d1,public d2{
        int im;
public:
        m(int x=0):base(3),im(x){
            cout<<"m is constructed"<<endl;
        }
        ~m(){
            cout<<"m is destructed"<<endl;
        }
        char* show()const{ return d2::show(); }
};
int main(){
        m m1(5);
        return 0;
}
```
程序运行结果为：
base is constructed
d1 is constructed
d2 is constructed
m is constructed
m is destructed
d2 is destructed

```
        d1 is destructed
        base is destructed
```

多继承构造顺序与单继承构造顺序类似，从基类开始，沿着派生顺序逐层向下，当同一层次派生同一个类时，按照声明继承的顺序自左向右。如 d1、d2 派生类 m 时，先构造 d1，再构造 d2。析构顺序与构造顺序相反。

小结

继承是面向对象程序设计最重要的特点之一，运用从原有类派生新类的方法，更容易修改和扩充已有的软件系统，使软件维护变得更加容易。

继承和组合都允许由已存在的类型创建新类型，两者都是在新类型中输入已存在的类型的子对象。然而，如果想重用原类型作为新类型的内部实现，最好使用组合；如果不仅想重用这个内部实现，还想重用原来的接口，则使用继承。

多态在 C++ 中用虚函数实现。在面向对象的程序设计中，使用虚函数可以使系统有更高的扩展性：可以编写代码用于处理不存在的对象类型。如果一个类带有纯虚函数，则此类称为抽象类。抽象类用于提供派生类的接口，不能声明对象。

多继承给面向对象编程带来了灵活变化，但要尽量避免多继承，尤其是在菱形继承时，注意避免二义性。

习题 7

一、填空题

1. 在编译时确定函数调用称为_____绑定。在运行时确定函数调用称为_____绑定。
2. 如果 A 是从 B 继承而来，则 A 叫_____类，B 叫_____类。
3. 在多重派生过程中，如果想使公共的基类在派生时只有一个副本，则可以将这个基类声明为_____。

二、选择题

1. 在类的继承与派生过程中，关于派生类不正确的说法是（   ）。
    A．派生类可以继承基类的所有特性　　　B．派生类只能继承基类的部分特性
    C．派生类可以重新定义已有的成员　　　D．派生类可以改变现有成员的属性
2. 派生类对象对其基类成员，（   ）是可以访问的。
    A．公有继承的公有成员　　　　　　　　B．公有继承的私有成员
    C．公有继承的保护成员　　　　　　　　D．私有继承的公有成员
3. 下列叙述中不正确的是（   ）。
    A．含纯虚函数的类称为抽象类　　　　　B．不能直接由抽象类建立对象
    C．抽象类不能作为派生类的基类　　　　D．纯虚函数没有其函数的实现部分
4. 当定义派生类的对象时，调用构造函数的正确顺序是（   ）。
    A．先调用基类的构造函数，再调用派生类的构造函数
    B．先调用派生类的构造函数，再调用基类的构造函数
    C．调用基类的构造函数和派生类的构造函数的顺序无法确定
    D．调用基类的构造函数和派生类的构造函数是同时进行的
5. 关于多重继承二义性的描述中，（   ）是错误的。
    A．一个派生类的两个基类中都有某个同名成员，在派生类中对这个成员的访问可能出现二义性

B．解决二义性最常用的方法是对成员名的限定
   C．基类和派生类中出现同名函数，也存在二义性
   D．一个派生类是从两个基类派生而来的，而这两个基类又有一个共同的基类，对该基类成员进行访问时，也可能出现二义性
6．在派生类的构造函数的成员初始化列表中，不能包含（   ）。
   A．基类的构造函数　　　　　　B．派生类的子对象的初始化
   C．基类的子对象的初始化　　　D．派生类的一般数据成员的初始化
7．下列关于 protected 成员的说法，正确的是（   ）。
   A．在派生类中仍然是 protected 的　　B．具有 private 成员和 public 成员的双重角色
   C．在派生类中是 private 的　　　　　D．在派生类中是 public 的
8．下列关于虚函数的说法正确的是（   ）。
   A．虚函数是一个 static 类型的成员函数
   B．虚函数是一个非成员函数
   C．基类中采用 virtual 声明一个虚函数后，在派生类中定义相同原型的函数时，可以不加 virtual 声明
   D．派生类中的虚函数与基类中相同原型的虚函数具有不同的参数个数或类型
9．关于虚函数和抽象类描述中，（   ）是错误的。
   A．纯虚函数是一种特殊的函数，它没有具体实现
   B．抽象类是指具有纯虚函数的类
   C．一个基类中声明有纯虚函数，则其派生类一定不再是抽象类
   D．抽象类只能作为基类来使用，其纯虚函数的实现由派生类给出
10．下列程序编译时出现错误的是（   ）。
```
class A{                //1
public:                 //2
    A(){
        Fun();          //3
    }
    virtual void Fun()=0;   //4
};
```
   A．1　　　　　　B．2　　　　　　C．3　　　　　　D．4

三、简答题

1．简要定义如下术语：继承、虚函数、多重继承。
2．分别说明什么是抽象基类？什么是虚基类？

四、阅读程序，写出运行结果

1.
```
#include <iostream>
using namespace std;
class Basic{
    int a,b;
public:
    Basic(int i,int j){
        a=a;   b=b;
    }
    void add(int x, int y){
        a+=x;   b+=y;
    }
```

2.
```
#include <iostream>
using namespace std;
class A{
    int a,b;
public:
    A(int i,int j){
        a=a;   b=b;
    }
    void move(int x, int y){
        a+=x;   b+=y;
    }
}
```

```
    void print(){
        cout<<"a="<<a<<"b="<<b<<endl;
    }
};
class Child: public Basic{
    int c,d;
public:
    Child(int x,int y,int z,int w):Basic (x,y){
        c=z;    d=w;
    }
    void cadd(int i,int j){
        c+=i;   d+=j;   add(-i,-j);
    }
    void cprint(){ Basic::print(); }
    void print(){
        cout<<"c="<<c<<" d="<<d<<endl;
    }
};
int main(){
    Basic b1(10,20);   b1.print();
    Child c1(10,20,30,40);
    c1.cadd(100,200);
    c1.Basic::print();
    c1.print();   c1.cprint();
    return 0;
}
```

3.
```
#include <iostream>
using namespace std;
class Basic{
public:
    Basic(){
        cout<<"Basic"<<endl;
    }
};
class child1: virtual public Basic{
public:
    child1(){
        cout<<"child1"<<endl;
    }
};
class child2: virtual public Basic{
public:
    child2(){
        cout<<"child2"<<endl;
    }
};
class child3: public Basic{
public:
    child3(){
        cout<<"child3"<<endl;
    }
```

```
    void print(){
        cout<<"a="<<a<<"b="<<b<<endl;
    }
};
class B: private A{
    int c,d;
public:
    B(int x,int y,int z,int w):A(x,y){
        c=z;    d=w;
    }
    void fun(){
        move(10,20);
    }
    void aprint(){
        A::print();
    }
};
int main(){
    A a(20,30);
    a.print();
    B b(1,2,3,4);
    b.fun();
    b.print();
    b.aprint();
    return 0;
}
```

4.
```
#include <iostream>
using namespace std;
class base{
public:
    int n;
    base(int x){ n=x; }
    virtual void set(int m){
        n=m;
        cout<<n<<" ";
    }
};
class der1: public base{
public:
    der1(int x):base(x){}
    void set(int m){
        n+=m;
        cout<<n<<" ";
    }
};
class der2: public base{
public:
    der2(int x):base(x){}
    void set(int m){
        n+=m;
        cout<<n<<" ";
```

```cpp
};
class grachild: public child1,public child2,
            public child3{
public:
    grachild(){
        cout<<"grachild"<<endl;
    }
};
int main(){
    grachild test;
    return 0;
}
```

```cpp
}
};
int main(){
    der1 d1(1);
    der2 d2(2);
    base* pbase;
    pbase=&d1;
    pbase->set(1);
    pbase=&d2;
    pbase->set(3);
    return 0;
}
```

五、编程题

1. 编写程序：设计汽车类，数据成员有轮子个数、车重。小车类是汽车类的私有派生类，包含载客数。卡车类是汽车类的私有派生类，包含载客数和载重。每个类都有数据的输出方法。

2. 写出该程序的实现：基类为 Shape，从 Shape 派生出直线类（起点、终点）、矩形类（左上角点、宽、高）、椭圆类（范围）。给出各个类的构造函数、成员初始化，在基类中定义虚函数 GetArea()（计算面积），并在派生类中改写。

思考题

1. 分析程序,写出运行结果,并思考为什么？

```cpp
class base{
    int i;
public:
    base(int I):i(I){}
    virtual int value() const{
        return i;
    }
};
class der: public base{
public:
    der(int I):base(I){}
    int value() const{
        return base::value()*2;
    }
    virtual int shift(int x) const{
        return base::value()<<x;
    }
};
int main(){
    base* B[]={new base(7),new der(7)};
    cout<<"B[0]->value()="
        <<B[0]->value()<<endl;
    cout<<"B[1]->value()="
        <<B[1]->value()<<endl;
    cout<<"B[1]->shift(3)="
        <<B[1]->shift(3)<<endl;
    return 0;
}
```

2. 给出程序运行结果，并说出原因。

```cpp
class base{
    int i;
public:
    base(int I=0):i(I){}
    virtual int sum() const{
        return i;
    }
};
class der: public base{
    int j;
public:
    der(int I=0,int J=0):base(I),j(J){}
    int sum() const{
        return base::sum()+j;
    }
};
void call(base b){
    cout<<"sum="<<b.sum()<<endl;
}
int main(){
    base b(10);
    der d(10,47);
    call(b);
    call(d);
    return 0;
}
```

第 8 章 模 板

学习目标

（1）理解什么是模板。
（2）掌握函数模板与模板函数的使用。
（3）掌握类模板与模板类的使用。

8.1 模板的概念

函数重载是指在相同的函数名下，能够实现不同的操作。系统根据参数的类型或参数个数的不同区分这些重载的函数。这样虽然很方便，但是书写函数的个数并没有减少，重载函数的代码几乎完全相同。如何解决代码重复的问题呢？

C++提供了模板。模板是类型参数化的工具。所谓类型参数化就是指把类型定义为参数，当参数实例化时，可以指定不同的数据类型，从而真正实现代码的可重用性。

模板分为函数模板和类模板，它们分别允许用户构造模板函数和模板类。图8-1显示了模板、模板函数、模板类、对象之间的关系。

例如，求两个数的最大值：

```
int Max(int x,int y){
    return (x>y)?x:y;
}
char Max(char x,char y){
    return (x>y)?x:y;
}
float Max(float x,float y){
    return (x>y)?x:y;
}
```

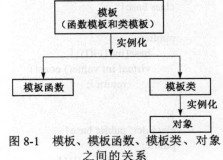

图 8-1 模板、模板函数、模板类、对象之间的关系

这些函数所执行的功能相同，只是参数类型或函数返回值的类型不同。这样做不仅程序代码的重用性差，而且存在大量冗余信息，使程序维护起来相当困难。解决这个问题的最好方法是使用模板。

8.2 函数模板与模板函数

当对每种数据类型执行相同的操作时，用函数模板来完成会非常简便。只需要定义一次函数模板，根据调用函数时提供的参数类型，编译器会产生相应的目标代码函数，以正确处理每种类型的调用。

声明函数模板的格式为：

```
template<class  类型参数>
返回类型  函数名(模板形参表)
{
    函数体
}
```

例如，输出不同类型数组的元素值可定义为函数模板：

```
template<class T>
```

```
        void PrintArray(T *Array,int count){
             for(int i=0;i<count;i++)
                  cout<<Array[i]<<" ";
             cout<<endl;
        }
```

也可以定义为：

```
        template<typename T>
        void PrintArray(T *Array,int count){
             for(int i=0;i<count;i++)
                  cout<<Array[i]<<" ";
             cout<<endl;
        }
```

说明：① T 是类型参数，它既可以是系统预定义的数据类型，也可以是用户自定义的类型；

② 类型参数前需要加关键字 class（或 typename），这个"class"并不是类的意思，而是表示任何类型；

③ 在使用模板函数时，关键字 class（或 typename）后面的类型参数，必须实例化，即采用实际的数据类型；

④ "<>"里面的类型参数可以有一个或多个类型参数，但多个类型参数之间要用逗号","分隔。

[例 8-1] 函数模板应用举例：输出不同类型数组的元素值。

```
        #include <iostream>
        using namespace std;
        template<class T>
        void PrintArray(T *Array,int count){
             for(int i=0;i<count;i++)
                  cout<<Array[i]<<" ";
             cout<<endl;
        }
        int main(){
             int a[5]={1,2,3,4,5};
             double b[7]={1.1,2.2,3.3,4.4,5.5,6.6,7.7};
             char c[6]="HELLO";
             PrintArray(a,5);
             PrintArray(b,7);
             PrintArray(c,6);
             return 0;
        }
```

说明：程序调用 PrintArray 打印各个数组，当参数是 a 时，则类型参数 T 实例化为 int；当参数是 b 时，则类型参数 T 实例化为 double；当参数是 c 时，则类型参数 T 实例化为 char。从本程序可以看出，使用函数模板不用单独定义三个函数，从而解决了当采用函数重载技术时所产生的代码冗余问题。

注意：① 在执行 PrintArray 函数调用时，根据参数的类型，系统自动在内存中生成一个模板函数（实例化函数），并执行该函数。

② 函数模板中可以使用多个类型参数，但每个模板形参前必须有关键字 class 或 typename。

[例 8-2] 多个类型参数应用举例：求两个数的最大值。

```
        #include <iostream>
        using namespace std;
```

```
template<class T1,class T2>
T1 Max(T1 x,T2 y){
    return (x>y)?x:y;
}
int main(){
    int i=10;
    float f=12.5;
    double d=50.344;
    char c='A';
    cout<<"the max of i,c is:    "<<Max(i,c)<<endl;
    cout<<"the max of f,i is:    "<<Max(f,i)<<endl;
    cout<<"the max of d,f is:    "<<Max(d,f)<<endl;
    return 0;
}
```

由于函数模板中的参数类型不一样，因此每个模板形参前都有 class。在执行语句 Max(i, c) 时，令编译器实例化 Max 模板函数，将类型参数 T1 实例化为 int，T2 实例化为 char，然后调用 Max() 计算最大值。其他语句与此类似。

③ 在 template 语句和函数模板定义语句之间不允许有其他的语句，例如：

```
template<class T1,class T2>
int n;          //错误，不允许有其他的语句
T1 Max(T1 x,T2 y){
    return (x>y)?x:y;
}
```

④ 模板函数类似于函数重载，但与函数重载不同。在进行函数重载时，每个函数体内的动作既可以相同也可以不同，但模板函数中的动作必须相同。如下面的函数只能用函数重载，而不能用模板函数。

```
void Print(char *name){
    cout<<name<<endl;
}
void Print(char *name,int no){
    cout<<name<<no<<endl;
}
```

⑤ 函数模板中的模板形参 T 可以实例化为各种类型，但实例化 T 的各模板实参之间必须保证类型一致，否则将发生错误，例如：

```
#include <iostream>
using namespace std;
template<class T>
T Max(T x,T y){
    return (x>y)?x:y;
}
int main(){
    int i=10,j=20;
    float f=12.5;
    cout<<"the max of i,j is:    "<<Max(i,j)<<endl;    //正确，调用 Max(int, int)
    cout<<"the max of i,f is:    "<<Max(i,f)<<endl;    //错误，类型不匹配
    return 0;
}
```

说明：产生错误的原因是，函数模板中的类型参数只有在该函数真正被调用时才能决定。在调用时，编译器按最先遇到的实参的类型隐含地生成一个模板函数，因此在执行 Max(i, f) 时，

编译器先按变量 i 将 T 解释为 int 型,此后出现的模板实参 f 由于不能解释为 int 型,因此发生错误,在此不允许进行隐含的类型转换。

解决这个问题有两种方法:
① 采用强制类型转换,将 Max(i,f)修改为 Max(i,int(f));
② 定义一个完整的非模板函数重载函数模板。例如:

```
#include <iostream>
using namespace std;
template<class T>
T Max(T x,T y){
    return (x>y)?x:y;
}
int Max(int ,float);
int main(){
    int i=10,j=20;
    float f=12.5;
    cout<<"the max of i,j is:   "<<Max(i,j)<<endl;
    cout<<"the max of i,f is:   "<<Max(i,f)<<endl;
    return 0;
}
int Max(int x ,float y){
    return (x>y)?x:y;
}
```

说明:这种方式定义的重载函数,就像一般的函数重载一样。非模板函数 int Max(int x ,float y)重载了上面的函数模板,当执行调用语句 Max(i,f)时,将执行这个重载的非模板函数。

[例 8-3] 处理所有类型值的冒泡排序。

```
#include <iostream>
using namespace std;
template<class T>
void BubbleSort(T *Array,int n); //排序
template<class T>
void ShowArray(T *Array,int n); //输出排序结果
int main(){
    int a[7]={7,5,9,3,8,2,10};
    double b[5]={8.8,4.4,9.9,2.2,6.6};
    BubbleSort(a,7);
    ShowArray(a,7);
    BubbleSort(b,5);
    ShowArray(b,5);
    return 0;
}
template<class T>
void BubbleSort(T *Array,int n){
    int i,j,flag;
    T temp;
    for(i=0;i<n-1;i++){
        flag=0;
        for(j=1;j<n-i;j++){
            if(Array[j-1]>Array[j]){
                temp=Array[j];
                Array[j]=Array[j-1];
```

```
                    Array[j-1]=temp;
                    flag=1;
                }
            }
            if(flag==0) break;
        }
    }
    template<class T>
    void ShowArray(T *Array,int n){
        int i;
        for(i=0;i<n;i++)
            cout<<Array[i]<<"   ";
        cout<<endl;
    }
```

说明：程序在调用 BubbleSort 进行排序时，当参数是数组 a 时，则类型参数 T 实例化为 int；当参数是 b 时，则类型参数 T 实例化为 double。调用 ShowArray 输出数组元素的值，当参数是数组 a 时，则类型参数 T 实例化为 int；当参数是数组 b 时，则类型参数 T 实例化为 double。

从以上的例子可以看出，函数模板提供了一类函数的抽象，它可以任意类型 T 为参数及函数返回值。函数模板经实例化而生成的具体函数为模板函数，它代表了一类函数，模板函数则表示某一具体的函数。

8.3 类模板与模板类

类是对一组对象的公共性质的抽象，而类模板是更高层次的抽象。类模板（类属类或类生成类）允许用户为类定义一种模式，使类中的某些数据成员、成员函数的参数或返回值可以根据需要取任意类型。

类模板的定义格式为：

```
template <class Type>
class  类名
{
    //…
};
```

说明：① 在每个类模板定义之前，都需要在前面加上模板声明，如 template <class Type>。在使用类模板时，应将它实例化为一个具体的类（模板类），类模板实例化为模板类的格式为：

   类名<具体类型名>

② 模板类可以有多个模板参数。

③ 在类定义体外定义成员函数时，如果该成员函数中有类型参数，则需要在函数体外进行模板声明，即在类名和函数名之间缀上<Type>，格式为：

   返回类型 类名<Type>::成员函数名(参数表)

④ 类模板不代表一个具体的、实际的类，而是代表一类类。因此在使用时，必须将类模板实例化为一个具体的类，格式为：

   类名<实际的类型>   对象名；

实例化的类称为模板类。模板类是类模板对某个特定类型的实例。类模板代表了一类类，模板类则表示某个具体的类。

[例 8-4] 用类模板实现栈的基本运算。

```
#include <iostream>
using namespace std;
```

```cpp
const int SIZE=100;
template<class T>
class Stack{
public:
    Stack();
    void Push(T x);
    T Pop();
private:
    T s[SIZE];
    int top;
};
int main(){
    Stack<int> a;
    Stack<double> b;
    Stack<char> c;
    int i;
    char ch;
    for(i=0;i<10;i++)
        a.Push(i);
    for(i=0;i<10;i++)
        b.Push(1.1+i);
    for(ch='a';ch<='j';ch++)
        c.Push(ch);
    for(i=0;i<10;i++)
        cout<<a.Pop()<<"   ";
    cout<<endl;
    for(i=0;i<10;i++)
        cout<<b.Pop()<<"   ";
    cout<<endl;
    for(i=0;i<10;i++)
        cout<<c.Pop()<<"   ";
    cout<<endl;
    return 0;
}
template<class T>
Stack<T>::Stack(){
    top=-1;
}
template<class T>
void Stack<T> ::Push(T x){
    if(top==SIZE-1){
        cout<<"stack is full."<<endl;
        return;
    }
    s[++top]=x;
}
template<class T>
T Stack<T>::Pop(){
    if(top==-1){
        cout<<"stack underflow."<<endl;
        return 0;
```

```
            }
            return s[top--];
    }
```

　　说明：程序定义了类模板 Stack，该类含有 T 类型的数组，此数组中含 100 个元素，整型变量 top 表示栈顶元素的下标。在类 Stack 中定义了成员函数 Push 和 Pop，通过这两个函数可以在 Stack 对象中放置和取出数据。程序开始执行时，创建了类模板 Stack 的三个实例，即整型堆栈、双精度浮点型堆栈和字符堆栈，也就是说，实例化成了三个模板类，通过对象可实现不同类型数据的入栈和出栈过程。

[例 8-5] 类模板中有多个类型参数实例。

　　函数模板中可以使用多个类型参数，类似地，类模板中也允许使用多种参数，格式为：

```
template<class T1,class T2,…,class TN >
class 类名
{
    //…
};
```

　　说明：T1, T2, …, TN 表示类型名，从理论上讲，一个类在定义时可以接收无穷个类型，但是建议在类中不要定义太多的类型，否则将产生混乱。

```
#include <iostream>
using namespace std;
template<class T1,class T2>
class A{
public:
    A(T1 a,T2 b);
    void Print();
private:
    T1 x;
    T2 y;
};
int main(){
    A<int,double> ob1(10,23.7);
    A<char,const char *> ob2('X',"How are you.");
    ob1.Print();
    ob2.Print();
    return 0;
}
template<class T1,class T2>
A<T1,T2>::A(T1 a,T2 b){
    x=a;
    y=b;
}
template<class T1,class T2>
void A<T1,T2>::Print(){
    cout<<x<<"   "<<y<<endl;
}
```

　　说明：程序定义了类模板 A，该类含有两个类型参数 T1 和 T2。程序开始执行时，创建了类模板 A 的两个实例，即实例化成两个模板类。语句"A<int,double> ob1(10,23.7);"表示模板参数 T1 和 T2 分别被实例化为 int 和 double；语句"A<char,const char *> ob2('X',"How are you.");"表示模板参数 T1 和 T2 分别被实例化为 char 和 char *。

[例 8-6] 用类模板和重载[]运算符实现不同类型的数组输出。

```cpp
#include <iostream>
using namespace std;
const int SIZE=10;
template<class T>
class Array{
public:
    Array();
    T &operator[](int i);
private:
    T a[SIZE];
};
int main(){
    Array<int> iarray;
    Array<double> darray;
    int i;
    cout<<"Integer array: ";
    for(i=0;i<SIZE;i++)
        iarray[i]=i+1;
    for(i=0;i<SIZE;i++)
        cout<<iarray[i]<<"   ";
    cout<<endl;
    cout<<"Double array: ";
    cout.precision(2);//设置浮点数所需的小数位数
    for(i=0;i<SIZE;i++)
        darray[i]=double(i)/9;
    for(i=0;i<SIZE;i++)
        cout<<darray[i]<<"   ";
    cout<<endl;
    return 0;
}
template<class T>
Array<T>::Array(){
    int i;
    for(i=0;i<SIZE;i++)
        a[i]=0;
}
template<class T>
T & Array<T>::operator[](int i){
    if(i<0||i>SIZE-1){
        cout<<"Index value of "<<i<<" is out of bounds."<<endl;
    }
    return a[i];
}
```

说明：程序定义了类模板 Array。程序开始执行时，创建了类模板 A 的两个实例，即实例化成为两个模板类。将模板参数 T 分别被实例化为 int 和 double。由于在类中重载了[]运算符，因此执行语句 "cout<<iarray[i]<<"";" 时，编译器将 iarray[i]解释为 iarray.operator [](i)，从而调用运算符重载函数 operator[](int i)。定义重载[]函数时，由于返回的是一个 T 的引用，因此可以使重载的[]用在赋值语句的左边，所以语句 "iarray[i]=i;" 是合法的。对于对象 darray 的操作与 iarray 相同。

8.4 应用实例

第4章曾以学生成绩管理系统为例，用类实现了学生信息的插入、删除和输出功能。例 8-7 将采用类模板实现该系统。

[例 8-7] 用类模板实现学生成绩管理系统。

分析：如图8-2所示，本例将要操作的所有对象构成一个链表，链表中的每个结点（元素）就是一个对象。定义一个类模板 LinkList，数据成员*head 表示指向链表的头指针，链表中每个结点（元素）包含数据域 data 和指针域 next，数据域 data 是 T 类型，指针域 next 指向链表中下一个结点（元素）。成员函数 InsertLinkList()表示插入一个结点（元素）；成员函数 GetLinkList()表示返回第 i 个结点（元素）的地址；成员函数 DelLinkList()表示删除第 i 个结点（元素）；成员函数 PrintLinkList()表示输出链表中结点（元素）的值。

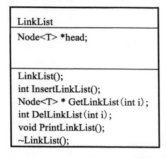 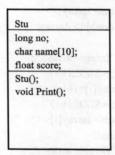

图 8-2 模板类 LinkList 和类 Stu

类 Stu 是类模板 LinkList 所要实例化的一个具体类。数据成员包括学生的学号、姓名和成绩；成员函数 Print()表示输出学生信息。

```
#include <iostream>
using namespace std;
template<class T>
struct Node{
    T data;
    Node *next;
};
template<class T>
class LinkList{
public:
    LinkList();
    int InsertLinkList();
    Node<T> *GetLinkList(int i);
    int DelLinkList(int i);
    void PrintLinkList();
    ~LinkList();
private:
    Node<T> *head;
    Node<T> *r;
};
class Stu{
public:
    Stu();
    void Print();
```

```cpp
private:
    long no;
    char name[10];
    float score;
};
void Menu();
int main(){
    LinkList<Stu> L;
    int n,m=1;
    while(m){
        Menu();
        cin>>n;
        switch(n){
            case 1:{
                int success;
                success=L.InsertLinkList();
                if(success==1){
                    cout<<"插入成功!"<<endl;
                }
                else{
                    cout<<"插入失败!"<<endl;
                }
                break;
            }
            case 2:{
                int i,success;
                cout<<"请输入删除的位置 i"<<endl;
                cin>>i;
                success=L.DelLinkList(i);
                if(success==1){
                    cout<<"删除成功!"<<endl;
                }
                else{
                    cout<<"删除失败!"<<endl;
                }
                break;
            }
            case 3:{
                cout<<"信息:"<<endl;
                L.PrintLinkList ();
                break;
            }
            case 0:m=0;
        }
    }
    return 0;
}
template<class T>
LinkList<T>::LinkList(){
    head=0;
    r=head;
```

```cpp
}
template<class T>
int LinkList<T>::InsertLinkList(){
    Node<T> *s=new Node<T>;
    if(s){
        if(head){
            r->next=s;
            r=s;
        }
        else{
            head=s;
            r=s;
        }
    }
    if(r)
        r->next =NULL;
    return 1;
}
template<class T>
void LinkList<T>::PrintLinkList(){
    Node<T> *p;
    p=head;
    while(p){
        p->data.Print();
        p=p->next;
    }
    cout<<endl;
}
template<class T>
Node<T> * LinkList<T>::GetLinkList(int i){
    Node<T> *p=head;
    int j=1;
    while(p!=NULL&&j<i){
        p=p->next;
        j++;
    }
    if(j==i){
        return p;
    }
    else{
        return NULL;
    }
}
template<class T>
int LinkList<T>::DelLinkList(int i){
    Node<T> *p,*s;
    if(i==1){
        p=head;
        head=head->next;
        delete p;
        return 1;
```

```
            }
        else{
            p=GetLinkList(i-1);
            if(p==NULL){
                cout<<"位置错误!"<<endl;
                return -1;
            }
            else if(p->next==NULL){
                cout<<"该位置上的元素不存在!"<<endl;
                return 1;
            }
            else{
                s=p->next;
                p->next=s->next;
                 if(!p-> next)
                 r=p;
                delete s;
                return 1;
            }
        }
    }
    template<class T>
    LinkList<T>::~LinkList(){
        delete head;
    }
    void Menu(){
        cout<<endl;
        cout<<"1...........插入"<<endl;
        cout<<"2...........删除"<<endl;
        cout<<"3...........显示"<<endl;
        cout<<"0...........退出"<<endl<<endl;
        cout<<"请选择!"<<endl;
    }
    Stu::Stu(){
        cout<<"输入学号、姓名和成绩！"<<endl;
        cin>>no>>name>>score;
    }
    void Stu::Print(){
        cout<<no<<" "<<name<<" "<<score<<endl;
    }
```

说明：程序首先定义了类模板 LinkList，可以实现插入结点、删除结点及显示结点的信息功能。当要实现学生信息管理时，就要定义一个具体的学生类。通过将类模板实例化成一个模板类，模板参数 T 被实例化为类 Stu，从而实现了学生信息管理系统所要求的功能。

如果需要图书进行相关操作，只需更改下面内容。

将类 Stu 的定义及实现部分删除，定义图书类：

```
class Book{
public:
    Book();
    void Print();
private:
```

```
            char title[20];
            char author[10];
            char publish[30];
            float price;
    };
    Book::Book(){
        cout<<"请输入书名、作者、出版社和价格"<<endl;
        cin>>title>>author>>publish>>price;
    }
    void Book::Print(){
        cout<<title<<"   "<<author<<"   "<<publish<<"   "<<price<<endl;
    }
```

将 main()中的语句"LinkList<Stu> L;"修改为"LinkList<Book> L;"即可。

说明：程序将对图书进行插入、删除及显示的管理。这是因为将类模板实例化成一个模板类，模板参数 T 被实例化为类 Book，从而实现了图书管理系统所要求的功能。

[例 8-8] 用类模板实现银行办公系统（见例 4-17）。

分析：本例将要操作的所有对象构成一个队列，队列中的每个结点（元素）就是一个对象。定义一个类模板 LQueue，数据成员* front 表示指向队头的指针，*rear 表示指向队尾的指针，链表中每个结点（元素）包含数据域 data 和指针域 next，数据域 data 是 T 类型，指针 next 指向链表中下一个结点（元素）。成员函数 InLQueue 表示入队操作；成员函数 EmptyLQueue 表示判断队列是否为空；成员函数 OutLQueue 表示出队操作；成员函数 PrintLQueue 表示输出队列中结点（元素）的值，如图 8-3 所示。

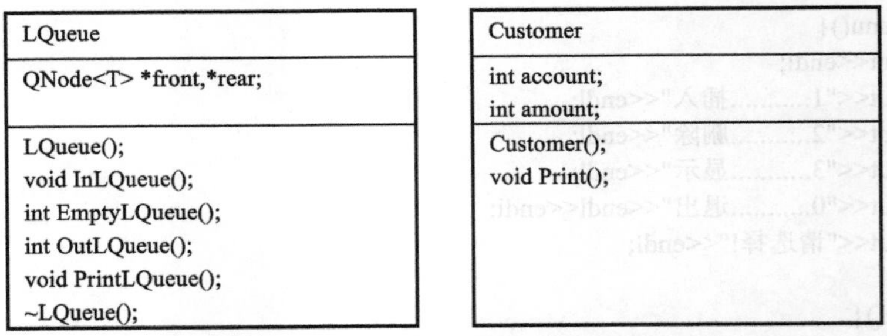

LQueue	Customer
QNode<T> *front,*rear;	int account;
	int amount;
LQueue();	Customer();
void InLQueue();	void Print();
int EmptyLQueue();	
int OutLQueue();	
void PrintLQueue();	
~LQueue();	

图 8-3 模板类 LQueue 和类 Customer

类 Customer 是类模板 LQueue 所实例化的一个具体类。数据成员包括顾客的账号和金额；成员函数 Print 表示输出顾客的信息。

```
    #include <iostream>
    using namespace std;
    template<class T>
    struct QNode{
        T data;
        QNode *next;
    };
    template<class T>
    class LQueue{
    public:
        LQueue();
        void InLQueue();
        int EmptyLQueue();
        int OutLQueue();
```

```cpp
        void PrintLQueue();
        ~LQueue();
private:
        QNode<T> *front,*rear;
};
class Customer{ //客户类
public:
        Customer();
        void Print();
private:
        int account; //账号
        int amount; //金额，大于则表示存款，小于则表示取款
};
void Menu();
int main(){
        LQueue<Customer> L;
        int n,m=1;
        while(m){
            Menu();
            cin>>n;
            switch(n){
                case 1:{
                    L.InLQueue();
                    cout<<endl<<"队列中的元素:"<<endl;
                    L.PrintLQueue();
                    break;
                }
                case 2:{
                    int flag;
                    flag=L.OutLQueue();
                    if(flag==1){
                        cout<<endl<<"队列中的元素:"<<endl;
                        L.PrintLQueue();
                    }
                    else
                        cout<<"队列已空！"<<endl;
                    break;
                }
                case 3:{
                    int flag;
                    flag=L.EmptyLQueue();
                    if(flag!=1){
                        cout<<endl<<"队列中的元素:"<<endl;
                        L.PrintLQueue();
                    }
                    else
                        cout<<"队列已空！"<<endl;
                    break;
                }
                case 0:m=0;
            }
```

```cpp
        }
        return 0;
    }
    template<class T>
    LQueue<T>::LQueue(){
        rear=0;
        front=0;
    }
    template<class T>
    void LQueue<T>::PrintLQueue(){
        QNode<T>   *p;
        p=front;
        while(p!=NULL){
            p->data.Print();
            p=p->next;
        }
        cout<<endl<<endl;
    }
    template<class T>
    void LQueue<T>::InLQueue(){
        QNode<T> *p;
        p=new QNode<T>;
        p->next=NULL;
        if(front==0){
            front=p;
            rear=p;
        }
        else{
            rear->next=p;
            rear=p;
        }
    }
    template<class T>
    int LQueue<T>::EmptyLQueue(){
        if(front==NULL && rear==NULL)
            return 1;
        else
            return 0;
    }
    template<class T>
    int LQueue<T>::OutLQueue(){
        QNode<T> *p;
        if(EmptyLQueue()==1){
            return 0;
        }
        else{
            p=front;
            front=p->next;
            delete p;
            if(front==NULL)
                rear=front;
```

```
                return 1;
            }
        }
        template<class T>
        LQueue<T>::~LQueue(){
            delete rear;
        }
        void Menu(){
            cout<<endl;
            cout<<"1.入队"<<endl;
            cout<<"2.出队"<<endl;
            cout<<"3.判队空"<<endl;
            cout<<"0.退出"<<endl;
            cout<<"请选择！"<<endl;
        }
        Customer::Customer(){
            cout<<"输入账号和金额"<<endl;
            cin>>account>>amount;
        }
        void Customer::Print(){
            cout<<account<<"    "<<amount<<endl;
        }
```

程序运行结果同例 4-17。

说明：程序首先定义了类模板 LQueue，可以实现入队、出队等功能。当要实现银行办公时，则定义一个具体的顾客类 Customer。通过将类模板实例化成一个模板类，模板参数 T 被实例化为类 Customer，从而实现了银行办公的功能。

小结

使用模板可以避免重复编写具有相同功能只是数据类型不同的类或函数代码，能够提高代码的编写效率，简化程序编写。函数模板和类模板提供了类型参数化的通用机制。

函数模板代表了一类函数，是对一类函数的抽象，它以任意类型为参数（模板参数）。把模板参数实例化后，由函数模板产生的函数称为模板函数，它是函数模板的具体实例。

使用函数模板的方法与使用普通函数类似，即使用实参代替模板参数并调用。但是，模板类型不具有隐式类型转换机制，因此采用同一模板参数 T 的每个参数必须用完全相同的类型来实例化。在某些情况下，需要用同名的普通函数重载函数模板，才能满足实际应用的需求。

类模板不是一个具体的类，而是代表某一类类。它是对一类类的抽象，以任意类型为参数。用模板实参实例化模板参数后生成的类为模板类。类模板中的成员函数都是模板函数，既可以放在类模板的定义体中定义，也可以放在类模板的外部来定义。类模板与模板类的区别是，类模板是模板的定义，不是一个实实在在的类，定义中用到了通用类型参数。

习题 8

1. 类模板的使用实际上是将类模板实例化成为一个具体的（　　　）。
   A．类　　　　　　B．对象　　　　　C．函数　　　　　D．模板类
2. 关于类模板，下列表述中不正确的是（　　　）。
   A．用类模板定义一个对象时，不能省略实参

B. 类模板只能有虚拟类型参数
C. 类模板本身在编译中不会生成任何代码
D. 类模板的成员函数都是模板函数

3. 类模板的模板参数（   ）。
   A. 只可作为数据成员的类型   B. 只可作为成员的返回类型
   C. 只可作为成员函数的参数类型   D. 以上三者皆是

4. 一个（   ）允许用户为类定义一种模式，使类中的某些数据成员及某些成员函数的返回值能取任意类型。
   A. 函数模板   B. 模板函数   C. 类模板   D. 模板类

5. 如果一个模板声明列出了多个参数，则每个参数之间必须使用逗号隔开，且每个参数都必须重复使用关键字（   ）。
   A. const   B. static   C. void   D. class

6. 假设类模板 Employee 存在一个 static 数据成员 salary，由该类模板实例化三个模板类，那么存在（   ）个 static 数据成员的副本。
   A. 0   B. 1   C. 2   D. 3

7. 写出程序运行结果。
```
#include <iostream>
using namespace std;
template<class T>
T result(T *a,int n=0){
    T b=1;
    int i;
    for(i=0;i<n;i++){
        b*=a[i];
    }
    return b;
}
int main(){
    int a[]={2,3,4,5};
    cout<<result(a,sizeof(a)/sizeof(int));
    return 0;
}
```

思考题

1. 编写程序：使用类模板对数组进行排序、查找和求元素和。
2. 设计一个一维数组，无论整型还是其他类型，可以进行相同的操作：插入、删除、查找某一元素、排序等。
3. 用类模板实现将两个升序链表组成一个降序链表。数据元素可以是整型、实型。
4. 用类模板实现栈，其功能有判断栈是否为空、入栈、出栈、读栈顶元素。

第9章 输入流/输出流

学习目标

（1）理解如何使用输入流/输出流。
（2）掌握格式化输入/输出。
（3）掌握如何输入/输出用户自定义类型数据。
（4）掌握文件的顺序/随机处理方式。

数据的输入/输出是最重要的操作，C++的输入/输出由 iostream 库（iostream library）提供支持。它利用多继承和虚拟继承实现了面向对象类层次结构，其机制为内置数据类型的输入/输出提供了支持，同时也支持文件的输入/输出。在此基础上，可以通过扩展 iostream 库，为新类型的数据读/写进行扩展。

9.1 C++流类库简介

C 语言中的 scanf 和 printf 虽然很灵巧高效，但类型不是安全的，而且没有扩展性。scanf/printf 系列函数要求把读/写的变量和控制读/写的格式信息分开。而 C++正是克服了这些缺点，使用 cin/cout 控制输入/输出。

① cin：表示标准输入的 istream 类对象，cin 从终端读入数据。
② cout：表示标准输出的 ostream 类对象，cout 向终端写数据。
③ cerr：表示标准错误输出（非缓冲方式），导出程序错误消息。
④ clog：表示标准错误输出（缓冲方式），导出程序错误消息。

为了在程序中使用 cin/cout，必须在程序中包含 iostream 库的相关头文件，格式为：

#include<iostream>

iostream 类同时从 istream（输入流）类和 ostream（输出流）类派生而来，允许双向输入/输出。输入由重载的>>运算符完成，输出由重载的<<运算符完成，输入/输出格式为：

cin>>变量名；

[例 9-1] 简单 I/O 举例。

```
#include<iostream>
int main(){
    int i;
    float f;
    char s[]="Hello!";
    cout<<"input integer i=";
    cin>>i;
    cerr << "test for cerr" << endl;        //测试 cerr
    clog << "test for clog" << endl;        //测试 clog
    cout<<"input float f=";
    cin>>f;
    cout<<"i="<<i<<endl;                    //endl 表示换行
    cout<<"f="<<f<<endl;
    cout<<"s="<<s<<endl;
    return 0;
}
```

· 173 ·

除了用户终端的输入/输出，C++还提供了文件的输入/输出类：

① ifstream：从 istream 派生而来，把文件绑定到程序上输入。
② ofstream：从 ostream 派生而来，把文件绑定到程序上输出。
③ fstream：从 iostream 派生而来，把文件绑定到程序上输入/输出。

使用 iostream 库的文件流，必须包含相关的头文件：

```
#include    <fstream>
```

[例 9-2] 文件读/写举例。

```
#include <fstream>
#include <string>
#include <iostream>
using namespace std;
int main()
{
    string srsfname("srsfile.txt");              //定义源文件
    ifstream srsfile(srsfname.c_str());          //定义打开源文件流类
    if(!srsfile){                                //如果失败，则输出错误信息
        cerr<<"error:unable to open the infile:"<<srsfname<<endl;
        return -1;
    }
    string purfname("purfile.txt");              //定义目标文件
    ofstream purfile(purfname.c_str());          //定义打开目标文件流类
    if(!purfile){                                //如果失败，则输出错误信息
        cerr<<"error:unable to open the infile:"<<srsfname<<endl;
        return -1;
    }
    string buf;                                  //定义中转缓冲
    while(srsfile>>buf){                         //当有数据时
        purfile<<buf;                            //输入目标文件
    }
    return 0;
}
```

常用的流类库层次结构如图9-1所示。

图 9-1 常用的流类库层次结构

ios 类作为流类库的基类，主要派生了 istream、ostream 类，由这两个类又派生了很多使用的流类，除 ifstream 类、ofstream 类、iostream 类外，还有 strstream（输入/输出串流类）、istrstream（输入串流类）、ostrstream（输出串流类）等。下面将对这些流类的作用及用法分别进行介绍。

9.2 输入流/输出流格式

9.2.1 基本输出流

C++的 ostream 提供了丰富的格式化和无格式化的输出功能：用流插入运算符输出标准数据类型；put 库成员函数输出字符；以八进制、十进制、十六进制数的形式输出数据；以各种精确方式输出浮点型数据；以科学记数法定点输出数据；以指定宽度输出数据；在区域内用指定字符填充等。

流输出可以用流插入运算符，即重载的<<（左移位）运算符来完成。<<运算符左边的操作数是 istream 类的一个对象（如 cout），右边可以是 C++的合法表达式。

[例 9-3] 用插入运算符实现流输出。
```
using namespace std;
int main()
{
    cout<<"hello! C++\n";           //\n 表示换行
    cout<<"hello! C++"<<endl;       //endl 表示换行，与上行效果一样
    return 0;
}
```
程序运行结果为：
```
hello! C++
hello! C++
```

输出运算符可以接收任何内置数据类型的实参，包括 const char*，以及标准库 string 和 complex 类型。任何表达式包括函数调用都可以是输出运算符的实参，只要其计算结果是一个能被输出运算符实例接收的数据类型即可。

[例 9-4] 函数调用作为输出运算符的实参。
```
using namespace std;
int main()
{
    cout<<"hello! C++!";
    cout<<strlen("hello!C++!");
    cout<<endl;
    return 0;
}
```
程序运行结果为：
```
hello! C++!10
```
说明：也可以把上面 3 行代码合成 1 行来执行：
```
cout<<"hello! C++!"<<strlen("hello!C++!")<<endl;
```
这种级联的形式在 C++中是允许的，因为重载的<<运算符返回对它左边操作数对象的引用（cout）。语句执行效果如下：
```
((((cout<<"hello! C++!")<<strlen("hello!C++!"))<<endl);
```
所以最内层圆括号内的表达式 cout<<"hello! C++!"输出特定的字符串，并返回对 cout 的引用。这使得第 2 层圆括号内的表达式（cout<<strlen("hello! C++!")）输出 10 后，并返回对 cout 的引用。最外层括号内的表达式 cout<<endl 输出换行，刷新 cout，并返回对 cout 的引用，但是没有使用最后的返回。

C++还提供了指针预定义输出运算符，允许输出项为显示对象的地址。在默认情况下，地址以十六进制数的形式显示。

[例 9-5] 简单输出实例 1。
```
#include <iostream>
using namespace std;
int main()
{
    int i=10;
    int *p=&i;
    cout<<"i: "<<i<<"    &i:"<<&i<<endl;
    cout<<"*p:"<<*p<<"    p:"<<p<<"    &p:"<<&p<<endl;
```

· 175 ·

```
                return 0;
        }
程序运行结果为:
        i: 10       &i:0012FF60
        *p:10    p:0012FF60    &p:0012FF54
```
在输出时需要注意<<运算符优先级问题,例如,求两者中的最大值问题。

[例 9-6] 简单输出实例 2。
```
#include <iostream>
using namespace std;
int main()
{
        int i=10,j=20;
        cout<<"the max is ";
        cout<<(i>j)?i:j;
        return 0;
}
```
程序运行结果为:
        the max is 0

说明:问题在于输入运算符的优先级高于条件运算符,所以输出 i 和 j 比较结果的 bool 值,即表达式被解析为:
        (cout<<(i>j))?i:j;
因为 i<j,所以结果为 false,输出结果为 0。为了得到正确结果整个表达式必须放在括号中:
        cout<<((i>j)?i:j);
由此得到正确结果:
        the max is 20

9.2.2 基本输入流

对应于输出,C++提供了实用的输入功能。类似于输出流中的流插入运算符,输入中引入了流读取运算符,也称提取运算符。

流输入可以用流读取运算符,即重载的>>(右移位)运算符来完成。类似于<<运算符,流读取运算符是双目运算符,左边的操作数是 istream 类的一个对象(如 cin),右边的操作数是系统定义的任何数据类型的变量,例如:
        int i;
        cin>>i;
从键盘输入的数据可自动转换为 i 的类型,存储到变量 i 中。

注意:① >>运算符也支持级联输入。在默认情况下,>>运算符会跳过空格,读入后面与变量类型相应的值。因此,给一组变量输入值时,要用空格或换行符将输入的数值间隔开,例如:
        int i;
        float f;
        cin>>i>>f;
当从键盘输入
        10 12.34
时,数值 10 和 12.34 会分别存储到变量 i 和 f 内。

② 当输入字符串(char* 类型)时,>>运算符会跳过空格,读入后面的非空格符,直到遇到另外一个空格才结束,并在字符串末尾自动放置字符'\0'作为结束标志,例如:

```
char s[20];
cin>>s;
```
当输入

  Hello! world!

时，存储在字符串 s 中的值为"Hello!"，而没有后面的"world!"。

  ③ 输入数据时，不仅检查数据间的空格，还要进行类型检查、自动匹配，例如：
```
int i;
float f;
cin>>i>>f;
```
  如果输入

    12.34 34.56

则存储在 i、f 内的数值为 12 和 0.34，而不是 12.34 和 34.56。

9.2.3 格式化输入/输出

  在很多情况下，用户希望自己控制输出格式。C++提供了两种格式控制方法：用 ios 类成员函数控制格式和用操纵符控制格式。

1．ios 类成员函数控制格式

  在 ios 类中，格式控制函数主要是通过对状态标志字、域宽、填充字及其精度来完成的。输入/输出格式由一个 long int 型的状态标志字确定。在 ios 类的 public 部分进行了枚举，见表 9-1。

表 9-1 状态标志字

状态标志	作用
skipws	跳过输入中的空白
left	左对齐格式输出
right	右对齐格式输出
internal	在符号位和数值之间填入字符
dec	十进制数显示
oct	八进制数显示
hex	十六进制数显示
showbase	产生前缀，指示数值的进制基数
showpoint	总是显示小数
uppercase	十六进制数显示 0X，科学记数法显示 E
showpos	在非负数值中显示"+"
boolalpha	把 true 和 false 表示为字符串
scientific	以科学记数法形式显示浮点数
fixed	以小数形式显示浮点数
unitbuf	输出操作后立即刷新所有流
stdio	输出操作后刷新 stdout 和 stderr

  ① 设置状态标志

  设置状态标志可使用 long ios::setf(long flags)函数，格式为：

    stream_obj.setf(ios::enum_type);

  说明：其中，stream_obj 为被影响的流对象，常用的是 cin 和 cout。enum_type 为表 9-1 中列举的值。例如，语句"cout.setf(ios::dec);"表示以十进制数输出。

要设置多个标志时，彼此间用运算符"|"连接（不能连接相反的格式控制符，如 skipws|noskipws）。例如，语句"cout.setf(ios::dec|ios::scientific);"表示以十进制数、科学记数法输出。

② 清除状态标志

清除状态标志可使用 long ios::unsetf(long flags)，格式为：

  stream_obj.unsetf(ios::enum_type);

使用方法与 ios::setf()相同。

③ 取状态标志

取状态标志用 flags()，在 ios 类中重载了两个版本，格式为：

  long ios::flags();
  long ios::flags(long flag);

前者用于返回当前状态标志字；后者将状态标志字存储在 flag 内。需要注意的是，与 setf()设置状态标志字不同，flags()是取状态标志字的。

下面给出以上三个成员函数的综合应用实例。

[例 9-7] setf/unsetf/flags 的使用。

```cpp
#include <iostream>
using namespace std;
void showflags(long f){            //输出状态标志字函数
    long i;
    for(i=0x8000;i;i=i>>1)         //使用右移位方法
        if(i&f)                    //如果某位不为 0，则输出 1，否则输出 0
            cout<<"1";
        else
            cout<<"0";
    cout<<endl;
}
int main()
{
    long flag;
    flag=cout.flags();
    showflags(flag);
    cout.setf(ios::dec|ios::boolalpha|ios::skipws);
    flag=cout.flags();
    showflags(flag);
    cout.unsetf(ios::skipws);
    flag=cout.flags();
    showflags(flag);
    return 0;
}
```

程序运行结果为：

  0000001000000001
  0100001000100001
  0100001000000000

说明：函数 showflags()的功能是输出状态标志字的二进制值。算法思想是，从最高位到最低位，逐位计算与二进制位为 1 的位（从 0x8000 开始逐个移位循环 16 次到 0x0001），并输出该二进制位的值（只有二进制位为 1 时，结果才为 1，否则为 0），由此得到状态标志字各个二进制位的值。

第一行显示的是系统默认状态下的状态标志字，skipws 和 unitbuf 被设定（查相应的标志数值

表得到)。第二行显示的是默认状态下的、追加了 ios::dec|ios::boolalpha|ios::skipws 的状态标志字，skipws 是已有标志，没有变化相应的二进制位，而 ios::dec 和 ios::boolalpha 位发生了变化。第三行显示的是去掉 ios::skipws（执行函数 unsetf()后得到）后状态标志字的变化，显然最后一位是控制 ios::skipws 的标志位。

④ 设置域宽

域宽用于控制输出格式，在 ios 类中重载了两个函数来控制域宽，原型为：

int ios::width();
int ios::width(int w);

第一个函数得到当前的域宽；第二个函数用来设置新域宽，并返回原来的域宽。需要注意的是，所设置的域宽仅仅对下一个输出的操作有效，当完成一次输出操作后，域宽又恢复为 0。

⑤ 设置填充字符

填充字符的作用是，当输出值不满域宽时用设定的字符来填充，默认填充的字符为空格。实际应用中填充字符函数与设置域宽函数 width()配合使用，否则无空可填，毫无意义。ios 类提供了两个重载的成员函数来操作填充字符，原型为：

char ios::fill();
char ios::fill(char c);

第一个函数返回当前使用的填充字符；第二个函数设置新的填充字符，并返回设置前的填充字符。

⑥ 设置显示精度

类似地，ios 类也提供了重载的两个函数来控制显示精度，原型为：

int ios::precision();
int ios::precision(int num);

第一个函数返回当前设置精度值；第二个函数设置新的显示精度，并返回设置前的精度。

为便于理解常用的格式控制函数，下面用一个综合实例进行说明。

[例 9-8] 输入/输出综合实例。

```
#include <iostream>
using namespace std;
int main()
{
    int i=123;
    float f=2010.0301;
    const char* const str="hello! every one!";
    cout<<"default width is:"<<cout.width()<<endl;        //默认域宽
    cout<<"default fill is :"<<cout.fill()<<endl;         //默认的填充字符
    cout<<"default precision is:"<<cout.precision()<<endl; //默认精度
    cout<<"i="<<i<<"   f="<<f<<"   str="<<str<<endl;
    cout<<"i=";
    cout.width(12);                                        //设置域宽为 12
    cout.fill('*');                                        //设置填充字符为*
    cout<<i<<endl;
    cout<<"i(hex)=";
    cout.setf(ios::hex,ios::basefield);                    //设置为十六进制数输出

    cout<<i;
    cout<<"   i(oct)=";
    cout.setf(ios::oct,ios::basefield);                    //设置为八进制数输出
    cout<<i<<endl;
    cout<<"f=";
```

```
            cout.width(12);                              //设置域宽为12
            cout.precision（3）;                          //设置精度为3位
            cout<<f<<endl;
            cout<<"f=";
            cout.width(12);                              //设置域宽为12
            cout.setf(ios::fixed,ios::floatfield);        //设置精度：小数位为3位
            cout<<f<<endl;
            cout<<"str=";
            cout.width(20);                              //设置域宽为12
            cout.setf(ios::left);                         //设置左对齐方式
            cout<<str<<endl;
            return 0;
        }
```
程序运行结果为：

default width is:0
default fill is :
default precision is:6
i=123   f=2010.03 str=hello! Every one!
i=*********123
i(hex)=7b   i(oct)=173
f=***2.01e+003
f=****2010.030
str=hello! every one!***

说明：先输出默认的域宽、填充字符和精度，即 0、空格和 6。需要注意的是，这里系统默认保留 6 位整数，2 位小数，如果整数超过 6 位，则自动转为科学记数法形式。

调用域宽函数 width() 设置域宽为 12，只对它后面的第一个输出有影响，当完成后面的第一个输出后，域宽自动置为 0。而调用 precision() 和 fill() 则一直有效，除非重新设置新值。

用域宽为 12，填充字符为*，输出整数 i 的值。

调用 setf(ios::hex, ios::basefield) 设置用十六进制输出 i 的数值，调用 setf(ios::oct, ios::basefield) 设置用八进制输出 i 的数值。

用域宽为 12，精度为 3，输出浮点数 f 的值。而 f 长度超过 3，则转为科学计数形式，整数保留 1 位，小数保留 2 位，即 2.01e+003，空白部分用*填充。

调用 fixed 函数，使小数部分保留 3 位（根据前面设置的 precision(3)），显示结果为：2010.030，空白部分用*填充。

设置域宽为 20，并用左对齐方式输出字符串 str，str 长度不足 20，空白部分用上面设置的*进行填充。

2．操纵符控制格式

通过例9-8发现，使用 ios 类成员函数控制输入/输出格式，必须靠流对象来调用，而且不能直接嵌入输入/输出语句中，使用不够简捷方便。C++提供了另外一种控制格式的方法，称为操纵符（控制符）方法，类似于函数的运算符。使用操纵符方法可以嵌入输入/输出语句中，使用简捷方便。

所有不带参数的操纵符定义在头文件 iostream.h 中，带形参的操纵符定义在头文件 iomanip.h 中，使用操纵符时需要包含相应的头文件。

许多操纵符的功能类似于表 9-1 中的 ios 类成员函数。C++提供的操纵符如表 9-2 所示。

表 9-2　操纵符

标　志	作　用
ws	在输入时跳过开头的空白符，仅用于输入
endl	换行并刷新输出流，仅用于输出
ends	插入一个空字符，仅用于输出
flush	刷新一个输出流，仅用于输出
dec	十进制数显示，可用于输入/输出
oct	八进制数显示，可用于输入/输出
hex	十六进制数显示，可用于输入/输出
showbase	产生前缀，指示数值的进制基数
noshowbase	不产生基数前缀
showpoint	总是显示小数
noshowpoint	只有当小数存在时显示小数
uppercase	十六进制数显示 0X，科学记数法显示 E
nouppercase	十六进制数显示 0x，科学记数法显示 e
showpos	在非负数值中显示+
noshowpos	在非负数值中不显示+
boolalpha	把 true 和 false 表示为字符串
noboolalpha	把 true 和 false 表示为 1 和 0
skipws	在输入时跳过开头的空白符，仅用于输入
noskipws	在输入时不跳过开头的空白符，仅用于输入
internal	将填充字符加到符号和数值中间
scientific	以科学记数法形式显示浮点数
fixed	以小数形式显示浮点数
setfill(ch)	用 ch 填充空白字符
setprecision(n)	将浮点数精度设置为 n
setw(w)	按照 w 个字符来读或写数值
setbase(b)	以进制基数 b 来输出整数值
setiosflags(n)	设置由 n 指定的格式标志
resetiosflags(n)	清除由 n 指定的格式标志

在进行输入/输出时，操纵符被嵌入输入/输出语句中，用来控制格式。对例 9-8 进行改写，观察使用操纵符与成员函数的对比结果。

[例 9-9] 格式控制。

```
#include <iostream>
#include <iomanip>
using namespace std;

int main()
{
    int i=123;
    float f=2010.0301;
```

```cpp
        const char* const str="hello! every one!";
        cout<<"default width is:"<<cout.width()<<endl;
        cout<<"default fill is :"<<cout.fill()<<endl;
        cout<<"default precision is:"<<cout.precision()<<endl;
        cout<<"i="<<i<<"    f="<<f<<"    str="<<str<<endl;
        cout<<"i="<<setw(12)<<setfill('*')<<i<<endl;
        cout<<"i(hex)="<<hex<<i<<"    i(oct)="<<oct<<i<<endl;
        cout<<"f="<<setw(12)<<setprecision（3）<<f<<endl;
        cout<<"f="<<setw(12)<<fixed<<f<<endl;
        cout<<"str="<<setw(20)<<left<<str<<endl;
        return 0;
    }
```

程序运行结果为：

```
default width is:0
default fill is :
default precision is:6
i=123    f=2010.03 str=hello! Every one!
i=*********123
i(hex)=7b    i(oct)=173
f=***2.01e+003
f=****2010.030
str=hello! every one!***
```

运行结果相同，但是程序要简捷方便很多。

3. 用户自定义的操纵符控制格式

在 C++中，除系统提供的预定义操纵符之外，还允许用户定义操纵符，便于控制一些频繁使用的格式操作，使格式控制更加方便。

自定义输出流操纵符算子函数格式为：

ostream &自定义输出操纵符算子函数名(ostream& stream)

{

　　…//自定义代码

　　return stream;

}

自定义输入流操纵符算子函数格式为：

istream &自定义输出操纵符算子函数名(istream& stream)

{

　　…//自定义代码

　　return stream;

}

[例 9-10] 自定义输出操作函数。

```cpp
#include <iostream>
#include <iomanip>
using namespace std;
ostream &myoutput(ostream& stream){
    stream<<setw(10)<<setfill('#')<<left;
    return stream;
}
int main()
{
    int i=123;
```

```
                cout<<i<<endl;
                cout<<myoutput<<i<<endl;
                return 0;
            }
```
程序运行结果为：
    123
    123#######

说明：自定义操纵符函数myoutput()的功能是，设置域宽为10，填充字符为#，并采用左对齐形式。函数参数为引用方式，cout 的返回值为引用方式且可以多级输出，所以在 main()中只写 myoutput 即可。可以看到，调用自定义的操纵符算子函数与调用系统的操纵符算子函数完全一样。

[例 9-11] 自定义输入操作函数。

```
#include <iostream>
#include <iomanip>
using namespace std;
istream &myinput(istream& stream){
    cout<<"please input a hex integer:";
    stream>>hex;
    return stream;
}
int main()
{
    int i;
    cin>>myinput>>i;
    cout<<"i(dec)="<<i<<"    i(hex)="<<hex<<i<<endl;
    return 0;
}
```
程序运行结果为：
    please input a hex integer: 12cd
    i(dec)=4813   i(hex)=12cd

说明：运行程序显示提示信息"please input a hex integer:"，当输入12cd后，分别显示i的十进制值和十六进制值。

9.2.4 其他输入/输出函数

正如在C语言中遇到的问题一样，输入字符串时，仅靠cin只能得到不包含空格的字符串。针对此类问题，C++还提供了几个用于输入/输出的函数。

1．get()和put()

get(char& ch)从输入流中提取一个字符，包括空白字符，并把它存储在ch中，返回被应用的istream对象。此函数在类istream里。

对应于get()，类ostream提供了put(char ch)，用于输出字符。

get()的重载版本：
    get(char *str, streamsize size, char delimiter='\n');
其中str代表一个字符数组，用来存放被读取的字符。size代表可以从istream中读入字符的最大数目。delimiter表示如果遇到它就结束读取字符的动作，delimiter本身不会被读入，而是留在istream中，作为istream的下一个字符。一个常见的错误是，执行第二个get()时省略delimiter。例9-12借助istream的成员函数ignore()来去掉delimiter。在默认情况下，delimiter为换行符。

[例 9-12]　get()和 put()的应用实例。
```
#include <iostream>
using namespace std;
int main()
{
    const int str_len=100;
    char str[str_len];
    //当读入的数据不为空时循环下一次，每次最多读入 str_len 个
    while(cin.get(str,str_len)){
        int count=cin.gcount();        //当前实际读入多少个字符
        cout<<"the number is:"<<count<<endl;
        if(count<str_len)
            cin.ignore();              //在下一行之前去掉换行符
    }
    return 0;
}
```
程序运行结果为：
hello! world!
the number is :13
welcome C++
the number is :11
goodbye!
the number is:8
（直接输入换行，结束）

说明：当输入"hello! world!"后，通过 gcount()得到字符串含有字符的个数，得到字符串长度为 13（包含中间的一个空格）；输入"welcome C++"后，字符串长度为 11；输入"goodbye!"后，字符串长度为 8；最后直接输入换行，程序结束。

2. getline()

使用 get()输入字符串时，经常忘记去掉 delimiter，所以引入函数 getline()，其原型与 get()的重载版本相同：

getline(char *str, streamsize size, char delimiter='\n');

使用 getline()比 get()方便，它除去了 delimiter，而不是将其留作下一个字符。

3. write()和 read()

ostream 类成员函数 write()提供一种输出字符数组的方法。它不是输出"直到终止字符为止"，而是输出某个长度的字符序列，包括空字符。函数原型如下：

write(char *str, streamsize length);

其中 str 是要输出的字符数组，length 是要显示的字符个数。write()返回当前被调用的 ostream 类对象。

与 ostream 类的 write()对应的是 istream 类的 read()，原型如下：

read(char* str, streamsize size);

read()从输入流中读取 size 个连续的字符，并将其放在地址从 str 开始的内存中。gcount()返回由最后一个 read()调用所读取的字节数，而 read()返回当前被调用的 istream 类对象。

例 9-13 为 getline()、write()、gcount()的综合示例。

[例 9-13]　输入/输出函数的综合实例。
```
#include <iostream>
using namespace std;
int main()
```

```
        {
            const int str_len=100;
            char str[str_len];
            int    iline=0;                    //行数
            int    max=-1;                     //最长行的长度
            while(iline<3){
                cin.getline(str,str_len);      //每次最多读入 str_len 个
                int num=cin.gcount();          //当前实际读入多少个字符
                iline++;                       //统计行数，最长行
                if(num>max)
                    max=num;
                cout<<"Line#"<<iline<<"\t chars read:"<<num<<endl;
                cout.write(str,num).put('\n').put('\n');
            }
            cout<<"Total lines:"<<iline<<endl;
            cout<<"The longest line:"<<max<<endl;
            return 0;
        }
```

程序运行结果为：
```
Hello! world!
Line#1    chars read:14
Hello! world!

Welcome C++
Line#2    chars read:16
Welcome C++

Goodbye!
Line#3    chars read:9
Goodbye!
Total lines:3
The longest line:16
```

说明：分别输入 Hello! world!、Welcome C++和 Goodbye!后，程序统计了行数和最长行的字符数，其中应注意的是 cout.write().put().put()级联输出形式，因为 cout 对象每次返回的是 cout 的引用。

9.3 用户自定义类型的输入/输出

当实现一个类的类型时，有时希望这个类支持输入和输出的操作，以便可以将类对象嵌入输入或输出流中。

前面介绍了 C++系统预定义数据类型的输入/输出。对于用户定义的数据类型的输入/输出，可以通过重载>>运算符和<<运算符实现。

9.3.1 重载输出运算符

输出运算符<<，又称流插入运算符。定义其重载函数的格式为：
```
ostream &operator<<(ostream &out, class_name& obj)
{
    out<<obj.data1;
    out<<obj.data2;
    …
    out<<obj.datan;
```

```
        return out;
    }
```

函数中第一个参数 out 是对 ostream 对象的引用，即 out 必须是输出流对象；第二个参数是用户自定义要输出的类对象的引用；data1, data2, …, datan 是类内要输出的数据成员。

<<运算符不能作为类的成员函数，只能作为友元函数（要访问类的私有成员）来实现。

[例 9-14] <<运算符重载。

```cpp
#include <iostream>
#include <string>

using namespace std;
class Word{
    char* word;
    size_t  iNum;                       //存储的字符个数
public:
    Word(const char* const str=NULL);
    virtual ~Word(){
        if(word)                        //清除指针
            delete []word;
    }
    friend ostream& operator<<(ostream& out,Word& sword);
};
Word::Word(const char* const str){
    if(str!=NULL){
        iNum=strlen(str);
        word=new char[iNum+1];          //申请空间，注意为结束符'\0'申请空间
        strcpy_s(word,str);
    }
}
ostream& operator<<(ostream& out,Word& sword){
    out<<"<"<<sword.iNum<<">"<<sword.word<<endl;
    return out;
}
int main()
{
    Word word("hello");
    cout<<word;
    return 0;
}
```

程序运行结果为：

  <5>hello

程序为类 Word 重载<<运算符，可以通过 cout 简单地输出类 Word 对象的内容，即字符串和字符串长度。在类 Word 的构造函数中，为类成员 Word 申请空间（包含字符串结束标志'\0'）；在析构函数中，相应地释放成员 word 的空间。

注意：重载函数 operator<<()的第二个参数为引用形式，当然也可以转为普通形式，但是引用减少了调用开销。

9.3.2 重载输入运算符

输入运算符>>，又称流提取运算符。定义其重载函数的格式为：

```
istream &operator>>(istream &in, class_name& obj)
{
    in>>obj.data1;
    in>>obj.data2;
    …
    in>>obj.datan;
    return out;
}
```

函数中第一个参数 in 是对 istream 对象的引用,即 in 必须是输入流对象;第二个参数是用户自定义要输入的类对象的引用;data1, data2, …, datan 是类内要输入的数据成员。

与<<运算符类似,>>运算符也不能作为类的成员函数,只能作为类的友元函数或独立函数。

[例 9-15] >>运算符重载。

```cpp
#include <iostream>
#include <string>
using namespace std;
class Word{
    char* word;
    size_t  iNum;
public:
    Word(const char* const str=NULL);
    virtual ~Word()    {
        if(word)
            delete []word;
    }
    friend ostream& operator<<(ostream& out,const Word& sword);
    friend istream& operator>>(istream& in,Word& sword);
};
Word::Word(const char* const str){
    if(str!=NULL){
        iNum=strlen(str);
        word=new char[iNum+1];
        strcpy_s(word,str);
    }
}
ostream& operator<<(ostream& out,const Word& sword){
    out<<"<"<<sword.iNum<<">"<<sword.word<<endl;
    return out;
}
istream& operator>>(istream& in,Word& sword){
    char str[100];
    in.getline(str,100);
     if(in.gcount()>0){
        delete []sword.word;
        sword.iNum=strlen(str);
        sword.word=new char[sword.iNum+1];
        strcpy_s(sword.word,str);
    }
    return in;
}
int main()
{
```

```
            Word word("hello");
            cout<<word;
            cin>>word;
            cout<<word;
            return 0;
    }
```
程序运行结果为：
```
<5>hello
Welcome to C++
<14>Welcome to C++
```
说明：运行程序，输入 Welcome to C++，会得到输出<14> Welcome to C++，即字符串长度和字符串本身。在重载函数 operator>>()内，对 Word 类的成员 word 释放原来的空间，并为新输入的内容申请空间。

重载函数 operator>>()的第二个参数必须为引用形式，且不能为常引用形式，因为要对参数进行修改（输入内容）。

9.4 文件输入/输出

变量中的数据是临时保存在内存中的。文件数据保存在磁盘、光盘等外存储器上，用于永久保存大量的数据。本节讨论怎样用 C++程序建立、更新和处理数据文件，包括顺序访问文件和随机访问文件。

根据数据的组织形式，文件分为文本文件和二进制文件。文本文件的每个字节存放一个 ASCII 代码，代表一个字符；二进制文件把内存中的数据，按照其在内存中的存储形式原样写到磁盘上存放。

C++把每个文件都看成一个有序的字节流（字符流或二进制流）。每个文件不是以文件结束符结束，就是以在系统维护和管理的数据结构中特定的字符结束。文件打开时，就会创建一个对象，将这个对象和某个流关联起来。C++中，要进行文件的输入/输出，必须先创建一个流与文件关联，才能进行读/写操作。

C++进行文件处理时，需要包含头文件<iostream>和<fstream>。<fstream>头文件包括流类 ifstream（从文件输入）、ofstream（向文件输出）和 fstream（从文件输入/输出）的定义。这三个流分别从 istream、ostream 和 iostream 类继承而来。

9.4.1 顺序访问文件

C++把文件视作无结构的字节流，所以记录等说法在 C++中不存在。要正确地进行文件的输入/输出，需要遵循以下步骤。

1. 定义相关的流对象

包含头文件<fstream>、建立流和定义流对象。例如：
```
    ifstream in;           //输入文件流
    ofstream out;          //输出文件流
    fstream inout;         //输入/输出文件流
```
2. 文件的打开

打开文件有两种方式。

① 使用 open()打开

open()是 ifstream、ofstream 和 fstream 类的成员函数，原型定义如下：
```
    void open(const unsigned char* , int mode, int access=filebuf::openprot);
```

其中，第一个参数用来传递文件名称；第二个参数 mode 决定文件的打开方式，取值见表 9-3。

表 9-3 文件的打开方式

打 开 方 式	描 述
ios::app	将输出写入文件末尾
ios::ate	打开文件，并将文件指针移到文件末尾
ios::in	打开文件进行输入
ios::out	打开文件进行输出
ios::nocreate	若文件不存在，则 open()失败
ios::noreplace	若文件存在，则 open()失败
ios::trunc	删除文件中现有数据（覆盖同名文件）
ios::binary	以二进制方式打开，进行输入/输出（默认方式为文本方式）

例如：

```
ofstream out;
out.open("test.tt", ios::out);
```

表示用输出流对象 out 打开一个"test.tt"文件。

当一个文件需要多种方式打开时，可以用"或"运算符（"|"）把几种方式连接在一起。例如，打开一个能用于输入/输出的二进制文件：

```
fstream inout;
inout.open("test.tt",ios::in | ios::out | ios::binary);
```

打开文件后要判断是否打开成功：

```
if(inout.is_open()){    //如果打开成功，则进行读/写操作
    ...
}
```

② 使用流类构造函数打开

虽然完全可以用 open()打开文件，但是类 ifstream、ofstream 和 fstream 中的构造函数都有自动打开文件功能，这些构造函数的参数及默认值与 open()完全相同。因此，打开文件的最常见形式简化为：

文件输入/输出流类　流对象名("文件名称");

例如：

```
ofstream out("test.tt");
```

使用构造函数打开文件后，直接使用流对象判断是否打开成功：

```
if(!out){
    cout<<"文件打开失败!"<<endl;
//错误处理代码
}
```

3．文件的读/写

文件一旦打开，从文件中读取数据或向文件中写入数据将变得十分容易，只需要使用运算符">>"和"<<"就可以，只是必须用与文件相连接的流对象代替 cin 和 cout。例如：

```
ofstream out("test.tt");          //定义输出流对象 out，打开文件 test.tt
if(out){                          //如果打开成功
    out<<10<<"hello!\n";          //把数字 10 和字符串 hello!\n 写入文件 test.tt
    out.close();                  //关闭文件
}
```

4. 文件的关闭

使用完文件后，应该把它关闭，即把打开的文件与流分开。对应于 open() 使用 close() 关闭文件。在流对象的析构函数中，也具有自动关闭功能。

掌握文件的输入/输出步骤后，下面分别给出对文本文件和二进制文件的读/写操作实例。

（1）文本文件读/写

文件的打开方式默认为文本方式，例 9-16 给出一个简单的文本文件的读/写操作。

[例 9-16] 文件读/写。

```
#include <iostream>
#include <fstream>
using namespace std;
int main()
{
    char str[20]="Welcome to C++!";
    int  i=1234;
    ofstream out("test.tt");        //打开输出文件流
    if(out){                        //如果打开成功
        out<<str<<i;                //向文件输入信息
        out.close();                //关闭
    }
    ifstream in("test.tt");         //打开输入文件流
    if(in){                         //如果打开成功
        in>>str;                    //从文件读取信息
        in>>i;
        cout<<str<<endl;            //显示
        cout<<i<<endl;
        in.close();
    }
    return 0;
}
```

程序运行结果为：

Welcome to C++!
1234

（2）二进制文件读/写

文本文件中存放的是字符，而二进制文件中存放的是二进制位。对二进制文件进行读/写有两种方式：① 使用 get() 和 put()；② 使用 read() 和 write()。当然，这 4 个函数也可用于文本文件的读/写。

① get() 和 put() 原型如下：

istream& get(unsigned char& ch);
ostream& put(char ch);

get() 是类 istream 的成员函数，其功能是从文件流中只读一个字节，并把值放在 ch 中。put() 是类 ostream 的成员函数，其功能是向文件流中写入一个字节 ch。当读文件过程中遇到结束符时，与之相连的文件流值变为 0，所以可以据此判断文件是否结束。

[例 9-17] 二进制文件读/写实例。

```
#include <iostream>
#include <fstream>
using namespace std;
void myread(const char* fname){
    ifstream file_read(fname,ios::binary);
```

```
            char c;
            if(file_read){
                while(file_read.get(c))        //文件没有结束时读入
                    cout<<c;                   //输出到屏幕
            }
        }
        void mywrite(const char* fname){
            ofstream file_write(fname,ios::binary);

            char c='A';
            if(file_write){
                for(int i=0;i<26;i++)
                    file_write.put(c+i);
            }
        }
        int main()
        {
            char fname[20]="word.file";
            mywrite(fname);
            myread(fname);
            return 0;
        }
```
程序运行结果为：
ABCDEFGHIJKLMNOPQRSTUVWXYZ

程序的功能是，先向文件 word.file 中写入 26 个英文大写字母，然后调用读函数，从文件中读出并显示出来。

② read()和 write()原型如下：
    istream& read(unsigned char* buf, int num);
    ostream& write(const unsigned char* buf, int num);

有时需要读/写一组数据到文件，read()是类 istream 的成员函数，它从相应的流中读取 num 个字节（字符）放在 buf 所指的缓冲区中。write()是 ostream 的成员函数，它从 buf 所指的缓冲区中向相应的流写入 num 个字节（字符）。例如：
    int   iList[]={10,20,30,40};
    write((unsigned char*)&iList, sizeof(iList));
定义了一个整型数组 iList，为了写入它的全部数据，必须在函数 write()中指定其首地址&iList，并转换为 unsigned char*类型，由 sizeof()指定要写入的字节数。

对例 9-17 进行修改，用 read()和 write()实现文件的输入/输出。

[例 9-18] 一组数据的文件读/写实例。
```
        #include <iostream>
        #include <fstream>
        using namespace std;
        void myread(const char* fname){
            ifstream file_read(fname,ios::binary);
            char c[30];
            if(file_read){
                file_read.read(c,26*sizeof(char));
                c[26]='\0';
                cout<<c<<endl;
            }
```

```cpp
    }
    void mywrite(const char* fname){
        char c[30];
        for(int i=0;i<26;i++)
            c[i]='A'+i;
        ofstream file_write(fname,ios::binary);
        if(file_write)
            file_write.write(c,26*sizeof(char));
    }
    int main()
    {
        char fname[20]="word.file";
        mywrite(fname);
        myread(fname);
        return 0;
    }
```
程序运行结果为：
ABCDEFGHIJKLMNOPQRSTUVWXYZ
运行结果与例 9-17 相同。

9.4.2 随机访问文件

前面介绍的是顺序访问文件，顺序访问文件不适合快速访问的应用程序。为了增加程序的灵活性和快捷性，可立即找到特定的记录信息，C++提供了随机移动文件访问指针的函数，可以移动输入/输出流中的文件指针，从而对文件数据进行随机读/写。

C++支持的文件流中，通过文件指针方式从相应的文件位置进行读/写。其中 get()指针用于指出下一次输入操作的位置；put()指针用于指出下一次输出操作的位置。每当发生一次读/写操作时，相应的 get()指针或 put()指针就会自动连续地增加。另外，也可以使用 seekg()和 seekp() 迅速定位，找到指定的位置访问文件。函数原型如下：

ostream& seekp(streamoff off, ios::seek_dir dir);
istream& seekg(streamoff off, ios::seek_dir dir);

其中 seekp()用于输出文件，将相应的文件指针 get 从 dir 的位置移动 off 个字节； seekg()用于输入文件，将相应的文件指针 put 从 dir 的位置移动 off 个字节。

类型 streamoff 相当于 long 类型，定义文件指针要偏移的位置范围。参数 dir 表示文件指针的起始位置，off 表示相对于这个位置移动的位偏移量。dir 取值如下。

ios::beg：指从文件头开始，此时 off 取值为正。
ios::cur：指从文件当前位置开始，此时 off 取值为负。
ios::end：指从文件末尾开始，此时 off 取值既可为正也可为负。

[例 9-19] 随机访问文件实例。

```cpp
#include <iostream>
#include <fstream>
using namespace std;
void myread(const char* fname){
    ifstream file_read(fname,ios::binary);
    char c[10];
    if(file_read){
        file_read.seekg(1,ios::beg);      //从开始位置移动1位
        file_read.get(c[0]);              //读取1个字符
        file_read.seekg(2,ios::cur);      //从当前位置移动2位
```

```
                file_read.get(&c[1],4*sizeof(char));
                //1 次读取 1 个字符，连续读 4-1 次，最后一个放置'\0'
                cout<<c;
            }
        }
        void mywrite(const char* fname){
            char c[30];
            for(int i=0;i<26;i++)
                c[i]='A'+i;
            ofstream file_write(fname,ios::binary);
            if(file_write)
                file_write.write(c,26*sizeof(char));
        }
        int main(){
            char fname[20]="word.file";
            mywrite(fname);
            myread(fname);
            return 0;
        }
```
程序运行结果为：
BEFG

9.5 应用实例

[例9-20] 班级信息管理系统。

功能：实现学生信息格式化输入、输出，以及对文件的读/写操作。

分析：为后期系统扩展方便，先设计人员信息类 Person，包括姓名、性别和年龄，以及对数据成员的格式化输入/输出、文件读/写等操作；由 Person 类派生出 Student 子类，并增加学号，以及3门课程成绩和平均成绩；设计班级类 MyClass，其中数据成员 strClassName 表示班级的名称，iNum 表示学生实际人数，stuList[NUM]表示最多有 NUM 个学生，每个元素代表一个学生。实现班级信息输入/输出、学生信息的格式化输入/输出、文件读/写等操作。

```
//person.h
#ifndef PERSON_H_
#define PERSON_H_
#include <iostream>
using namespace std;
class Person{                   //定义人类
    char strName[20];           //姓名
    int  iAge;                  //年龄
    char cSex;                  //性别
public:
    Person(const char* cpName=NULL,int age=0,char sex='m');
    virtual void Save(ofstream& out);
    virtual void Read(ifstream& in);
    friend ostream& operator<<(ostream& out, Person& p);
    friend istream& operator>>(istream& in, Person& p);
};
ostream& operator<<(ostream& out, Person& p);
istream& operator>>(istream& in, Person& p);
#endif
```

```cpp
//person.cpp
#include "person.h"
#include<fstream>
#include <iostream>
using namespace std;
Person::Person(const char* cpName,int age,char sex){
    cSex=sex;
    iAge=age;
    strName[0]='\0';
}
void Person::Save(ofstream& out){
    out << strName << cSex << iAge;
}
void Person::Read(ifstream& in){
    in >> strName >> cSex >> iAge;
}
ostream& operator<<(ostream& out, Person& p){
    out.width(20);
    out << p.strName;
    out.width(10);
    out << p.cSex;
    out.width(10);
    out << p.iAge;
    return out;
}
istream& operator>>(istream& in, Person& p){
    cout << "请输入姓名(20 个字符以内):";
    in >> p.strName;
    cout << "请输入性别(m/f):";
    cin >> p.cSex;
    cout << "请输入年龄(整型):";
    cin>> p.iAge;
    return in;
}

//student.h
#ifndef STUDENT_H_
#define STUDENT_H_
#include "person.h"
class Student :public Person {          //学生类
public:
    enum{SNum=3};
private:
    int   iNo;                          //学号
    int fScore[SNum];                   //3 门课程的成绩
    float fAve;                         //平均成绩
    friend class MyClass;
    void Save(ofstream& out);
    void Read(ifstream& in);
public:
```

```cpp
        Student(const char* cpName = NULL, int age = 0,\
            char sex = 'm', int no = 0);
        void CalScore();            //计算平均成绩
        friend ostream& operator<<(ostream& out, Student& s);
        friend istream& operator>>(istream& in, Student& s);
};
ostream& operator<<(ostream& out, Student& s);
istream& operator>>(istream& in, Student& s);
#endif

//student.cpp
#include "student.h"
#include <fstream>
Student::Student(const char* cpName , int age, char sex ,\
int no) :Person(cpName, age, sex), iNo(no){
    fAve = 0.;
    for (int i = 0; i < SNum; i++)
        fScore[i] = 0;
}
void Student::CalScore() {
    float fSum = 0;
    for (int i = 0; i < SNum; i++) {
        fSum += fScore[i];
    }
    fAve = fSum / SNum;
}
void Student::Save(ofstream& out){
    out << iNo;
    Person::Save(out);
    out << fScore[0] << fScore[1] << fScore[2] << fAve << endl;
}
void Student::Read(ifstream& in){
    in >> iNo;
    Person::Read(in);
    in>> fScore[0] >>fScore[1]>> fScore[2] >> fAve;
}
ostream& operator<<(ostream& out, Student& s){
    out.width(10);
    out << s.iNo;
    out << (Person&)s;
    for (int i = 0; i <s.SNum; i++){
        out.width(10);
        out << s.fScore[i];
    }
    out.width(10);
    out << s.fAve;
    return out;
}
istream& operator>>(istream& in, Student& s){
    cout << "请输入学号(整型):";
    in >> s.iNo;
```

```cpp
        in >> (Person&)s;
        for (int i = 0; i < s.SNum; i++)        {
            cout << "请输入成绩" << i + 1<<":";
            in>>s.fScore[i];
        }
        s.CalScore();
        return in;
}

//myclass.h
#ifndef MYCLASS_H_
#define MYCLASS_H_
#include "person.h"
#include "student.h"
class MyClass{
    enum{NUM=30};
    Student stuList[NUM];       //学生列表
    int     iNum;               //人数
    char    strClassName[20];   //班级名称
public:
    MyClass(){
        iNum=0;
        strClassName[0] = '\0';
    }
    void OuptClass();
    void SetClassName(const char* sName);
    void InputStudentList();
    void Save();
    void Read();
};
#endif

//myclass.cpp
#include "myclass.h"
#include <iostream>
#include<fstream>
void MyClass::OuptClass(){
    if (strlen(strClassName) > 0){
        cout << "班级名称:" << strClassName << "人数:" << NUM << endl;
        cout.width(10);
        cout << "学号";
        cout.width(20);
        cout << "姓名";
        cout.width(10);
        cout << "性别";
        cout.width(10);
        cout << "年龄";
        for (int i = 0; i < Student::SNum; i++){
            cout.width(10);
            cout << "成绩" << i;
        }
```

```cpp
            cout.width(10);
            cout << "平均成绩" << endl;
            for (int i = 0; i < iNum; i++){
                cout<<stuList[i]<< endl;
            }
        }
    }
    void MyClass::SetClassName(const char* sName){
        strncpy_s(strClassName, sName,20);
    }
    void MyClass::InputStudentList(){
        cout << "请输入班级人数:";
        cin >> iNum;
        for (int i = 0; i < iNum; i++)    {
            cout << "请输入第" << i + 1 << "个学生信息" << endl;
            cin >> stuList[i];
            if (i == NUM - 1)
                break;
        }
    }
    void MyClass::Save(){
        if (strlen(strClassName) > 0){
            ofstream out("myclass.txt");
            if (out)    {
                out << strClassName << endl;
                out << iNum << endl;
                for (int i = 0; i < iNum; i++){
                    out << stuList[i] << endl;
                }
            }
        }
    }
    void MyClass::Read(){
        ifstream in("myclass.txt");
        if (in){
            in >>strClassName;
            in >> iNum;
            for (int i = 0; i < iNum; i++){
                stuList[i].Read(in);
            }
        }
    }

    //9.20.cpp
    #include "myclass.h"
    #include <iostream>
    using namespace std;
    int main()
    {
        char str[30];
        MyClass myclass;
```

```
            cout << "请输入班级名称(20 字符以内):";
            cin>> str;
            myclass.SetClassName(str);
            myclass.InputStudentList();
            myclass.Save();
            myclass.Read();
            myclass.OuptClass();
            return 0;
        }
```

小结

为了使用户方便地进行输入/输出操作，特别是为了使面向对象程序设计中用户自定义类型数据的输入/输出简单方便，C++提供了丰富的输入/输出系统。

C++中常用的 4 个标准输入/输出流为 cin、cout、cerr 和 clog。用于基本数据类型的操作。

重载的<<运算符和>>运算符为用户自定义数据类型的输入/输出提供了方便，在此基础上，C++提供了丰富的格式化数据处理方式。

在文件处理中，分为文本文件流和二进制文件流两种，C++提供了相应的 istream 类和 ostream 类，并提供顺序访问和随机访问两种机制，使文件的访问更灵活。

习题 9

1. 大多数 C++程序包含_____头文件，它包含了所有输入/输出操作所需要的信息。
2. 成员函数_____和_____被用来设置和恢复格式状态标志字。
3. 要格式化流操作符，必须包含头文件_____。流插入运算符是_____，流提取运算符是_____。
4. C++中数据文件类型分为（　　）。
   A．文本文件和顺序文件　　　　B．顺序文件和随机文件
   C．文本文件和二进制文件　　　D．数据文件和文本文件
5. （　　）是标准输入流。
   A．cin　　　　B．cout　　　　C．cerr　　　　D．clog
6. 关于流提取和流插入运算符，下列说法不正确的是（　　）。
   A．可以重载为类的成员函数
   B．应该重载为类的友元函数
   C．流提取运算符从输入字符序列中提取数据
   D．流插入运算符把输出数据插入输出字符序列中
7. 选择下面程序的运行结果（　　）。
```
#include<iostream.h>
void main()
{
    int   i=100;
    cout.setf(ios::hex);
    cout<<i<<"\t";
    cout<<i<<"\t";
    cout.setf(ios::dec);
    cout<<i<<endl;
}
```

A. 64　　　100　　　64　　　　B. 64　　　64　　　64
C. 64　　　64　　　100　　　　D. 64　　　100　　　100

8. 判断正误，如果不正确，请说明原因。
① 带有 long 型参数的流成员函数 flags()用于根据参数设置标志状态，并返回原来的设置。
② 流插入运算符<<和流读取运算符>>被重载以处理所有的标准数据，包括字符、内存地址（仅对流插入）和全部用户自定义类型。

9. 下面程序运行后，数据文件 data.dat 保存的结果是（　　　　）。
```
#include <iostream>
#include <fstream>
using namespace std;
int main()
{
    ofstream outf("data.dat");
    int i;
    for(i=1;i<10;i++){
        if(i%2==0)
            cout<<i<<endl;
        else
            outf<<i<<"\t";
    }
    outf.close();
    return 0;
}
```

10. 分析程序，写出运行结果。
```
#include <iostream>
#include <fstream>
using namespace std;
int main()
{
    ofstream outf("data.dat");
    char p[]="I am a student";
    outf<<p;
    outf.close();
    ifstream inf("data.dat");
    inf>>p;
    cout<<p<<endl;
    return 0;
}
```

11. 分析下面程序，写出运行结果。
```
#include <iostream>
#include <fstream>
using namespace std;
int main()
{
    ofstream outf("data.dat");
    int i;
    for(i=0;i<10;i++){
        outf<<i;
        if(i%3==0)
```

```
                outf<<endl;
        }
        outf.close();
        ifstream inf("data.dat");
        while(!inf.eof()){
                inf>>i;
                cout<<i<<"   ";

        }
        inf.close();
        return 0;
}
```

12. 编写程序：实现从键盘录入单词，并统计单词个数，把单词及单词数目保存到文件中。

思考题

如何不通过查状态标志字表得到 ios 库中控制状态标志字的相应二进制位的状态值？例如，控制状态 ios::scientific 的相应二进制位是哪位，值是多少？分别求出其他相应的状态值。

第 10 章　异 常 处 理

学习目标

（1）用 try、throw 和 catch 分别监视、指定和处理异常。
（2）处理未捕获和未预料的异常。
（3）理解标准异常层次结构。

C++具有强大的扩展能力，同时也大大增加了产生错误的可能性。大多数人在实际设计中往往忽略异常处理。

处理异常的方法多种多样。错误处理代码分布在整个系统代码中，在任何可能出错的地方都进行异常处理，阅读代码时可以直接看到异常处理的情况，但是引起的代码臃肿将不可避免地使程序产生阅读困难。

本章将介绍如何帮助读者编写出清晰、健全、具有容错性的程序。

10.1 异常处理概述

通常，在代码运行过程中遇到错误时，传统的误处理技术是返回退出码或者终止程序等。这样处理的结果是，只知道有错误，但是不清楚是何种错误。因此，需要使用异常把错误与错误处理分开，并由库函数抛出异常，调用者捕获到异常后，就可以知道程序函数库调用出现的错误，并做处理。

异常处理指让一个函数在发现自己无法处理错误时抛出一个异常，并由其调用者可以直接或间接处理这个错误。C++的异常处理是一种允许两个独立开发的程序组件在程序执行期间遇到程序不正常执行的情况（异常）时相互通信的机制，其具有以下特点。

① 异常处理程序的编写不再烦琐。在错误有可能出现处写一些代码，并在后面的单独节中加入异常处理程序。如果程序中多次调用一个函数时，则在程序中加入一个函数异常处理程序即可。

② 异常发生不会被忽略。如果被调用函数需要发送一条异常处理信息给调用函数，就可向调用函数发送一个描述异常处理信息的对象。如果调用函数没有捕捉和处理该错误信号，在后续时刻该调用函数将继续发送描述异常信息的对象，直到异常信息被捕捉和处理为止。

异常处理被用来处理同步错误，如除数为 0、数组下标越界、运算溢出和无效函数参数等。异常处理通常用于发现错误的部分与处理错误的部分不在同一位置（不同范围）时。与用户进行交互式对话的程序不能用异常处理来处理输入错误。异常处理特别适合用于程序无法恢复但又需要提供有序清理，以使程序可以正常结束的情况。

异常处理不仅提供了程序的容错性，还提供了各种捕获异常的方法，如根据类型捕获异常，或者指定捕获任何类型的异常。

10.2 抛出异常

如果程序发生异常情况，而在当前的上下文环境中获取足够的异常处理信息，可以创建一个包含出错信息的对象，并将此对象抛出当前的上下文环境，把出错信息发送到更大的上下文环境中，称为异常抛出。它的格式为：

```
throw ourerror("some error happened");
```
其中 ourerror 是一个普通的自定义类。如果有异常抛出，就可以使用任意类型变量作为参数。一般情况下，会为清晰地区分异常信息，创建一个新类来用于异常抛出。当异常发生时，通过 throw 调用构造函数创建一个自定义的对象 ourerror，此对象正是 throw()的返回值，通常这个对象不是函数设计的正常返回值类型，且异常抛出的返回点不同于正常函数调用返回点。例如，在 f()中抛出异常：

```
void f(){
    throw int(5);
}
```

可以根据要求抛出不同类型的异常对象。为能清晰地区分不同类型异常，可根据错误类型设计不同类型的对象。

10.3 异常捕获

10.3.1 异常处理语法

如果函数内抛出一个异常（或在调用函数时抛出一个异常），则在异常抛出时系统会自动退出所在函数的执行。如不想在异常抛出时退出函数，可在函数内创建一个特殊块，用于测试各种错误。测试块作为普通作用域，可由关键字 try 引导，异常抛出后，可由 catch 引导的异常处理模块应能接收任何类型的异常。在 try 之后，根据异常的不同情况，相应的处理方法由关键字 catch 引导，其格式为：

```
try{
        …//可能发生错误的代码
}catch(type1 t1){
        …//第一种类型异常处理
}catch(type2 t2){
        …//第二种类型异常处理
}
        …//其他类型异常处理
```

异常处理部分必须直接放在测试块之后。每一个 catch 语句相当于以特殊类型为参数的函数（如类型 type1、type2 等）。如果抛出的异常类型足以判断如何进行异常处理，则异常处理器 catch 中的参数可以省略。

对 try 部分抛出的异常，系统将从前到后逐个与 catch 后所给出的异常类型相匹配。如果匹配成功，则进入相应的处理部分执行异常处理程序。

异常处理的执行流程如下：
① 程序进入 try 块，执行 try 块内的代码；
② 如果在 try 块内没有发生异常，则直接转到所有 catch 块后的第一条语句执行下去；
③ 如果发生异常，则根据 throw 抛出的异常对象类型来匹配一个 catch 语句（catch 后的参数类型与 throw 抛出异常对象类型一致）。如果找到类型匹配的 catch 语句，则进行捕获，其参数被初始化为指向异常对象，执行相应 catch 内的语句模块；如果找不到匹配类型的 catch 语句，系统函数 terminate 会被调用，终止程序。

需要注意的是，通常在 try 块中，可能有已经分配但尚未释放的资源，如果可能，catch 处理程序应该释放这些资源。例如，catch 处理程序删除通过 new 分配的空间，关闭抛出异常的 try 块中打开的文件。对于 catch 块来说，处理错误之后既可以让程序继续运行，也可以终止程序。

[例 10-1]　除数为 0 的例子。

```cpp
#include <iostream>
using namespace std;
class DivdeByZeroException{            //定义抛出异常类
    const char* message;               //异常信息
public:
    DivdeByZeroException():message("divided by zero"){}
    const char* what(){return message;}
};
double testdiv(int num1,int num2){     //除法函数
    if(num2==0)                         //判断除数是否为0
        throw DivdeByZeroException();   //抛出异常
    return (double)num1/num2;
}
int main(){
    int num1,num2;
    double res;
    cout<<"please input two integers:";
    while(cin>>num1>>num2){
        try{
            res=testdiv(num1,num2);
            cout<<"the res is :"<<res<<endl;
        }catch(DivdeByZeroException ex){
            cout<<"error"<<ex.what()<<"\n";
            break;
        }
        cout<<"\n please input two integers:";
    }
    return 0;
}
```

程序运行结果为：

```
please input two integers:100 5
the res is: 20
please input two integers: 10 3
the res is:3.33333
please input two integers: 10 0
error divided by zero
```

说明：main()中包含了 try 块，其中的代码可能发生异常。try 中没有列出实际可能发生异常的除法，而是通过调用 testdiv()来进行判断。该函数通过判断除数是否为 0 来抛出异常对象。throw 类似于返回语句 return，通过 throw 抛出异常类型对象。catch 块捕捉 try 中的异常。需要注意的是，这里只列出了自定义的一种异常类型，可以根据实际情况列出需要的多种异常类型。

DivideByZeroException 类的构造函数将 message 数据成员指向字符串 divided by zero。catch 处理程序指定的参数（这里参数为 ex）接收抛出的对象，并通过调用函数 what 打印这个消息。

执行中，如果 try 块中的代码没有抛出异常，则立即跳过 try 块后面的所有 catch 异常处理程序，执行 catch 后面的第一条语句。

使用异常的真正难点在于，如何编写所有介于二者（throw 和 catch）之间的代码，从而保证任何异常都能从 throw 处安全到达处理它的地方，且不破坏传递路线上的其他程序部分。

10.3.2 异常接口声明

C++提供了异常接口声明语法，利用它可以清晰地告诉开发者异常抛出的类型。异常接口声明再次使用了关键字 throw，格式为：

  void f() throw(A,B,C,D);

说明：此函数只能抛出 A、B、C、D 及其子类型异常。

传统函数"void f();"意味着能抛出任何一种异常，而"void f() throw();"则表明不会有异常抛出。

10.3.3 捕获所有异常

C++中可以用以下声明：

  catch(…){ … }

来捕获所有类型的异常。

当无法处理有关异常信息时，可通过不加参数的 throw 来重新抛出异常，使异常进入更高层次的上下文环境，其格式为：

```
catch(…){
    cout<<"一个异常被抛出!";
    throw;
}
```

throw 只能出现在 catch 子句的复合语句中，且被抛出的异常就是原来的异常对象。

10.3.4 未捕获异常的处理

如果任意层的异常处理器都没有捕获到异常（没有指定相应的 catch 块），称为未捕获异常。系统的特殊函数 terminate()将被自动调用，该函数通过调用 abort()来终止程序的执行。

[例 10-2] 未捕获的异常。

```
#include "stdafx.h"
#include <iostream>
using namespace std;
class Excep1{};
class Excep2{};
void Test(){
    int error=1;
    if(error){
        cout<<"throwing Excep2"<<endl;
        throw Excep2();
    }
}
int main(){
    try{
        cout<<"calling Test()"<<endl;
        Test();
    }
    catch(Excep1){
        cout<<"catching Excep1"<<endl;
    }
    cout<<"finished"<<endl;
    return 0;
}
```

程序运行结果为：
　　calling Test()
　　throwing Excep2
在 main()调用 Test()时抛出异常类型 Excep2，而 main()中的异常处理块 catch 只能处理 Excep1 类型的异常，所以发生了未捕获异常的情况，通过调用系统的特殊函数 terminate()终止程序。

10.4　构造函数、析构函数与异常处理

异常处理部分的常见错误在于异常抛出时，对象没有被正确清除。虽然 C++的异常处理器可以保证当离开一个作用域时，该作用域中所有结构完整对象的析构函数都能被调用，以清除这些对象，但是当对象的构造函数不完整时其析构函数将不被调用。

[例 10-3]　构造函数中的异常。

```
#include <iostream>
#include <fstream>
#include <string.h>
using namespace std;
ofstream out("message.txt");
class test{
    static int i;
    int objnum;
    enum{sz=40};
    char name[sz];
public:
    test(const char* cName="list")throw(int){
        objnum=i++;
        memset(name,0,sz);          //数组初始化
        strncpy(name,cName,sz);     //字符串复制，从 cName 复制 sz 个字符到 name
        out<<"constructing test"<<objnum<<" name("<<name<<")"<<endl;
        if(objnum==3)
            throw int(5);
        if(*cName=='z')
            throw char('z');
    }
    ~test(){
        out<<"destructing test"<<objnum<<" name("<<name<<")"<<endl;
    }
    void* operator new[](size_t sz){
        out<<"test::new[]"<<endl;
        return ::new char[sz];
    }
    void operator delete[](void* p){
        out<<"test::delete[]"<<endl;
        ::delete []p;
    }
};
int test::i=0;
void unexpected_rethrow(){
    out<<"inside unexpected_rethrow()"<<endl;
    throw;
}
```

```cpp
int main(){
    set_unexpected(unexpected_rethrow);
    try{
        test t1("before list");
        test* list=new test[7];
        test t2("after list");
    }catch(int i){
        out<<"catching"<<i<<endl;
    }
    out<<"testing unexpected"<<endl;
    try{
        test t3("before unexpected");
        test t4("z");
        test t5("after unexpected");
    }catch(char c){
        out<<"catching "<<c<<endl;
    }
    return 0;
}
```

程序运行结果（输出到文件中）为：

```
constructing test0 name(before list)
test::new[]
constructing test1 name(list)
constructing test2 name(list)
constructing test3 name(list)
destructing test2 name(list)
destructing test1 name(list)
test::delete[]
destructing test0 name(before list)
catching 5
testing unexpected
constructing test4 name(before unexpected)
constructing test5 name(z)
destructing test4 name(before unexpected)
catching z
```

其中类 test 的静态变量 i 记录对象的个数，字符缓冲 name 用来保存字符标示符。构造函数先将字符缓冲 name 清空，再调用系统函数 strncpy() 为 name 赋值，指定字符个数为 sz，所以赋值字符的个数小于缓冲空间，保证不会溢出。

构造函数在两种情况下会发生异常：当第三个对象被创建时（为了模拟显示在对象数组创建时所发生的异常），抛出一个整数，并在异常规格说明中引入了整数类型；参数字符串的第一个字符为 "z" 时将抛出一个字符型异常（仍然是特意设计的异常）。由于异常规格说明中不含有字符型，所以此类异常将调用 unexpected()。

程序成功创建了两个对象数组单元，创建第三个对象时发生异常抛出，所以异常在清除对象时只有前两个的析构函数被调用。虽然程序中没有明确调用 delete 函数，但异常处理系统调用了 delete 函数来释放对象数组 list 存储单元。需要注意的是，只有规范地使用 new 函数时才会出现上述情况。最终，对象 t1 被清除，而由于创建对象 t2 之前发生了异常，所以 t2 没有被创建，也不存在清除问题。

在测试 unexpected_rethrow() 中，对象 t3 被创建，对象 t4 的构造函数开始创建对象。但在创建完成之前有异常抛出。该异常为字符型,并不存在于函数的异常规格说明中,所以 unexpected_rethrow()将被调用,该函数再次抛出与已知类型完全相同的异常(unexpected_rethrow()可抛出所有类型异常)。对象 t4 的构造函数被调用抛出异常后,异常处理器将进行查找并捕获,因此对象 t5 不会被创建。

总之,构造函数中发生异常后,异常处理应遵从以下规则:

① 如果对象有成员函数,且如果在外层对象构造完成之前有异常抛出,则在发生异常之前,执行构造成员对象的析构函数。

② 如果异常发生时,对象数组被部分构造,则只调用已构造的数组元素的析构函数。

③ 异常可能跳过通常释放资源的代码,从而造成资源泄漏。解决的方法是,请求资源时初始化一个局部对象,并在发生异常时,调用析构函数且释放资源。

④ 要捕捉析构函数中的异常,可以将调用析构函数的函数放入 try 块,并提供相应类型的 catch 处理程序块。抛出对象的析构函数在异常处理程序执行完毕后执行。

10.5 异常匹配

从基类可以派生各种异常类,当一个异常抛出时,异常处理器会根据异常处理顺序找到"最近"的异常类型进行处理。如果 catch 捕获了一个指向基类类型异常对象的指针或引用,那么它也可以捕获该基类所派生的异常对象的指针或引用。相关错误的多态处理是允许的。

[例 10-4] 异常捕获顺序举例。

```
#include <iostream>
using namespace std;
class BasicErr{};
class ChildErr1:public BasicErr{};
class ChildErr2:public BasicErr{};
class Test{
public:
    void f(){ throw ChildErr2();}
};
int main(){
    Test t;
    try{
        t.f();
    }
    catch(BasicErr){
        cout<<"catching BasicErr"<<endl;
    }
    catch(ChildErr1){
        cout<<"catching ChildErr1"<<endl;
    }
    catch(ChildErr2){
        cout<<"catching ChildErr2"<<endl;
    }
    return 0;
}
```

对于这里的异常处理机制,第一个处理器总是匹配一个 BasicErr 对象或从 BasicErr 派生的子类对象,所以第一个异常处理捕获第二个和第三个异常处理的所有异常,而第二个和第三个异常处理器永远不被调用。因此在捕获异常中,常把捕获基类类型的异常处理器放在最末端。

10.6 标准异常及层次结构

C++提供了标准异常及层次结构。标准异常以基类 exception 开头（在头文件<exception>中定义），该基类提供了函数 what()，每个派生类中重定义可发出相应的错误信息。

由基类 exception 直接派生的类 runtime_error 和 logic_error（都定义在头文件<stdexcept>中），分别报告程序的逻辑错误和运行时的错误信息。

I/O 流异常类 ios::failure 也由 exception 类派生而来。

注意：异常处理不能用于处理异步情况，如磁盘 I/O 完成、网络消息到达、鼠标单击等，这些情况最好用其他方法处理，如终端处理。

小结

C++中异常处理的目标是简化大型可靠程序的创建，用尽可能少的代码，使系统中没有不受控制的错误发生。

异常处理设计用来处理同步情况，可作为程序执行的结构，而不能用于处理异步情况；异常处理通常用于发现错误部分与处理错误部分处于不同位置（不同范围）时；异常处理不应作为具体的控制流机制。

在 try 块中放入易产生异常的代码，try 块后面是一个或几个 catch 处理块，每个 catch 块指定捕获和处理一种异常。抛出异常时，程序离开 try 块，从 catch 块中搜索相应的异常处理程序。如果没有抛出异常，则跳过该块的异常处理程序，程序在最后一个 catch 后恢复执行。

习题 10

1. 下面哪个 throw 表达式是错误的？为什么？
   A. class exceptionType{};
      throw exceptionType();
   B. int excpObj;
      throw excpObj;
   C. enum mathErr{overflow,underflow, zerodivide };
      throw zerodivide();
   D. int* pi=&excpObj;
      throw pi;
2. 说明下面的函数可以抛出哪些异常。
   A. void operate()throw(logic_error);
   B. int op(int) throw(underflow_error,over_error);
   C. char manip(string) throw();
   D. void process();
3. 如果 try 中不抛出异常，那么 try 块执行完后控制权会转向何处？
4. 如果没有匹配出对象类型的 catch 处理程序，会发生什么情况？
5. 编写一个 C++程序，演示重抛出异常的过程。

思考题

在异常处理过程中又发生异常该如何处理？

第 11 章 Visual C++ 2019 开发环境

学习目标

（1）熟悉 Visual C++ 2019 开发环境。
（2）掌握 Visual C++ 2019 的单/多文档编程。
（3）熟练使用 Visual C++ 2019 的 MFC 类库。

11.1 Visual C++ 2019 概述

Microsoft Visual C++（Visual C++或 MSVC）是微软 Visual Studio 的一部分，指 C++、C 语言和汇编语言开发的工具和库。Visual Studio 2019 可完美支持 C#、C++、Python、JavaScript、Node.js、Visual Basic、HTML 等流行的编程语言，不仅能用来编写 Windows 10 UWP 通用程序、开发 Web 服务、开发游戏，还能借助 Xamarin 开发 iOS、Android 移动平台应用，并获得体验很好的 IntelliSense、方便的代码导航、快速生成和快速部署，提供跨平台开发支持。Visual Studio 2019 也是第一个支持使用.NET Core 3 构建跨平台应用程序的集成开发环境。

11.1.1 Visual Studio 2019

Visual Studio 2019 正式版发布于 2019 年 4 月，微软在原来版本基础上做了很大改进。安装体验已进行组件化，只需要安装所需要的部件，使得涉及.NET 或 Web 开发的许多常用方案的安装变得更加快速。与早期版本相比，Visual Studio 2019 提供如下新的功能改进。

① Visual Studio 2019 的整体性能更好，运行也更快，可使用多个常用仿真程序进行本地开发。

② 新的启动窗口更加简捷，可以快速选择克隆、检查代码，简化了解决方案资源管理器中的测试访问，如打开项目或者解决方案、打开本地文件夹或者创建新项目等。

③ 强化搜索。加入动态搜索功能，将搜索结果加入快捷键指令，便于重复搜索。新的搜索特性可以快速查找命令、设置、文档及其他内容。

④ 调试器增强。在 Visual Studio 2019 里，可以在监视、本地及自动化三个窗口里进行搜索，同样也可以格式化这三个窗口里的值或者通过逗号来唤出下拉提示。

⑤ Live Share 已经成为 Visual Studio 2019 一个默认设置，可以帮助开发者或者团队快速分享代码，并且进行及时的无缝协作。

⑥ 使用 Visual Studio IntelliCode 编写 C++和 XAML 代码可以节省时间，它是可选扩展，为代码提供 AI 辅助编码的建议。

⑦ 支持面向.NET Framework 4.8 的应用程序和使用 F# 4.7 编写的应用程序。

Visual Studio 2019 有以下几个版本。

① Visual Studio Community（社区版）：它是微软推出的免费版，主要针对初学者提供精简、快速学习的开发工具，可提供基本的开发功能，为个人开发者、开源项目、科研、教育及小型专业团队使用。

② Visual Studio Professional（专业版）：它主要面向计算机技术爱好者和企业技术人员，包括可扩展移动开发体验的多项功能，创建适合多设备、PC 和 Web 的应用程序，并且这些应用程

序都由云进行驱动，同时可基于现有的应用程序和技能进行构建。通过不受限制的专业移动开发、代码共享和调试，交付适用于 Android、iOS 和 Windows 的本机应用。

③ Visual Studio Enterprise（企业版）：它是功能最全的版本，可为用户提供高级调试与诊断功能，如 IntelliTrace、快照调试程序和时间移动调试。这些企业级功能可让 Visual Studio 协助记录特定事件、调试 Azure 中的生产应用程序，以及重新构建和回放应用程序的执行路径，从而缩短调试应用程序所耗费的时间。在 IDE 和 Azure Test Plans 中，企业版都可存取进阶测试工具。通过 Live Unit Testing，可以立即深入了解哪些测试会受到任何程序代码变更的影响，甚至可以看到哪些测试现在会因为所做的变更而失败。通过 Azure Test Plans 可以针对应用程序使用规划和探索测试服务，以提高程序代码质量。

11.1.2　Visual C++ 2019

Visual C++ 2019 作为微软 Visual Studio 2019 组合包中的一部分，包含了丰富的开发工具，这些工具和库可用于创建通用 Windows 平台（UWP）应用、本机 Windows 桌面和服务器应用程序，在 Windows、Linux、Android 和 iOS 上运行的跨平台库和应用，以及使用.NET Framework 的托管应用和库。从 Windows 桌面的简单控制台应用到最复杂的应用，从移动设备的设备驱动程序和操作系统组件到跨平台游戏，再从 Azure 云中的最小 IoT 设备到多服务器的高性能计算等所有内容都可以使用 Visual C++ 2019 编写。

Visual C++ 2019 提供了强大、灵活的开发环境，可用于创建基于 Microsoft Windows 和 Microsoft .NET 的应用程序。新版中改进了 C++文件的 IntelliSense 性能，引入了许多更新和修补程序。增强了对 C++ 17 功能和正确性修复的支持，以及对 C++ 20 功能（如模块和协同例程）的实验性支持。同时还增加了用于在 Linux、iOS 和 Android 上进行跨平台多设备开发的项目模板，用各种方式改进诊断，并显著缩短了生成时间。Visual C++ 2019 中的 MFC，创建用户可以调整对话框，并可以控制调整布局以更改大小的方式。

Visual C++ 2019 包括下列组件。

① Visual C++编译工具，适用于 x86、x64、ARM 和 ARM64 的 MSVC32/64 位编译器，同时支持适用于 ARM 的 GCC 跨平台编译器，以及支持传统本机代码开发和面向虚拟机的平台，如 CLR（公共语言运行库）。

② Visual C++库，包括标准 C++库、活动模板库（ATL）、Microsoft 基础类（MFC）。这些库由 iostream 库、标准模板库（STL）和 C 运行时库（CRT）组成，其中 STL/CLR 库是为托管代码开发者引入的 STL。

③ Visual C++开发环境，为项目管理与配置（包括更好地支持大型项目）、源代码编辑、源代码浏览和调试工具提供强力支持。它还支持 IntelliSense 在编写代码时，可以提供智能化且特定于上下文的建议。

除了常规的图形开发界面应用程序，Visual C++ 2019 还允许生成 Web 应用程序、基于 Windows 的智能客户端应用程序，以及用于瘦客户端和智能客户端移动设备的解决方案。C++是世界上最流行的系统级语言，而 Visual C++ 2019 则提供了生成软件的世界级工具。

11.2　Visual C++ 2019 环境

11.2.1　Visual C++ 2019 操作界面

Visual C++ 2019 启动后，主界面如图11-1所示。

图 11-1　Visual C++ 2019 主界面

它主要包括标题栏、菜单栏、工具栏、对象浏览器窗口、工具箱窗口、数据库资源管理器窗口、代码编辑窗口、调用浏览器窗口、输出窗口、状态栏等。此外，还可以通过选择"工具"→"自定义"菜单命令打开"自定义"对话框的"工具栏"选项卡，添加/删除需要的工具栏，如图11-2所示。

① 类视图用于显示正在开发的应用程序中定义、引用或调用的符号。选择"视图"→"类视图"菜单命令，打开类视图窗口。类视图分为上部的对象窗格和下部的成员窗格。对象窗格包含一个可以展开的符号树，其顶级结点表示项目，如图11-3所示。

② 工具箱提供了 Windows 窗体的所需控件。创建控制台应用程序时，工具箱不会显示相应的控件，可从"视图"菜单中打开工具箱窗口，然后选择停靠工具箱，将其设置为打开状态，也可将其设置为"自动隐藏"状态。工具箱如图11-4所示。

图 11-2　"工具栏"选项卡

图 11-3　类视图

图 11-4　工具箱

③ 数据库资源管理器窗口，用于访问后台数据库。

④ 对象浏览器窗口，如图 11-5 所示，用于：搜索函数调用，定义浏览范围；在对象和成员窗格

内定位；向项目中添加引用；选择逻辑视图或物理视图，以及要显示的项，并根据需要对这些项进行排序。

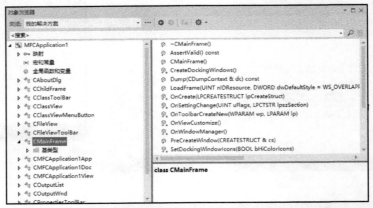

图 11-5 对象浏览器窗口

⑤ 输出窗口，如图 11-6 所示，用于显示程序代码编译结果和程序执行过程中的输出信息。选择"视图"→"输出"菜单命令可以打开输出窗口。

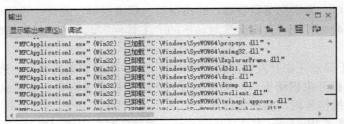

图 11-6 输出窗口

11.2.2 项目

Visual C++ 2019 应用程序向导提供了可用于创建新项目的用户界面，如图 11-7 所示。利用向导可以生成应用程序的源文件和目录，可以选择程序结构、基本菜单、工具栏、图标和适当的#include 语句。

图 11-7 创建新项目

Visual C++ 2019 包括下列项目类型的项目模板或应用程序向导。

① 空白应用（通用 Windows-C++/CX）：用于没有预定义控件或布局的单页通用 Windows 平台（UWP）应用项目。

② DirectX 11 和 XAML 应用（通用 Windows-C++/CX）：用于 DirectX 11 和 XAML 的通用 Windows 平台应用项目。

③ CLR 空项目：不具有基础文件且面向.NET Framework 的 C++项目，可以实现.NET 和 C++代码间的互操作性。

④ CLR 控制台应用：在面向.NET Framework 的 Windows 终端中运行 C++代码，可以实现.NET 和 C++代码间的互操作性。

⑤ CLR 类库：面向.NET Framework 的 C++库可实现.NET 和 C++代码间的互操作性。

⑥ DirectX 11/DirectX 12 应用（通用 Windows-C++/CX）：用于使用 DirectX 11/ DirectX 12 的通用 Windows 平台（UWP）应用项目。

⑦ 单元测试应用（通用 Windows-C++/CX）：用于通过 MSTest 为通用 Windows 平台（UWP）应用创建单元测试应用的项目。

⑧ DLL（通用 Windows-C++/CX）：通用 Windows 平台应用或运行时组件可以使用的本机动态链接库（DLL）的项目。

⑨ Windows 运行时组件（通用 Windows-C++/CX）：通用 Windows 平台应用可以使用的 Windows 运行时组件的项目，与编写应用所用的编程语言无关。

⑩ 静态库（通用 Windows-C++/CX）：通用 Windows 平台应用或运行时组件可以使用的本机静态链接库（LIB）的项目。

⑪ Windows 应用程序打包项目指一个项目，它创建包含 Windows 应用程序的 MSIX 包来通过 Microsoft Store 实现旁加载或分发。

⑫ ATL 项目：使用活动模板库（ATL）是一套基于模板的 C++类，用以简化小而快的 COM 对象的编写。ATL 项目向导已包含 COM 对象的结构创建项目。

⑬ MFC 项目包括如下内容。

- ActiveX 控件：旨在为父应用程序提供特定功能类型的模块化程序，如可以创建在对话框中使用的按钮或在网页中使用的工具栏这样的控件。
- MFC 应用程序：基于 Microsoft 基础类（MFC）库的 Windows 可执行应用程序。它可执行程序通常分为五类：标准 Windows 应用程序、对话框、基于窗体的应用程序、资源管理器样式的应用程序和 Web 浏览器样式的应用程序。
- MFC DLL：可由多个应用程序同时使用的共享函数库的二进制文件。

另外，还有 CMake、生成文件、MFC ActiveX 控件、本机单元测试、Google Test、游戏 Cocos 引擎等其他类型的项目。

11.2.3　调试环境

编写程序时很可能会产生错误，找出错误的过程即调试（debug）。Visual C++ 2019 提供了完整的调试环境，大致有两种方式：①"单步执行"，即将程序代码逐语句或逐过程执行并进行分析；② 设定"断点"，通过分析上下文环境及相关变量判断错误。

Visual C++ 2019 的调试功能有本机调试、Natvis（本机类型可视化）、图形调试、托管调试、GPU 使用情况、内存使用率、Remote Debugging、SQL 调试和静态代码分析。

设置调试信息的方法为选择"项目"→"属性"菜单命令，打开属性页对话框，并进行设定，如图11-8所示。

图11-8 属性页对话框

选择"视图"→"工具栏"菜单命令,选中"调试"选项,打开调试工具栏,如图11-9所示。

图11-9 调试工具栏

如果程序代码在编译过程中没有错误,执行时却发生了严重错误或者结果不符合预期,一般采用"单步执行"方式,包括逐语句调试和逐过程调试,其区别如下。

① 逐语句调试:由主函数main()开始,一次只执行一条语句,最终调用程序中所有函数的每条语句。

② 逐过程调试:只简单执行main()中的每条语句。

程序调试过程中,可选择"调试"→"窗口"→局部变量"菜单命令,打开局部变量窗口,检测变量随程序的变化情况,如图11-10(a)所示。

(a)局部变量窗口　　　　　　　　　　　　(b)监视窗口

图11-10 调试程序

或选择"调试"→"窗口"→"监视"菜单命令,打开监视窗口,输入需要监视的对象,查看当前属性值,如图11-10(b)所示。

利用"单步执行"和"断点"的方式,以及在局部变量和监视窗口中监视对象属性值的变化情况,可轻松调试程序,并及时发现问题。

11.3　Windows 编程

Windows 操作系统是微软推出的图形操作系统,是一个多任务的操作系统,宏观上,在同一时刻允许多个任务运行。在 Windows 平台中运行的应用程序具有以下三个特点:

① 面向对象的设计方法;

② 标准的图形界面;

③ 事件驱动(消息驱动)机制,Windows 应用程序通过发送消息对事件响应,以处理用户的操作。

11.3.1 Windows 常用数据类型

Visual C++ 2019 不仅遵循标准 C++规范，还考虑到 Windows 编程环境、开发工具和 MFC 类，扩充定义了一些新的数据类型。以 P 或 LP 为前缀的类型是指针型，以 H 为前缀的是句柄类型。Windows 系统常用的数据类型见表 11-1。

表 11-1 Windows 系统常用的数据类型

Windows 数据类型	对应的基本类型	说　明
BOOL	int	取值为布尔值
BYTE	unsigned char	8 位无符号整数
COLORREF	unsigned long	32 位用于颜色的整数值
SHORT	short	16 位有符号整数
WORD	unsigned short	16 位无符号整数
DWORD	unsigned long	32 位无符号整数
LONG	long	32 位有符号整数
LPARAM	long	作为参数传递给回调函数的 32/64 位值
LPCSTR	const char*	指向字符串常量的 32/64 位指针值
LPSTR	char*	指向字符串的 32/64 位指针值
LPCTSTR	const char*	指向 unicode 字符串常量的 32/64 位指针值
LPTSTR	char*	指向 unicode 字符串的 32/64 位指针值
LRESULT	long	窗口过程或回调函数的 32/64 位返回值
UINT	unsigned int	32/64 位无符号整数
WPARAM	unsigned int	作为参数传递给回调函数的 32/64 位值

句柄（Handle）是 Windows 应用程序中的一个重要概念。句柄是 4 字节（64 位系统是 8 字节）长的整数值，是不同对象的编号，每个对象的句柄是唯一的。消息靠句柄来"传递"，给不同的对象。Windows 系统常用的句柄类型见表 11-2。

句柄既可作为 API 函数中传递消息的参数，也可作为判断一个对象是否正确获得资源的条件。

表 11-2 Windows 系统常用的句柄类型

句柄类型	含　义
HBITMAP	保存位图图像的句柄
HBRUSH	画刷句柄
HCURSOR	鼠标光标句柄
HDC	设备上下文句柄
HFONT	字体句柄
HICON	图标句柄
HINSTANCE	应用程序实例句柄
HMENU	菜单句柄
HPALETTE	调色板句柄
HPEN	画笔句柄
HWND	窗口句柄
HFILE	文件句柄

11.3.2 消息与事件

事件是一个信号，它告知应用程序有重要情况发生。在 Windows 中，无论是系统产生的动作，还是用户在应用程序上的操作所发生的动作，都称为事件（Event）。例如，当用户单击窗体上的某个控件时，会引发一个 Click 事件并调用处理该事件的过程。事件还允许在不同任务之间进行通信。消息（Message）用于描述某个事件发生的信息。事件产生消息，消息对事件响应。Windows 中将消息分为以下三类：

① 硬件消息，如鼠标和键盘产生的消息；
② 系统消息，如系统中断、系统时钟等；
③ 用户消息，如单击按钮、菜单等。

表 11-3 列出了 Windows 系统常用的消息及含义。

表 11-3　Windows 系统常用的消息及含义

消　息　值	消　息　含　义
WM_CREATE	窗体创建产生的消息
WM_PAINT	窗口改变、刷新等产生的消息
WM_QUIT	退出窗口产生的消息
WM_LBUTTONDOWN	鼠标左键按下产生的消息
WM_LBUTTONUP	鼠标左键弹起产生的消息
WM_RBUTTONDOWN	鼠标右键按下产生的消息
WM_RBUTTONUP	鼠标右键弹起产生的消息
WM_MOUSEMOVE	鼠标移动产生的消息
WM_SIZE	窗口大小变化产生的消息

在 Windows 系统中，消息是传递信息的实体，所有的消息都用一个 MSG 对象表示。MSG 定义格式为：

```
typedef struct tagMSG{
    HWND        hwnd;       //获取消息的窗口句柄
    UINT        message;    //消息标号
    WPARAM      wParam;     //消息附加信息字参数
    LPARAM      lParam;     //消息附加信息长字参数
    DWORD       time;       //消息入消息队列的时间
    POINT       pt;         //消息发送时光标所在位置
}MSG;
```

Windows 应用程序本质上是处理消息的过程，在处理消息时使用了一种称为回调函数（Callback Function）的特殊函数。回调函数格式（函数名称可以自己定义）为：

```
LRESULT CALLBACK WndProc(
    HWND        hwnd;       //窗口句柄
    UINT        message;    //消息标识
    WPARAM      wParam;     //消息附加信息字参数
    LPARAM      lParam;     //消息附加信息长字参数
);
```

Windows 时刻监视着用户和系统的动作，将系统事件和用户操作事件产生的消息加入消息队列中，并对消息进行分析处理。抽象地讲，Windows 应用程序的任务就是不断地处理各种消息，直到收到程序退出的消息为止。这就是消息的循环处理过程，如图 11-11 所示。

应用程序调用 GetMessage()获取消息，之后调用 TranslateMessage()进行键盘标准翻译，最后 DispatchMessage()分发消息，并将消息发送到适当的窗口。

使用 Windows API 的桌面应用程序，需要编写两个函数，一个是主函数 WinMain()，程序从这里入口开始执行，初始化工作也从这里开始；另一个是子函数 WindowProc()，该函数由 Windows 调用，用来给应用程序传递消息。WindowProc()部分通常都比较大，因为该函数要处理各种用户输入发生的消息，所以程序的大部分代码都在这里。

虽然这两个函数构成了完整的程序，但它们之间没有直接的联系。调用 WindowProc()的是 Windows 而非主函数 WinMain()，实际上 WinMain()也是由 Windows 调用的。桌面应用程序的执行原理如图 11-12 所示。

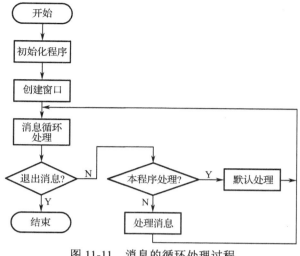

图 11-11 消息的循环处理过程

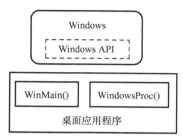

图 11-12 桌面应用程序的执行原理

11.3.3 窗口消息示例

例 11-1 实现控制台方式创建窗口的过程：声明窗体类；注册窗体类；创建窗口；显示、更新和消息处理。实现了在窗体上创建菜单、显示文本、跟随鼠标显示坐标、弹出对话框等功能。

[例 11-1] 控制台方式创建窗口，运行结果如图 11-13 所示。

图 11-13 运行结果

```
#include<windows.h>
#include "resource.h"
#include <stdio.h>
LRESULT CALLBACK WindowProc(HWND       hWnd,         //当前实例句柄
                            UINT       uMsgId,       //消息标志符
                            WPARAM wParam,           //有关的参数（字参数）
                            LPARAM  lParam           //有关的参数（长字参数）
);
int WINAPI WinMain(HINSTANCE   hInstance,            //当前实例句柄
                   HINSTANCE   hPreInstance,         //前一个实例句柄
                   LPSTR       pszCmdLine,           //命令标志符
                   int         nCmdShow              //显示窗口的状态
)
{
    static char szAppName[]="C++ programing";
    HWND    hWnd;
    MSG     msg;
    WNDCLASS wndClass;
```

```c
        wndClass.style = CS_VREDRAW | CS_HREDRAW;
        //设置窗口类的风格(水平重画和竖直重画)
        wndClass.lpfnWndProc = WindowProc;                              //设置回调函数（消息处理函数）
        wndClass.cbClsExtra = 0;                                         //窗口结构体的附加字节
        wndClass.cbWndExtra = 0;                                         //窗口的附加字节
        wndClass.hInstance = hInstance;                                  //设置实例句柄
        wndClass.hIcon = LoadIcon(NULL,IDI_QUESTION);                    //加载窗口图标
        wndClass.hCursor = LoadCursor(NULL,IDC_WAIT);                    //加载鼠标指针形状
        wndClass.hbrBackground = (HBRUSH)GetStockObject(WHITE_BRUSH);    //获得库存的画刷
        wndClass.lpszMenuName = MAKEINTRESOURCE(IDR_MENU1);              //设置窗口类的菜单
        wndClass.lpszClassName = szAppName;                              //设置窗口类名称
        if(RegisterClass(&wndClass)==0){                                 //注册窗口类
                return 0;
        }
        //创建窗口
        hWnd = CreateWindow(szAppName,                  //窗口类的名称
                            szAppName,                  //窗口的标题
                            WS_OVERLAPPEDWINDOW,        //窗口的风格
                            CW_USEDEFAULT,              //窗口左上角的 x 轴坐标
                            CW_USEDEFAULT,              //窗口左上角的 y 轴坐标
                            CW_USEDEFAULT,              //窗口的宽度
                            CW_USEDEFAULT,              //窗口的高度
                            NULL,                       //本窗口的父窗口
                            NULL,                       //本窗口的菜单
                            hInstance,                  //与当前窗口相连的实例句柄
                            NULL                        //CREATESTRUCT 的附加参数
        );
        if(0 == hWnd)   return 0;
        ShowWindow(hWnd,nCmdShow);              //显示窗口类
        UpdateWindow(hWnd);                     //更新消息
        while(GetMessage(&msg,NULL,0,0)){       //获取消息
            TranslateMessage(&msg);             //消息翻译
            DispatchMessage(&msg);              //消息分发
        }
        return msg.wParam;
}
LRESULT CALLBACK WindowProc(HWND hWnd,          //当前实例句柄
                            UINT uMsgId,        //消息标志符
                            WPARAM wParam,      //有关的参数
                            LPARAM lParam       //有关的参数
)
{
        char szChar[50];
        HDC hDC;
        static POINT pt={0};
        PAINTSTRUCT paintStruct;
        static char *pszHello="Welcome!";
        static char str[100] = "";
        switch(uMsgId)
        {
            case WM_PAINT:                      //重画窗口消息处理
```

```
                hDC = BeginPaint(hWnd,&paintStruct);            //获取画图句柄
                TextOut(hDC,20,20,pszHello,strlen(pszHello));   //在指定位置输出内容
                TextOut(hDC,pt.x,pt.y,str,strlen(str));
                TextOut(hDC,100,100,"C++面向对象程序设计",strlen("C++面向对象程序设计"));
                EndPaint(hWnd,&paintStruct);                    //释放画图句柄
                return 0;
            case WM_DESTROY:                                    //窗体销毁消息处理
                PostQuitMessage(0);                             //发送退出消息给系统
                return 0;
            case WM_MOUSEMOVE:                                  //鼠标移动消息处理
                GetCursorPos(&pt);                              //获得鼠标光标位置
                ScreenToClient(hWnd,&pt);                       //把屏幕坐标转化为窗体坐标
                sprintf(str,"pt.x=%d , pt.y=%d hello",pt.x,pt.y); //格式化字符串
                InvalidateRect(hWnd,NULL,TRUE);                 //激发窗体重画事件
                return 0;
            case WM_CHAR:                                       //字符按下消息
                sprintf(szChar,"char is %c ASCII code %d",wParam,wParam);
                MessageBox(hWnd,szChar, C++面向对象程序设计",0);  //弹出对话框
                break;
            case WM_LBUTTONDOWN:                                //鼠标左键按下消息
                MessageBox(hWnd,"Left Button Down!","计,计",0);
                break;
            case WM_CLOSE:                                      //窗口关闭消息
                if(IDYES==MessageBox(hWnd,"是否真的结束？","警告",MB_YESNO)){
                    DestroyWindow(hWnd);                        //调用销毁窗口函数
                }
                break;
            default :
                return DefWindowProc(hWnd,uMsgId,wParam,lParam); //默认消息处理
        }
        return 0;
    }
```

11.4 MFC 类库

　　MFC（Microsoft Foundation Class Library，微软基本类库）与 VCL 类似，是一种应用框架，随微软 Visual C++开发工具发布。目前最新版本为 MFC 9.0 版。它提供了一组通用的可重用的类库，其中大部分类均从 CObject 直接或间接派生，只有少部分类例外。MFC 类库中部分类的关系如图 11-14 所示。

　　MFC 中的各种类结合起来构成了一个应用程序框架，目的就是让用户在此基础上建立 Windows 下的应用程序，这是一种相对 SDK 来说更为简单的方法。MFC 实现了对应用程序概念的封装，把类、类的继承、动态约束、类的关系和相互作用等封装起来。对用户来说，MFC 是一套开发模板（或者说模式）。针对不同的应用和目的，可以采用不同的模板，例如，SDI 应用程序的模板、MDI 应用程序的模板、规则 DLL 应用程序的模板、扩展 DLL 应用程序的模板、OLE/ACTIVEX 应用程序的模板等。

　　MFC 框架定义了应用程序的轮廓，并提供了用户接口的标准实现方法，Microsoft Visual C++提供了相应的工具来完成这个工作：AppWizard 可以用来生成初步的框架文件（代码和资源等）；资源编辑器用于帮助直观地设计用户接口；ClassWizard 用来协助添加代码到框架文件；编译通过类库实现应用程序特定的逻辑。

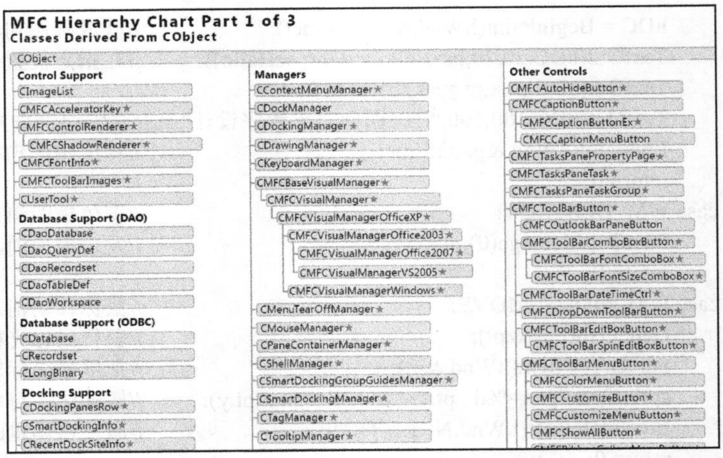

图 11-14 MFC 部分类的关系

下面给出一些常用的 MFC 类，见表 11-4。

表 11-4 常用的 MFC 类

类 名	说 明
应用程序类	
CWinApp	派生 Windows 应用程序基类，提供成员函数初始化、运行和终止应用程序
CWinThread	所有线程类的基类，CWinApp 从此类派生
文档相关类	
CDocument	应用程序文档类
CDocTemplate	文档模板类
CMultiDocTemplate	多文档应用程序的文档模板类
CSingleDocTemplate	单文档应用程序的文档模板类
COleDocument	支持可视编辑的 OLE 文档类
COleServerDoc	用于服务器应用程序文档类
CArchive	结合 CFile 对象通过串行化实现对象的保存
视图相关类	
CView	用于查看文档数据的应用程序视图类，以及显示数据并接收用户输入
CScrollView	具有滚动功能的视图类
CFormView	用于实现基于对话框模板资源的用户界面
CDaoRecordView	提供链接 DAO 记录集的表单视图类
CRecordView	提供链接 ODBC 记录集的表单视图类
CCtrlView	与 Windows 控件有关的所有视图的基类
CEditView	包含 Windows 标准编辑控件的视图类
CRichEditView	包含 WindowsRichEdit 控件的视图类
CListView	包含 Windows 列表控件的视图类，显示图标和字符串
CTreeView	树状查看视图类

续表

类　名	说　明
窗口相关类	
CWnd	窗口类。它是大多数"看得见的东西"的父类（Windows 里几乎所有看得见的东西都是一个窗口，大窗口里有许多小窗口），如视图 CView、框架窗口 CFrameWnd、工具条 CToolBar、对话框 CDialog、按钮 CButton 类等。有一个例外，菜单（CMenu）不是从窗口派生的
CFrameWnd	单文档应用的主框架窗口类，也是其他框架窗口类的基类
CMDIFrameWnd	多文档应用程序主框架窗口类
CMDIChildWnd	多文档应用程序文档框架窗口类
控件相关类	
CStatic	静态文本类，在窗体上显示标签
CEdit	用于接收用户输入的文本编辑框
CRichEditCtrl	用于输入和编辑文本的窗口，支持字体、颜色、段落格式化和 OLE 对象
CSliderCtrl	包含滑块的控件类
CButton	按钮控件类
CBitmapButton	以位图而不是文本用于标题的按钮
CListBox	列表框类
CComboBox	组合框类，允许用户输入或选择
CCheckListBox	复选列表框类
CTreeCtrl	树状查看控件类
CToolBarCtrl	工具栏控件类
CToolBar	包含位图按钮的工具栏类
绘图和打印相关类	
CDC	设备文本类。将输出到显示器或打印机的信息抽象为 CDC 类。它与其他 GDI（图形设备接口）一起，完成文字和图形、图像的显示工作
CClientDC	窗口客户区设备环境类，从 CDC 类派生而来，用于窗口绘制
CPaintDC	在窗口的 OnPaint 函数中使用的设备环境，构造函数自动调用 BeginPaint，析构函数自动调用 EndPaint 函数
CPen	封装了 GDI 的画笔类
CBrush	封装了 GDI 的画刷类
CFont	封装了 GDI 的字体类
文件相关类	
CFile	提供二进制磁盘文件访问接口类
CMemFile	内存文件类
CShareFile	共享文件类
数据库相关类	
CDatabase	封装与数据源链接，通过链接可以操作数据源
CDaoDatabase	与数据库链接，操作数据库的数据类
CDaoRecordset	从数据源中选择数据集类
Internet 相关类	
CHttpFilterContext	管理 HTTP 过滤器的环境

11.5 MFC 编程实例

利用 MFC 类库，建立单文档应用程序，在视图中实现画正弦曲线功能。

① 选择"文件"→"新建"→"项目"菜单命令，打开创建新项目页面。

② 在右上方的三个下拉框中分别选择"C++""Windows""桌面"选项，并选择下面的"MFC 应用"选项，单击"下一步"按钮，如图 11-15 所示。进入下一个页面，在项目名称框内输入项目名称 Cure，并选择存储位置，并单击"下一步"按钮。

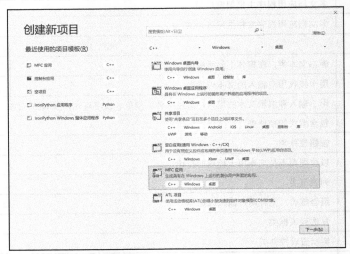

图 11-15 创建新项目页面

③进入下一个页面，应用程序类型选择"单个文档"选项，其他为默认，单击"完成"按钮，如图 11-16 所示。

图 11-16 选择应用程序类型

④ 生成项目 Cure，在类视图中单击 CCureView 类，并选择该类下的 OnDraw()，在代码编辑窗口中，改写此函数的声明 void CCureView::OnDraw(CDC* /*pDc*/)，把注释去掉，如图 11-17 所示。

⑤ 在文件 cureview.cpp 的首部添加如下代码：

```
//cureview.cpp
```

```
#include "math.h"
const int      NUM=500;                //定义点数
const float    PI =3.1415926;          //定义圆周率数值
```

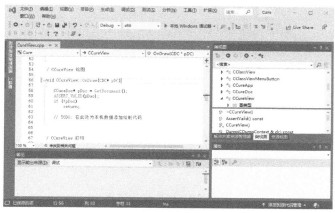

图 11-17 改写函数

⑥ 在文件 cureview.cpp 中将 OnDraw(CDC* pDc)改写如下：
```
void CCureView::OnDraw(CDC* pDc)
{
    CCureDoc* pDoc = GetDocument();
    ASSERT_VALID(pDoc);
    if (!pDoc)
        return;
    int     i;
    POINT   apt[NUM];                  //定义点数组
    CRect   rect;
    //得到当前视图大小
    GetClientRect(&rect);
    //画横坐标轴
    pDc->MoveTo(0,rect.Height()/2);
    pDc->LineTo(rect.Width(),rect.Height()/2);
    //计算正弦曲线的坐标值
    for (i = 0;i<NUM;i++)
    {
        apt[i].x = i*rect.Width()/NUM;      //计算横坐标（按窗体宽缩放）
        apt[i].y = (int)(rect.Height()/2*(1-sin(2*PI*i/NUM)));//计算纵坐标（按窗体高缩放）
    }
    //绘制曲线
    pDc->Polyline(apt,NUM);
}
```
⑦ 选择"调试"→"启动调试"菜单命令，程序运行结果如图11-18所示。
为了能让曲线"动"起来，即让曲线自动滚动前进，进行如下改动。
⑧ 在类 CCureView 中（文件 cureview.h）添加如下数据成员：
```
UINT uTimer;    //定义定时器
int  iPos;      //横坐标平移量
```
在类的构造函数中添加如下代码：
```
CCureView::CCureView()
{
```

```
    iPos=0;
    uTimer=0;
}
```

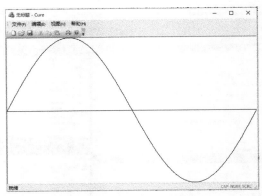

图 11-18　程序运行结果

⑨ 在类视图中选中 CCureView 类，在属性窗口中选择"消息"选项卡，为 WM_TIMER 添加事件 OnTimer()，如图 11-19 所示。在 OnTimer() 中添加如下代码：

```
void CCureView::OnTimer(UINT_PTR nIDEvent)
{
    iPos++;              //横坐标平移量增大
    Invalidate();        //触发 OnDraw()
    CView::OnTimer(nIDEvent);
}
```

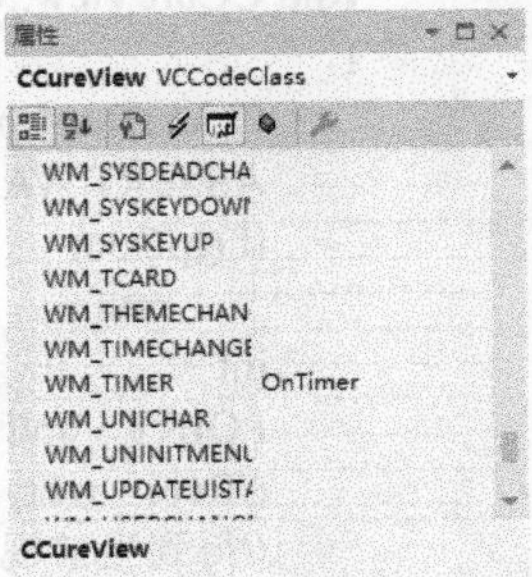

对 OnDraw() 修改如下：

```
void CCureView::OnDraw(CDC* pDc){
    CCureDoc* pDoc = GetDocument();
    ASSERT_VALID(pDoc);
    if (!pDoc)
        return;
    int     i;
    POINT   apt[NUM];                //定义点数组
    CRect   rect;
    //得到当前视图大小
    GetClientRect(&rect);
    //画横坐标轴
    pDc->MoveTo(0,rect.Height()/2);
    pDc->LineTo(rect.Width(),rect.Height()/2);
    if(iPos>=rect.Width())
        iPos=0;
    //计算正弦曲线的坐标值
    for(i = 0;i<NUM;i++)    {
        apt[i].x = i*rect.Width()/NUM;                              //计算横坐标（按窗体宽缩放）
        apt[i].y = (int)(rect.Height()/2*(1-sin(2*PI*(i+iPos)/NUM)));//计算纵坐标（按窗体高缩放）
    }
    //绘制曲线
    pDc->Polyline(apt,NUM);
}
```

图 11-19　添加事件

⑩ 在资源视图中选择 Menu，对菜单 IDR_MAINFRAME 进行编辑。在项目菜单"视图"

· 224 ·

中添加"开始"菜单项，改变 ID 号为 ID_VIEW_BEGIN，如图11-20所示。相应地，再添加"停止"菜单项，改变 ID 号为 ID_VIEW_STOP。

⑪ 在类视图中选中类 CCureView，在属性窗口中选择"事件"选项卡，为类 CCureView 添加 ID_VIEW_BEGIN 菜单项单击事件 OnViewBegin()，如图11-21所示。

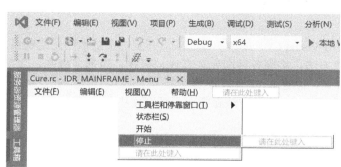

图 11-20　编辑菜单

图 11-21　添加事件 OnViewBegin()

在 OnViewBegin() 中添加如下代码：
```
void CCureView::OnViewBegin(){
    uTimer=SetTimer(1,100,0);  //产生定时器
}
```
类似地，为类 CCureView 添加 OnViewStop() 事件，并添加如下代码：
```
void CCureView::OnViewStop(){
    KillTimer(uTimer);         //销毁定时器
    uTimer=0;
}
```
重新编译程序，运行后得到曲线逐渐向左移动的效果。

小结

本章讲述了 Windows 应用程序开发的原理与流程，介绍了 Visual C++ 2019 开发环境，阐述了 MFC 类库，并结合实例给出了 Windows 控制台模式和单文档模式的开发方法。

习题 11

1．Windows 应用程序开发的步骤有哪些？执行过程是什么？

2．参考本章实例，使用单文档模式开发，同时显示正弦曲线、余弦曲线的程序，并可以设置曲线的颜色和线宽。

第 12 章 综合实例

学习目标

本章从面向对象的方法入手,利用 Visual C++ 2019 开发工具,开发一个基本图元绘制系统。使用面向对象的封装、继承、多态等方法,实现各种图元(直线、折线、矩形、椭圆、文字)的绘制、属性设置(颜色、大小、背景、位置)、文件存取等功能。

通过学习,读者可比较系统地理解面向对象的方法在实际系统开发中的应用。

12.1 系统分析与设计

12.1.1 系统功能分析

系统要求实现基本图元的绘制,包括线段、折线、矩形、椭圆、文字等;在不使用线条风格、线宽和颜色等画笔属性情况下绘制图元,输出不同字体、颜色、大小的文字;能够存取图元文件。系统功能模块如图12-1所示。

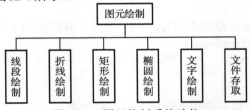

图 12-1 图元绘制系统功能

① 线段绘制——线段的长度、线条风格、线条宽度、线条颜色。
② 折线绘制——折线各线段长度、线条风格、线条宽度、线条颜色。
③ 矩形绘制——矩形的顶点、边界风格、边界颜色、边界宽度、是否填充、填充颜色。
④ 椭圆绘制——椭圆的最小外切矩形顶点、边界风格、边界颜色、边界宽度、是否填充、填充颜色。
⑤ 文字绘制——文字输出位置、字体、颜色、内容。
⑥ 文件存取——各个图元的类型、位置、颜色、线条风格、线条宽度、字体、字体颜色等相关属性的保存、读取、显示。

12.1.2 系统功能类模型

1. 图元对象模型设计

对图元对象进行抽象分析,提取图元的共性建立基类,类继承关系如图12-2所示。

① 图元基类 CShape

基类 CShape 具有所有具体图形类的共同属性:类型(表明图形的类型)、名称,以及对成员数据的存取文件操作。

② 线段图元类 CLine

线段图元类 CLine 从基类 CShape 公有派生而来,增加了线段类本身的属性数据:起点坐标、终点坐标、线条风格、线条宽度、线条颜色，对成员数据的存取文件操作，线段的显示函数。

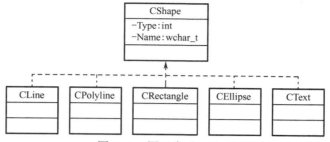

图 12-2　图元类继承关系

③ 折线图元类 CPolyline

折线图元类 CPolyline 从基类 CShape 公有派生而来，增加了折线类本身的属性数据：各线段坐标、线条风格、线条宽度、线条颜色、是否生成多边形、填充颜色，对成员数据的存取文件操作，折线/多边形的显示函数。

④ 矩形图元类 CRectangle

矩形图元类 CRectangle 从基类 CShape 公有派生而来，增加矩形图元类本身的属性数据：左上角坐标、右下角坐标、线条风格、线条宽度、线条颜色、是否填充、填充颜色，对成员数据的存取文件操作，矩形的显示函数。

⑤ 椭圆图元类 CEllipse

椭圆图元类 CEllipse 从基类 CShape 公有派生而来，增加椭圆图元类本身的属性数据：外切矩形的左上角坐标、右下角坐标、线条风格、线条宽度、线条颜色、是否填充、填充颜色，对成员数据的存取文件操作，椭圆的显示函数。

⑥ 文字图元类 CText

文字图元类 CText 从基类 CShape 公有派生而来，可增加文字图元类本身的属性数据：字符内容、字体、字体类、颜色、位置等属性数据，对成员数据的存取文件操作，文字的显示函数。

2．系统数据功能

对绘制当前视图的图元数据进行文件存取。

3．系统界面操作设计

对图元的绘制操作需要以下功能：

① 利用工具栏/菜单选择图元类型；

② 利用工具栏/菜单选择图元属性；

③ 利用鼠标在用户区域绘制图元；

④ 对工具栏的显示/隐藏。

12.1.3　系统功能流程

系统绘制图元需要设置图元的线条颜色、填充颜色、字体、大小、位置等属性，绘制流程如图12-3所示。

① 线段。当按下鼠标左键时，记录鼠标位置作为起始点，开始画线；弹起左键鼠标时，画线终止，记录鼠标位置作为终止点。流程细化如图12-4所示。

② 矩形。当按下鼠标左键时，记录鼠标位置作为矩形的一个顶点，开始绘制矩形；弹起鼠标左键时，矩形绘制成功，记录鼠标位置作为绘制矩形起始点相对的另外一个顶点，并根据选择的是空心矩形或填充矩形来决定是否填充。流程细化如图12-5所示。

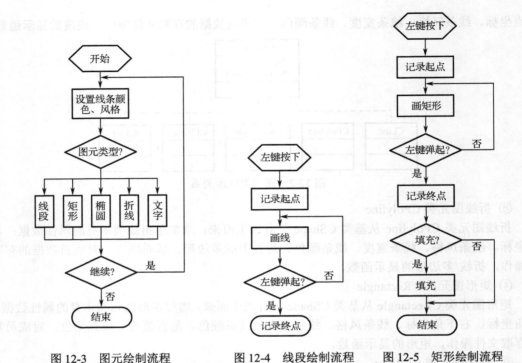

图 12-3 图元绘制流程   图 12-4 线段绘制流程   图 12-5 矩形绘制流程

③ 椭圆。类似于矩形绘制,单击鼠标记录的是椭圆的外切矩形的两个相对顶点。

④ 折线。绘制折线时,记录每次按下鼠标左键的位置作为各折线段的坐标,单击鼠标右键作为绘制折线的结束,用于折线段的最后一个点。根据选择,如果是多边形,则进行填充颜色,否则仅绘制折线段。流程如图 12-6 所示。

⑤ 文字。在鼠标单击位置,输出定制的文字信息(包括内容、字体、大小、颜色)。

12.2 设计实现

根据 12.1 节的功能分析,本节介绍绘制图元的实现过程,分为系统框架、图元类实现、界面控制实现、图元绘制、图元文件保存等部分。

系统平台:Windows 7.0。

开发工具:Visual C++ 2008。

12.2.1 系统程序框架生成

① 打开 Visual C++ 2008,选择项目类型为 Visual C++下的 MFC,模板为 MFC 应用程序,设置项目名称为 MyDraw,如图 12-7 所示。

② 单击"下一步"按钮,应用程序类型选择"多个文档"选项,其他为默认设置,如图 12-8 所示。

③ 单击"下一步"按钮,采用默认设置。

④ 单击"下一步"按钮,生成的类选择 View,类名为 CMyDrawView,

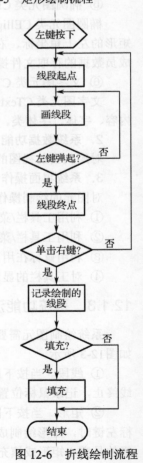

图 12-6 折线绘制流程

并选择其基类为 CScrollView，其他为默认设置，如图 12-9 所示。单击"完成"按钮，生成系统程序框架。

图 12-7 创建新项目

图 12-8 应用程序类型选项

图 12-9 生成的类选项

12.2.2 建立图元类

① 选择"项目"→"添加类"菜单命令，如图 12-10 所示。在打开的对话框中，单击"添加"按钮进入添加类页面。

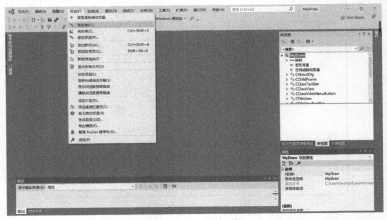

图 12-10 添加类

② 输入类名 CShape，其他为默认设置（没有基类，头文件和源文件为默认的 shape.h 和 shape.cpp），如图 12-11 所示。单击"确定"按钮完成添加类操作。

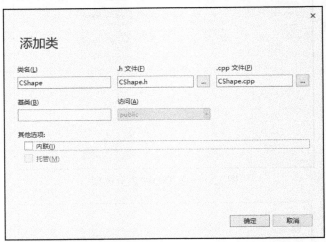

图 12-11 添加类页面

③ 在文件 shape.h 的首部添加图元类型常量。

```
//定义图元类型常量
const int    SHAPE_SELECT       =0;    //默认类型
const int    SHAPE_LINE         =1;    //线段
const int    SHAPE_RECTANGLE    =2;    //矩形
const int    SHAPE_RECTANGLE_F  =21;   //实矩形
const int    SHAPE_ELLIPSE      =3;    //椭圆
const int    SHAPE_ELLIPSE_F    =31;   //实椭圆
const int    SHAPE_POLYLINE     =4;    //折线
const int    SHAPE_POLYLINE_F   =41;   //多边形
const int    SHAPE_CHAR         =5;    //字符
```

④ 在文件 shape.h 中，完善类 CShape。
```cpp
class CShape:public CObject{
    int     Type;                                   //类型
    Cstring Name;                                   //名称
protected:
    int     GetType(){ return Type; }
    void    SetType(int iType){ Type=iType; }
public:
    CShape(){ Name="shape";}                        //构造函数
    ~CShape(){}
    CString GetName(){ return Name; };              //得到图元名称
    void SetName(CString cName){ Name=cName; }      //设置图元名称
    void SetName(const char* pStr) {                //重载设置图元名称
        if(pStr) {
            Name.Format(_TEXT("%s"),pStr);
        }
    }
};
```

⑤ 在文件 shape.h 和 shape.cpp 中，添加类 CShape 的派生类 CLine，并完善其属性与操作。
```cpp
class CLine:public CShape{
    COLORREF BorderColor;                           //边界色
    int PenStyle;                                   //画笔风格
    int PenWidth;                                   //画笔宽度
    CPoint m_pBegin;                                //起始坐标
    CPoint m_pEnd;                                  //终止坐标
public:
    //设置类数据成员
    void SetLine(CPoint pBegin,CPoint pEnd,COLORREF cColor,int iPenStyle,int iPenWidth);
    CLine(){
        SetName("Line");
        SetType(SHAPE_LINE);
    }
    ~CLine(){}
};
```

⑥ 在文件 shape.h 和 shape.cpp 中，添加类 CShape 的派生类 CRectangle，并完善其属性与操作。
```cpp
class CRectangle:public CShape{
    COLORREF    BorderColor;                        //边界色
    COLORREF    BackColor;                          //背景色
    int         PenStyle;                           //画笔风格
    int         PenWidth;                           //画笔宽度
    CPoint      m_pBegin;                           //起始坐标（左上角坐标）
    CPoint      m_pEnd;                             //终止坐标（右下角坐标）
    BOOL        m_bFill;                            //是否需要填充
public:
    CRectangle(){
        SetName("rectangle");
        SetType(SHAPE_RECTANGLE);
    }
    ~CRectangle(){}
    //设置数据成员函数接口
    void SetRectangle(CPoint pBegin,CPoint pEnd,COLORREF cBdColor,COLORREF cBColor, \
```

```
            int iPenStyle,int iPenWidth,BOOL bFlag=FALSE);
};
```

⑦ 在文件 shape.h 和 shape.cpp 中，添加类 CShape 的派生类 CEllipse，并完善其属性与操作。

```
class CEllipse:public CShape{
    COLORREF    BorderColor;    //边界色
    COLORREF    BackColor;      //背景色
    int         PenStyle;       //画笔风格
    int         PenWidth;       //画笔宽度
    CPoint      m_pBegin;       //起始坐标（外切矩形左上角坐标）
    CPoint      m_pEnd;         //终止坐标（外切矩形右下角坐标）
    BOOL        m_bFill;        //是否需要填充
public:
    CEllipse(){
        SetName("ellipse");
        SetType(SHAPE_ELLIPSE);
    }
    ~CEllipse(){}
    void SetEllipse(CPoint pBegin,CPoint pEnd,COLORREF cBdColor,COLORREF cBColor, \
            int iPenStyle,int iPenWidth,BOOL bFlag=FALSE);
};
```

⑧ 在文件 shape.h 和 shape.cpp 中，添加类 CShape 的派生类 CText，并完善其属性与操作。

```
class CText:public CShape{
    CString     sText;          //字符内容
    LOGFONT     fFont;          //字体
    CFont       cFont;          //字体类
    COLORREF    fColor;         //颜色
    CPoint      m_pPos;         //位置
public:
    CString     GetText(){return sText;}
    LOGFONT     GetFont(){return fFont;}
    //设置数据成员
    void SetText(CPoint pPos,CString s,LOGFONT font,COLORREF color);
    CText(){
        SetName("text");
        SetType(SHAPE_CHAR);
    }
    ~CText(){}
};
```

⑨ 在文件 shape.h 和 shape.cpp 中，添加类 CShape 的派生类 CPolyline，并完善其属性与操作。

```
class CPolyline:public CShape{
    COLORREF    BorderColor;    //边界色
    COLORREF    BackColor;      //背景色
    int         PenStyle;       //笔风格
    int         PenWidth;       //笔宽度
    int         iXMax;          //最大坐标范围
    int         iYMax;
    BOOL        m_bFill;        //是否需要填充
    CArray <CPoint,CPoint>  pList;  //折线点坐标模板序列
public:
    CPolyline(){
        SetName("polyline ");
```

```
            SetType(SHAPE_ POLYLINE);
    }
    ~CPolyline(){ pList.RemoveAll(); }
    void    AddPoint(CPoint point);       //增加一个新线段到折线中
    //设置类成员数据接口函数
    void SetPolyline(int iPenStyle,int iPenWidth,COLORREF cColor,COLORREF cBack,
            BOOL bFill=FALSE);
    //得到当前折线点数
    int    GetPointNum(){ return pList.GetCount(); }
};
```

12.2.3 界面控制

为了能在窗体中绘制图元，进行如下操作。

① 在资源视图中，建立新的工具栏 IDR_TOOLBAR_SHAPE，并增加绘制按钮，如图12-12所示。工具栏按钮 ID 号与功能见表12-1。

表 12-1 工具栏按钮 ID 号及功能

ID 号	功 能	ID 号	功 能
ID_BUT_DEFAULT	默认	ID_BUT_POLYLINE	绘制折线
ID_BUT_LINE	绘制线段	ID_BUT_POLYLINE_F	绘制多边形
ID_BUT_RECT	绘制空心矩形	ID_BUT_CHAR	绘制字符
ID_BUT_RECT_F	绘制实矩形	ID_BUT_COLOR	图形/文字颜色
ID_BUT_ELLIPSE	绘制空心椭圆	ID_BUT_BACK	图形背景色
ID_BUT_ELLIPSE_F	绘制实椭圆	ID_BUT_FONT	字体

② 在资源视图中，建立新的菜单项，在菜单 IDR_MENU_DRAW 中增加一项新菜单"绘图"，在该菜单下增加默认、直线、矩形、椭圆、折线、字符、字体、颜色、背景色、实体矩形、实体椭圆、实体多边形。各菜单 ID 号和工具栏各按钮 ID 号一一对应，如图12-13所示。

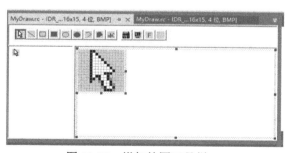
图 12-12 增加绘图工具栏

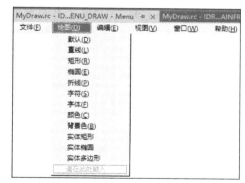
图 12-13 增加"绘图"菜单

③ 为了加载新建工具栏，在 CManFrame 类中增加成员。
    CToolBar m_wndDrawBar;
在 CManFrame 类的成员函数 OnCreate()中增加创建工具栏代码。
    //mainfrm.cpp 创建工具栏
    if (!m_wndDrawBar.CreateEx(this, TBSTYLE_FLAT, WS_CHILD | WS_VISIBLE | \
            CBRS_TOP| CBRS_GRIPPER | CBRS_TOOLTIPS | CBRS_FLYBY | \

```
        CBRS_SIZE_DYNAMIC) || !m_wndDrawBar.LoadToolBar(IDR_TOOLBAR_SHAPE))
    {
        TRACE0("未能创建绘图栏\n");
        return –1;    //未能创建
    }
    //设置工具栏风格
    m_wndDrawBar.ModifyStyle(0,TBSTYLE_FLAT);
    m_wndDrawBar.EnableDocking(CBRS_ALIGN_ANY);
    //以下代码为设置工具栏停靠位置
    CRect rect;
    DWORD dw;
    UINT n;
    RecalcLayout();
    m_wndToolBar.GetWindowRect(&rect);        //得到工具栏 m_wndToolBar 停放位置
    rect.OffsetRect(1,0);
    dw=m_wndToolBar.GetBarStyle();
    n = 0;
    //把工具栏 m_wndDrawBar 放置在工具栏 m_wndToolBar 的同一行的右边
    n = (dw&CBRS_ALIGN_TOP) ? AFX_IDW_DOCKBAR_TOP : n;
    n = (dw&CBRS_ALIGN_BOTTOM && n==0) ? AFX_IDW_DOCKBAR_BOTTOM : n;
    n = (dw&CBRS_ALIGN_LEFT && n==0) ? AFX_IDW_DOCKBAR_LEFT : n;
    n = (dw&CBRS_ALIGN_RIGHT && n==0) ? AFX_IDW_DOCKBAR_RIGHT : n;
    DockControlBar(&m_wndDrawBar,n,&rect);
```

程序运行结果如图12-14所示。

图12-14 显示绘图工具栏

④ 为了能编辑图元线条风格，在资源视图中增加工具栏对话框 IDD_DIALOGBAR，并在其上绘制标签"线条风格"、下拉框（ID 号为 IDC_COMBO_LINESTYLE）、标签"线条宽度"、编辑框（ID 号为 IDC_EDIT1），并设置编辑框的 Number 属性为"True"，如图12-15所示。

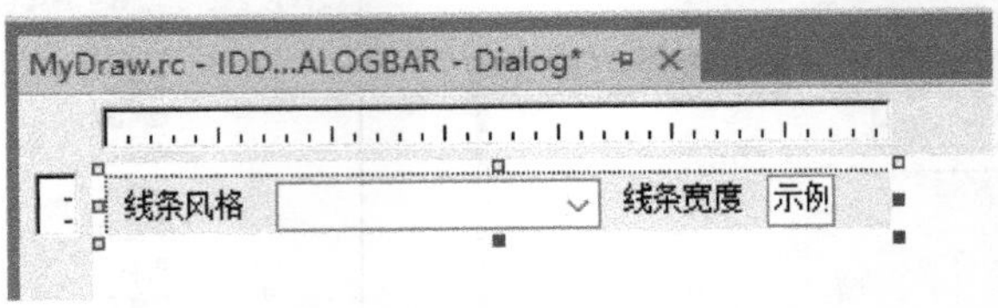

图12-15 增加线条风格工具栏

⑤ 为了加载新建工具栏，在 CManFrame 类中增加成员。

```
    CDialogBar    m_wndDlgBar;
```

在 CManFrame 类的成员函数 OnCreate()中增加创建工具栏代码。

```
    //mainfrm.cpp 创建线条风格工具栏
    if (!m_wndDlgBar.Create(this,IDD_DIALOGBAR,CBRS_TOP|CBRS_TOOLTIPS|CBRS_FLYBY, \
        IDD_DIALOGBAR))
    {
        TRACE0("Failed to Create DialogBar\n");
        return -1;
    }
```

```
//设置风格
m_wndDlgBar.ModifyStyle(0, TBSTYLE_FLAT);
m_wndDlgBar.EnableDocking(CBRS_ALIGN_ANY);
//设置线条宽度默认值为1
m_wndDlgBar.SetDlgItemText(IDC_EDIT1,_TEXT("1"));
//为下拉框添加内容（线条风格）
CComboBox *p_Com=(CComboBox *)m_wndDlgBar.GetDlgItem(IDC_COMBO_LINESTYLE);
p_Com->ResetContent();
p_Com->AddString(_TEXT("PS_SOLID _____"));
p_Com->AddString(_TEXT("PS_DASH __ __ __"));
p_Com->AddString(_TEXT("PS_DOT _ _ _ _ _"));
p_Com->AddString(_TEXT("PS_DASHDOT _ __ _ __ _"));
p_Com->AddString(_TEXT("PS_DASHDOTDOT _ _ __ _ _ __"));
p_Com->AddString(_TEXT("PS_NULL _____"));
p_Com->AddString(_TEXT("PS_INSIDEEFRAME _____"));
p_Com->SetCurSel(0);
m_wndDrawBar.GetWindowRect(&rect);
rect.OffsetRect(1,0);
dw=m_wndDrawBar.GetBarStyle();
n = 0;
n = (dw&CBRS_ALIGN_TOP) ? AFX_IDW_DOCKBAR_TOP : n;
n = (dw&CBRS_ALIGN_BOTTOM && n==0) ? AFX_IDW_DOCKBAR_BOTTOM : n;
n = (dw&CBRS_ALIGN_LEFT && n==0) ? AFX_IDW_DOCKBAR_LEFT : n;
n = (dw&CBRS_ALIGN_RIGHT && n==0) ? AFX_IDW_DOCKBAR_RIGHT : n;
DockControlBar(&m_wndDlgBar,n,&rect);
```

程序运行结果如图12-16所示。

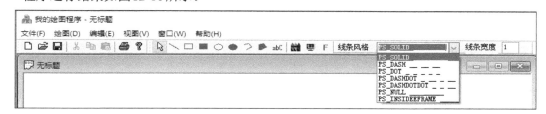

图12-16 线条风格工具栏

12.2.4 绘制图元——线段

① 在类视图中，选中类 CMyDrawView，在属性窗口中选择"事件"选项卡，为 ID_BUT_LINE 增加画线事件 OnButLine()、OnUpdateButLine()，如图12-17所示。

在类文件 mydrawview.cpp 中，找到相应的函数主体，增加如下代码：

```
//mydrawview.cpp
void CMyDrawView::OnButLine(){
    LONG Cur;
    //表示当前所画图元为线段
    iShapeType=SHAPE_LINE;
    //加载光标为十字形
    Cur = (LONG)((CMyDrawApp*)AfxGetApp())->LoadStandardCursor(IDC_CROSS);
    ASSERT(Cur);
    ::SetClassLong(this->m_hWnd,GCL_HCURSOR,Cur);
}
```

```
void CMyDrawView::OnUpdateButLine(CCmdUI *pCmdUI){
    //设置按钮风格,如果为画线,则显示按钮为按下状态,否则为弹起状态
    if(iShapeType==SHAPE_LINE)
        pCmdUI->SetCheck();
    else
        pCmdUI->SetCheck(0);
}
```

② 在类视图中,选中类 CMyDrawDoc,为其增加成员数据。

```
//mydrawdoc.h
CObList m_ShapeObList;//保存图元的队列
```

在类 CMyDrawDoc 中,重载成员函数 Delete Contents()。

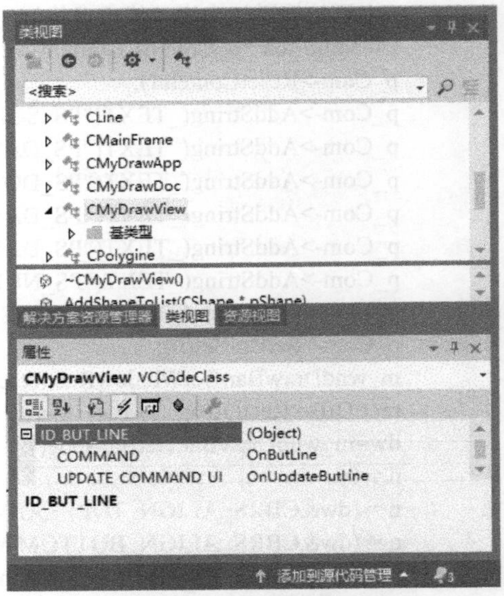

```
//mydrawdoc.cpp
//清空图元队列
void CMyDrawDoc::DeleteContents(){
    CObject* p;
    while(m_ShapeObList.GetHeadPosition()){
        p=m_ShapeObList.RemoveHead();
        delete p;
    }
    CDocument::DeleteContents();
}
```

图 12-17 添加画线事件

在类视图中,选中 CMyDrawView,增加成员函数 AddShapeToList()。

```
void CMyDrawView::AddShapeToList(CShape* pShape){
    //增加新的图元到图元队列
    CObList* pObjList=&GetDocument()->m_ShapeObList;
    pObjList->AddHead(pShape);
}
```

③ 在类视图中选中 CLine,增加显示成员函数。

```
void void Disp(CDC &dc,float HRate,float VRate,CPoint point=NULL,BOOL bFlag=TRUE);
//shape.cpp
//dc: 绘图设备; Hrate 和 VRate: x 和 y 方向放大倍数; point: 动态点; bFlag: 是否动态绘制
void CLine::Disp(CDC &dc,float HRate,float VRate,CPoint point,BOOL bFlag){
    CPen *Pen;
    CPen *OldPen;
    CBrush *OldBrush;
    //获取线段的起点和终点
    int x1=(int)((m_pBegin.x)*HRate);
    int y1=(int)((m_pBegin.y)*VRate);
    int x2=(int)((m_pEnd.x)*HRate);
    int y2=(int)((m_pEnd.y)*VRate);
    //创建画笔风格
    Pen=new CPen(PenStyle,PenWidth,BorderColor);
    OldPen=dc.SelectObject(Pen);
    OldBrush=(CBrush *)dc.SelectStockObject(NULL_BRUSH);
    dc.MoveTo(x1,y1);
    //获取当前绘图方式
```

```
                int nOldMode=dc.GetROP2();
                //如果是绘线过程中
                if(!bFlag){
                //橡皮筋方法，在视图中动态显示绘线
                    dc.SetROP2(R2_MERGEPENNOT);
                    dc.LineTo(point);
                    dc.MoveTo(x1,y1);
                }
                //设置为原来的绘图状态
                dc.SetROP2(nOldMode);
                dc.LineTo(x2,y2);
                //设置为原来的画图风格
                dc.SelectObject(OldBrush);
                dc.SelectObject(OldPen);
                delete Pen;
        }
```
④ 在类视图中，选中类 CMyDrawView，为其增加成员数据。
```
        //mydrawview.h
        BOOL bDraw;                //是否正在绘制图元
        int iShapeType;            //图元类型
        CShape* pShape;            //图元指针
        CPoint pOldPoint,pNewPoint;//记录鼠标左键按下坐标、左键弹起坐标
        LOGFONT fFont;             //字体
        COLORREF fColor;           //字体颜色
        CSize sSize;               //显示范围
        COLORREF cBackColor;       //背景色
        COLORREF cBorderColor;     //画线颜色
        int iPenWidth;             //画笔宽度
        int iPenStyle;             //画笔风格
```
⑤ 在类视图中，选中类 CMyDrawView，在属性窗口中选择"重载"选项卡，分别为 WM_LBUTTONDOWN、WM_LBUTTONUP 和 WM_MOUSEMOVE 增加相应的事件 OnLButtonDown()、OnLButtonUp()和 OnMouseMove()，如图12-18所示。

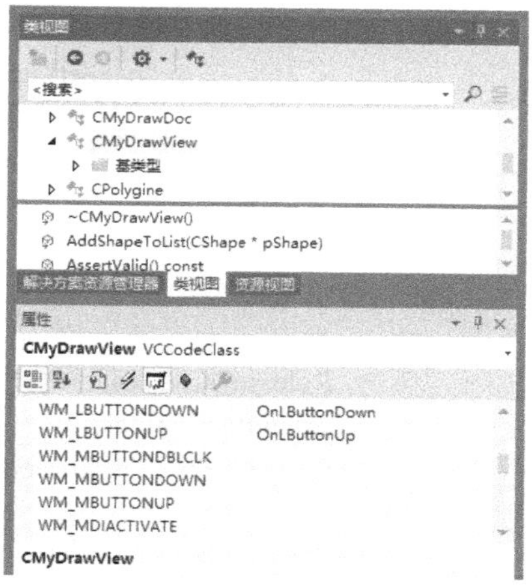

下面为这三个函数增加相应的代码。

图12-18 添加事件

```
        //mydrawview.cpp
        //按下鼠标左键
        void CMyDrawView::OnLButtonDown(UINT nFlags, CPoint point){
            //获得当前绘图设备
            CClientDC dc(this);
            OnPrepareDC(&dc);
            //转化为逻辑坐标
            dc.DPtoLP(&point);
            //释放绘图设备句柄
            ReleaseDC(&dc);
            //记录单击位置
            pOldPoint=point;
            pNewPoint=point;
            switch(iShapeType){
```

```
            case SHAPE_SELECT:
                break;
            case SHAPE_LINE://如果是画图，新申请一个图元存储空间
                pShape=new CLine();
                break;
        }
        //绘图开始
        bDraw=TRUE;
        CScrollView::OnLButtonDown(nFlags, point);
}
//鼠标移动
void CMyDrawView::OnMouseMove(UINT nFlags, CPoint point){
        CClientDC dc(this);
        OnPrepareDC(&dc,NULL);
        dc.DPtoLP(&point);
        if(bDraw){
            switch(iShapeType){
                case SHAPE_SELECT:
                    break;
                case SHAPE_LINE:{
                    CLine* p=(CLine*)pShape;
                    //设置线段的起点和终点，以及线的颜色、风格、宽度
                    p->SetLine(pOldPoint,pTemp,cBorderColor,iPenStyle,iPenWidth);
                    //绘制线段
                    p->Disp(dc,1,1,pNewPoint,FALSE);
                }
                break;
            }
        }
        ReleaseDC(&dc);
        pNewPoint=point;
        CScrollView::OnMouseMove(nFlags, point);
}
//弹起鼠标左键
void CMyDrawView::OnLButtonUp(UINT nFlags, CPoint point){
        CClientDC dc(this);
        OnPrepareDC(&dc,NULL);
        bDraw=FALSE;
        dc.DPtoLP(&point);
        pNewPoint=point;
        switch(iShapeType){
            case SHAPE_SELECT:
                break;
            case SHAPE_LINE:
                //如果没有创建图元则跳出
                if(!pShape)
                    break;
```

```
                //增加一个新的图元到图元队列中
                AddShapeToList(pShape);
                break;
        }
        ReleaseDC(&dc);
        CScrollView::OnLButtonUp(nFlags, point);
}
```
程序运行结果如图12-19所示。

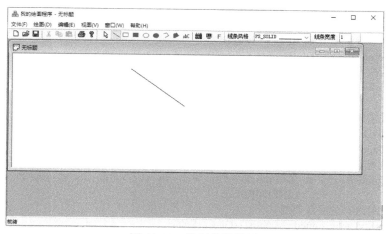

图 12-19　绘制线段效果

⑥ 为了能够改变线条颜色、图形背景颜色、字体，分别为类 CMyDrawView 类按钮 ID_BUT_COLOR、ID_BUT_BACK、ID_BUT_FONT 增加单击事件（添加方法类似于为按钮 ID_BUT_LINE 增加单击事件）。

```
//mydrawview.cpp
//设置字体
void CMyDrawView::OnButFont(){
//打开字体对话框
    CFontDialog fdlg(&fFont);
    if(fdlg.DoModal()==IDOK){
    //获得选取的字体及字体颜色
        fColor=fdlg.GetColor();
    }
}
//设置线条颜色
void CMyDrawView::OnButColor(){
    //打开颜色对话框
    CColorDialog dlgColor(cBorderColor);
    if(dlgColor.DoModal()==IDOK){
        cBorderColor=dlgColor.GetColor();
    }
}
//设置图元背景颜色
void CMyDrawView::OnButBack(){
    CColorDialog dlgColor(cBackColor);
    if(dlgColor.DoModal()==IDOK){
        cBackColor=dlgColor.GetColor();
```

⑦ 为了能够改变线条风格、宽度，为工具栏 IDD_DIALOGBAR 的下拉框 IDC_COMBO_LINESTYLE、编辑框 IDC_EDIT1 增加单击事件。

```
//mydrawview.cpp
//改变线宽事件
void CMyDrawView::OnChangeDlgEdit(){
    char p1[7];
    //获取主窗体句柄
    CMainFrame* p_Wnd=(CMainFrame *)(AfxGetApp()->m_pMainWnd);
    //获取编辑框 IDC_EDIT1 中的文本
    p_Wnd->m_wndDlgBar.GetDlgItemText(IDC_EDIT1,(LPTSTR)p1,6);
    //转换为数字
    iPenWidth=(unsigned char)atoi(p1);
}
//改变线条风格事件
void CMyDrawView::OnChangeDlgCom(){
    CMainFrame* p_Wnd=(CMainFrame *)(AfxGetApp()->m_pMainWnd);
    //获得下拉框
    CComboBox*plist=(CComboBox*)(p_Wnd->m_wndDlgBar.GetDlgItem(IDC_COMBO_\
                    LINESTYLE));
    //获得选择的线条类型
    iPenStyle=(unsigned char)plist->GetCurSel();
}
```

12.2.5 绘制图元——矩形

① 类似于绘制线段，在类 CMyDrawView 中分别为绘制空心矩形按钮 ID_BUT_RECT、绘制实心矩形按钮 ID_BUT_RECTANGLE_F 增加事件 OnButRect()、OnUpdateButRect()、OnButRectangleF()和 OnUpdateButRectangleF()，并添加相应的代码。

```
//mydrawview.cpp
//单击空心矩形按钮
void CMyDrawView::OnButRect(){
    LONG Cur;
    iShapeType=SHAPE_RECTANGLE;
    Cur = (LONG)((CMyDrawApp*)AfxGetApp())->LoadStandardCursor(IDC_CROSS);
    ASSERT(Cur);
    ::SetClassLong(this->m_hWnd,GCL_HCURSOR,Cur);
}
//设置空心矩形按钮状态
void CMyDrawView::OnUpdateButRect(CCmdUI *pCmdUI){
    if(iShapeType==SHAPE_RECTANGLE)
        pCmdUI->SetCheck();
    else
        pCmdUI->SetCheck(0);
}
//单击实心矩形按钮
void CMyDrawView::OnButRectangleF(){
    LONG Cur;
    iShapeType=SHAPE_RECTANGLE_F;
    Cur = (LONG)((CMyDrawApp*)AfxGetApp())->LoadStandardCursor(IDC_CROSS);
```

```
        ASSERT(Cur);
        ::SetClassLong(this->m_hWnd,GCL_HCURSOR,Cur);
}
//刷新实心矩形按钮状态
void CMyDrawView::OnUpdateButRectangleF(CCmdUI *pCmdUI){
    if(iShapeType==SHAPE_RECTANGLE_F)
        pCmdUI->SetCheck();
    else
        pCmdUI->SetCheck(0);
}
```

② 在类视图中选中 CRectangle，增加显示成员函数。

```
//shape.h
void void Disp(CDC &dc,float HRate,float VRate,CPoint point=NULL,BOOL bFlag=TRUE);
//shape.cpp
//dc: 绘图设备; Hrate 和 VRate: x 和 y 方向放大倍数; point: 动态点; bFlag: 是否动态绘制
void CRectangle::Disp(CDC &dc,float HRate,float VRate,CPoint point,BOOL bFlag){
    int X1=m_pBegin.x,X2=m_pEnd.x,Y1=m_pBegin.y,Y2=m_pEnd.y;
    //如果矩形过小则不绘制
    if((abs(X1-X2))<2 && (abs(Y1-Y2))<2)
        return;
    CPen *Pen;
    CPen * OldPen;
    CBrush *Brush;
    CBrush * OldBrush;
    int x1=(int)((m_pBegin.x)*HRate);
    int y1=(int)((m_pBegin.y)*VRate);
    int x2=(int)((m_pEnd.x)*HRate);
    int y2=(int)((m_pEnd.y)*VRate);
    //创建画笔
    Pen=new CPen(PenStyle,PenWidth,BorderColor);
    OldPen=dc.SelectObject(Pen);
    //是否为实心矩形，是则用填充方式绘制，不是则绘制空心矩形
    if(m_bFill){
        Brush=new CBrush(BackColor);
        OldBrush=dc.SelectObject(Brush);
    }
    else
        OldBrush=(CBrush *)dc.SelectStockObject(NULL_BRUSH);
    //是否为动态绘制过程，是则用动态方法绘制（首先用背景色覆盖掉原来的矩形）
    if(!bFlag) {
        dc.SetROP2(R2_NOTXORPEN);
        dc.Rectangle(x1,y1,point.x,point.y);
    }
    //绘制新矩形
    dc.Rectangle(x1,y1,x2,y2);
    dc.SelectObject(OldPen);
    delete Pen;
    dc.SelectObject(OldBrush);
    if(m_bFill)
        delete Brush;
}
```

③ 在类 CMyDrawView 的事件 OnLButtonDown()、OnLButtonUp()、OnMouseMove()中，增加如下代码。

```cpp
//mydrawview.cpp
void CMyDrawView::OnLButtonDown(UINT nFlags, CPoint point){
    ...
    switch(iShapeType){
        case SHAPE_SELECT:
            break;
        case SHAPE_LINE:
            pShape=new CLine();
            break;
        case SHAPE_RECTANGLE:
        case SHAPE_RECTANGLE_F:
            pShape=new CRectangle();
            break;
    }
    bDraw=TRUE;
    CScrollView::OnLButtonDown(nFlags, point);
}
void CMyDrawView::OnLButtonUp(UINT nFlags, CPoint point){
    ...
    switch(iShapeType){
        case SHAPE_SELECT:
            break;
        case SHAPE_LINE:
        case SHAPE_RECTANGLE:
        case SHAPE_RECTANGLE_F:
            if(!pShape)
                //return;
                break;
            AddShapeToList(pShape);
            break;
    }
    ReleaseDC(&dc);
    CScrollView::OnLButtonUp(nFlags, point);
}
void CMyDrawView::OnMouseMove(UINT nFlags, CPoint point){
    ...
    switch(iShapeType){
        case SHAPE_SELECT:
            break;
        case SHAPE_LINE:{
            CLine* p=(CLine*)pShape;
            p->SetLine(pOldPoint,pTemp,cBorderColor,iPenStyle,iPenWidth);
            p->Disp(dc,1,1,pNewPoint,FALSE);
        }
            break;
        case SHAPE_RECTANGLE:
        case SHAPE_RECTANGLE_F:{
            CRectangle* rp=(CRectangle*)pShape;
            if(iShapeType==SHAPE_RECTANGLE) //如果为空心矩形
```

```
                        rp->SetRectangle(pOldPoint,pTemp,cBorderColor,cBackColor,iPenStyle, \
                                    iPenWidth);
                    else    //为实体矩形
                        rp->SetRectangle(pOldPoint,pTemp,cBorderColor,cBackColor,iPenStyle, \
                                    iPenWidth,TRUE);
                    rp->Disp(dc,1,1,pNewPoint,FALSE);
                }
                break;
            }
            ...
        }
```

程序运行结果如图12-20所示。

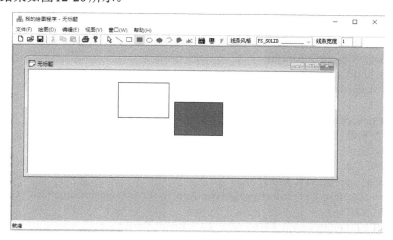

图 12-20　绘制矩形效果

12.2.6　绘制图元——椭圆

绘制椭圆过程类似于绘制矩形。

为类 CEllipse 增加显示成员函数。

```
//shape.h
void Disp(CDC &dc,float HRate,float VRate,CPoint point=NULL,BOOL bFlag =TRUE);
//shape.cpp
//dc:绘图设备; Hrate 和 VRate: x 和 y 方向放大倍数; point:动态点; bFlag:是否动态绘制
void CEllipse::Disp(CDC &dc,float HRate,float VRate,CPoint point,BOOL bFlag){
    int X1=m_pBegin.x,X2=m_pEnd.x,Y1=m_pBegin.y,Y2=m_pEnd.y;
    //椭圆过小则不绘制
    if((abs(X1-X2))<2 && (abs(Y1-Y2))<2)
        return;
    CPen *Pen;
    CPen * OldPen;
    CBrush *Brush;
    CBrush * OldBrush;
    int x1=(int)((m_pBegin.x)*HRate);
    int y1=(int)((m_pBegin.y)*VRate);
    int x2=(int)((m_pEnd.x)*HRate);
    int y2=(int)((m_pEnd.y)*VRate);
```

```cpp
        Pen=new CPen(PenStyle,PenWidth,BorderColor);
        OldPen=dc.SelectObject(Pen);
        if(m_bFill){//如果填充
            Brush=new CBrush(BackColor);
            OldBrush=dc.SelectObject(Brush);
        }
        else
            OldBrush=(CBrush *)dc.SelectStockObject(NULL_BRUSH);
        if(!bFlag){
            dc.SetROP2(R2_NOTXORPEN );
            dc.Ellipse(x1,y1,point.x,point.y);
        }
        dc.Ellipse(x1,y1,x2,y2);
        dc.SelectObject(OldPen);
        delete Pen;
        dc.SelectObject(OldBrush);
        if(m_bFill)
            delete Brush;
}
//mydrawview.cpp
//单击绘制椭圆按钮
void CMyDrawView::OnButEllipse(){
    LONG Cur;
    iShapeType=SHAPE_ELLIPSE;
    Cur = (LONG)(((CMyDrawApp*)AfxGetApp())->LoadStandardCursor(IDC_CROSS);
    ASSERT(Cur);
    ::SetClassLong(this->m_hWnd,GCL_HCURSOR,Cur);
}
//更新按钮状态
void CMyDrawView::OnUpdateButEllipse(CCmdUI *pCmdUI){
    if(iShapeType==SHAPE_ELLIPSE)
        pCmdUI->SetCheck();
    else
        pCmdUI->SetCheck(0);
}
//单击绘制实心椭圆按钮
void CMyDrawView::OnButEllipseF(){
    LONG Cur;
    iShapeType=SHAPE_ELLIPSE_F;
    Cur = (LONG)(((CMyDrawApp*)AfxGetApp())->LoadStandardCursor(IDC_CROSS);
    ASSERT(Cur);
    ::SetClassLong(this->m_hWnd,GCL_HCURSOR,Cur);
}
//更新按钮状态
void CMyDrawView::OnUpdateButEllipseF(CCmdUI *pCmdUI){
    if(iShapeType==SHAPE_ELLIPSE_F)
        pCmdUI->SetCheck();
    else
        pCmdUI->SetCheck(0);
}
//按下鼠标左键
```

```
void CMyDrawView::OnLButtonDown(UINT nFlags, CPoint point){
    …
    //增加代码
    case SHAPE_ELLIPSE:
    case SHAPE_ELLIPSE_F:
        pShape=new CEllipse();        //新建椭圆类
        break;
    …
}
void CMyDrawView::OnLButtonUp(UINT nFlags, CPoint point){
    …
    //增加代码
    case SHAPE_ELLIPSE_F:
        if(!pShape)
            break;
        AddShapeToList(pShape);
        break;
    …
}
void CMyDrawView::OnMouseMove(UINT nFlags, CPoint point){
    …
    //增加代码
    case SHAPE_ELLIPSE:
    case SHAPE_ELLIPSE_F:{
        CEllipse* ep=(CEllipse*)pShape;
        if(iShapeType==SHAPE_ELLIPSE)
            ep->SetEllipse(pOldPoint,pTemp,cBorderColor,cBackColor,iPenStyle,iPenWidth);
        else
            ep->SetEllipse(pOldPoint,pTemp,cBorderColor,cBackColor,iPenStyle, \
                           iPenWidth,TRUE);
        ep->Disp(dc,1,1,pNewPoint,FALSE);
    }
    break;
    …
}
```

程序运行结果如图12-21所示。

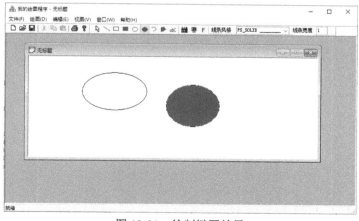

图12-21　绘制椭圆效果

12.2.7 绘制图元——文字

通过单击鼠标左键，在左键弹起时记录鼠标坐标，在相应位置输出文字信息。

① 类似于为绘制线段按钮增加代码，为绘制文字按钮 ID_BUT_CHAR 添加事件 OnButChar()、OnUpdateButChar()代码。

② 在资源视图中，新建对话框 IDD_DLG_TEXT，增加标签"字符内容"、编辑框 IDC_EDIT，如图12-22所示。

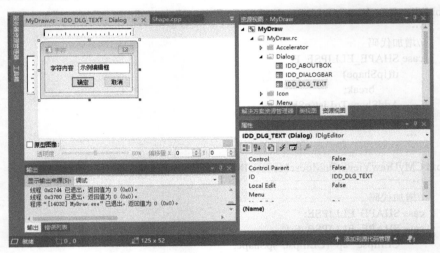

图 12-22　设计文字输入对话框

在对话框上单击鼠标右键，选择"添加类"命令，在类向导页面中输入新类名称 CDlgText，选择基类为"CDialog"，其他为默认设置，如图12-23所示。

图 12-23　增加新类 CDlgText

③ 为类 CText 增加显示成员函数。
```
//shape.h
    void Disp(CDC &dc,float HRate,float VRate);
//shape.cpp
    void CText::Disp(CDC& dc,float HRate,float VRate){
        CFont *oldFont;
        //设置新字体、新颜色
        COLORREF oldColor=dc.SetTextColor(fColor);
        VERIFY(cFont.CreateFontIndirect(&fFont));
        oldFont=dc.SelectObject(&cFont);
        //输出文字内容
        dc.TextOut(m_pPos.x,m_pPos.y,sText,sText.GetLength());
        //设置回原来的文字颜色和字体
        dc.SetTextColor(oldColor);
        dc.SelectObject(oldFont);
        cFont.DeleteObject();
    }
```
④ 首先在文件 mydrawview.cpp 的首部增加包含文件。
```
#include "dlgtext.h"
```
在类 CMyDrawView 的事件 OnLButtonUp()中增加如下代码：
```
//mydrawview.cpp
    void CMyDrawView::OnLButtonUp(UINT nFlags, CPoint point){
        ...
            case SHAPE_CHAR:{
                CString s;
                CDlgText dlgText;
                //如果在文字内容对话框中单击了确定按钮
                if(dlgText.DoModal()==IDOK){
                    //新建文字图元类
                    CText* tText=new CText();
                    //设置文字相关信息：位置、内容、字体、颜色
                    tText->SetText(pNewPoint,dlgText.sText,fFont,fColor);
                    //显示
                    tText->Disp(dc,1,1);
                    pShape=tText;
                    //增加新图元到图元队列
                    AddShapeToList(pShape);
                    CRect rect(pNewPoint.x,pNewPoint.y, \
                            pNewPoint.x+(tText->GetFont()).lfWidth, \
                            pNewPoint.y+(tText->GetFont()).lfHeight);
                    //刷新文字区域
                    InvalidateRect(&rect);
                }
            }
            break;
        ...
    }
```
程序运行结果如图12-24和图12-25所示。

图 12-24 文字输入框

图 12-25 绘制文字效果

12.2.8 绘制图元——折线/多边形

绘制折线/多边形从单击鼠标左键开始,之后每单击鼠标左键一次,则增加一个折线/多边形的定点,单击鼠标右键时绘制结束。

① 类似于绘制线段,在类 CMyDrawView 中为绘制折线按钮 ID_BUT_POLYLINE、绘制多边形按钮 ID_BUT_POLYLINE_F 增加事件 OnButPolyline()、OnUpdateButPolyline()、OnButPolylineF()、OnUpdateButPolylineF(),并添加相应的代码。

② 为类 CPolyline 增加显示成员函数。

```
//shape.h
void Disp(CDC &dc,float HRate,float VRate,CPoint point1=NULL,CPoint point2=NULL, \
                BOOL bFlag=TRUE);
//shape.cpp
void CPolyline::Disp(CDC &dc, float HRate, float VRate,CPoint point1,CPoint point2, \
                BOOL bFlag){
    CPen *Pen;
    CPen *OldPen;
    CBrush *Brush;
    CBrush *OldBrush;
    //得到折线定点数目
    int iNum=pList.GetCount();
    //设置画笔风格、颜色
    Pen=new CPen(PenStyle,PenWidth,BorderColor);
    OldPen=dc.SelectObject(Pen);
    //画的是多边形吗?是则用填充方式绘制
    if(m_bFill) {
        Brush=new CBrush(BackColor);
        OldBrush=dc.SelectObject(Brush);
    }
    else
        OldBrush=(CBrush *)dc.SelectStockObject(NULL_BRUSH);
    //是否正在动态绘制
    if(bFlag){
        if(m_bFill){
```

```
                if(iNum<3){                          //点数过少退出
                    dc.SelectObject(OldPen);
                    delete Pen;
                    dc.SelectObject(OldBrush);
                    delete Brush;
                    return;
                }
                dc.Polygon(pList.GetData(),iNum);    //绘制多边形
            }
            else//绘制折线
                dc.Polyline(pList.GetData(),pList.GetCount());
        }
        else{
            CPoint p=pList.GetAt(iNum-1);
            dc.MoveTo(p.x,p.y);
            dc.SetROP2(R2_NOT);
            dc.LineTo(point1);
            dc.MoveTo(p.x,p.y);
            dc.LineTo(point2);
        }
        dc.SelectObject(OldPen);
        delete Pen;
        dc.SelectObject(OldBrush);
        if(m_bFill)
            delete Brush;
    }
```

③ 在类 CMyDrawView 的事件 OnLButtonDown()、OnLButtonUp()、OnMouseMove()、OnRButtonUp 中增加如下代码。

```
    void CMyDrawView::OnLButtonDown(UINT nFlags, CPoint point){
        …
        case SHAPE_POLYLINE:
        case SHAPE_POLYLINE_F:{
            if(!bDraw) {                                //如果为第一个点
                pShape=new CPolyline();                 //新建多边形图元类对象
                CPolyline* pPoly=(CPolyline*)pShape;
                if(iShapeType==SHAPE_POLYLINE)          //如果是折线
                    pPoly->SetPolyline(iPenStyle,iPenWidth,cBorderColor,cBackColor);
                else                                    //如果是多边形
                    pPoly->SetPolyline(iPenStyle,iPenWidth,cBorderColor,cBackColor,TRUE);
            }
            //增加新的顶点到多边形类的顶点队列
            ((CPolyline*)pShape)->AddPoint(pNewPoint);
        }
        break;
        …
    }
    void CMyDrawView::OnLButtonUp(UINT nFlags, CPoint point){
        …
        case SHAPE_POLYLINE:
        case SHAPE_POLYLINE_F:{
            if(!pShape)
```

```cpp
            return;
        CPolyline* pTemp=(CPolyline*)pShape;
        //增加新点到多边形的顶点队列
        pTemp->AddPoint(pNewPoint);
        //显示已绘制部分
        pTemp->Disp(dc,1,1,pOldPoint,pNewPoint,FALSE);
        bDraw=TRUE;
    }
    break;
    ...
}
void CMyDrawView::OnMouseMove(UINT nFlags, CPoint point){
    ...
    case SHAPE_POLYLINE:
    case SHAPE_POLYLINE_F:{
        if(pShape){
            CPolyline* pPoly=(CPolyline*)pShape;
            pPoly->Disp(dc,1,1,pOldPoint,pTemp,FALSE);
        }
        pOldPoint=point;
    }
    ...
}
//鼠标右键弹起事件
void CMyDrawView::OnRButtonUp(UINT nFlags, CPoint point){
    CClientDC dc(this);
    OnPrepareDC(&dc);
    bDraw=FALSE;                                          //绘制折线/多边形结束
    dc.DPtoLP(&point);
    pOldPoint=point;
    pNewPoint=point;
    //如果绘制的是折线/多边形
    if(pShape&&((iShapeType==SHAPE_POLYLINE)||(iShapeType==SHAPE_POLYLINE_F))){
        //顶点数目过少
        if(((CPolyline*)pShape)->GetPointNum()<2) {
            delete pShape;
            pShape=NULL;
            return;
        }
        //绘制完成
        ((CPolyline*)pShape)->AddPoint(pNewPoint);
        ((CPolyline*)pShape)->Disp(dc,1,1);
        //增加新绘制的图元到图元队列
        AddShapeToList(pShape);
    }
    ReleaseDC(&dc);
    CScrollView::OnRButtonUp(nFlags, point);
}
```

程序运行结果如图12-26所示。

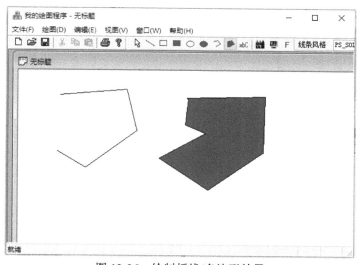

图 12-26　绘制折线/多边形效果

12.2.9　图元文件存取

为了能保存/读取图元文件，系统采用了 MFC 类库的序列保存方法。改写图元基类 CShape，从 MFC 类 CObject 继承而来，并在基类 CShape 及各派生类中加入如下代码。

```
//shape.h
virtual void Serialize(CArchive& ar);    //重载类 CObject 的序列存取函数
DECLARE_SERIAL(CShape)                   //声明该类从 CObject 继承而来，且可以序列化
```

在 shape.cpp 文件中增加如下代码。

```
IMPLEMENT_SERIAL(CShape, CObject,0)
…        //类 Shape 的实现代码
IMPLEMENT_SERIAL(CLine, CShape,0)
…        //类 Cline 的实现代码
IMPLEMENT_SERIAL(CRectangle, CShape,0)
…        //类 CRectangle 的实现代码
IMPLEMENT_SERIAL(CEllipse, CShape,0)
…        //类 CEllipse 的实现代码
IMPLEMENT_SERIAL(CText, CShape,0)
…        //类 CText 的实现代码
IMPLEMENT_SERIAL(CPolyline, CShape,0)
…        //类 CPolyline 的实现代码
```

在文档类 CMyDrawDoc 中重载序列化函数 Serialize(CArchive& ar)。

```
void CMyDrawDoc::Serialize(CArchive& ar){
    if (ar.IsStoring()){
        //TODO：在此添加存储代码
    }
    else{
        //TODO：在此添加加载代码
    }
    //图元队列存取
    m_ShapeObList.Serialize(ar);
}
```

在资源视图中，选中 String Table 选项，修改 IDR_MyDrawType 内容为"我的绘图程序

\n\nMyDraw \nMyDraw 文档(*.shp)\n.shp\nMyDraw. Document\nMyDraw Document",即设置保存文件的扩展名为"*.shp"类型。

完整的图元类代码如下。

```cpp
//shape.h
#ifndef SHAPE_H_      //防止多次包含头文件
#define SHAPE_H_
#include "stdafx.h"
//定义图元类型常量
const int    SHAPE_SELECT       =0;     //默认类型
const int    SHAPE_LINE         =1;     //线段
const int    SHAPE_RECTANGLE    =2;     //矩形
const int    SHAPE_RECTANGLE_F  =21;    //实矩形
const int    SHAPE_ELLIPSE      =3;     //椭圆
const int    SHAPE_ELLIPSE_F    =31;    //实椭圆
const int    SHAPE_POLYLINE     =4;     //折线
const int    SHAPE_POLYLINE_F   =41;    //多边形
const int    SHAPE_CHAR         =5;     //字符
class CShape:public CObject{
    int Type;                           //类型
    CString Name;                       //名称
protected:
    int GetType(){return Type;}
    void SetType(int iType){Type=iType;}
public:
    virtual void Serialize(CArchive& ar);
    DECLARE_SERIAL(CShape)
    CShape(){ Name="shape";}
    ~CShape(){}
    CString GetName(){return Name;};
    void SetName(CString cName){Name=cName;}
    void SetName(const char* pStr){
        if(pStr){
            Name.Format(_TEXT("%s"),pStr);
        }
    }
};
class CLine:public CShape{
    COLORREF    BorderColor;            //边界色
    int         PenStyle;               //笔风格
    int         PenWidth;               //笔宽度
    CPoint      m_pBegin;               //起始坐标
    CPoint      m_pEnd;                 //终止坐标
public:
    void Serialize(CArchive& ar);
    void SetLine(CPoint pBegin,CPoint pEnd,COLORREF cColor,int iPenStyle,int iPenWidth);
    DECLARE_SERIAL(CLine)
    CLine(){
        SetName("Line");
        SetType(SHAPE_LINE);
    }
```

```cpp
        ~CLine(){}
        void DrawHand(CDC &dc,float HRate=1.0f,float VRate=1.0f);
        void Disp(CDC &dc,float HRate,float VRate,CPoint point=NULL,BOOL bFlag=TRUE);
};
class CRectangle:public CShape{
        COLORREF    BorderColor;        //边界色
        COLORREF    BackColor;          //背景色
        int         PenStyle;           //笔风格
        int         PenWidth;           //笔宽度
        CPoint      m_pBegin;           //起始坐标
        CPoint      m_pEnd;             //终止坐标
        BOOL        m_bFill;            //是否需要填充
public:
        void Serialize(CArchive& ar);
        DECLARE_SERIAL(CRectangle)
        CRectangle(){
            SetName("rectangle");
            SetType(SHAPE_RECTANGLE);
        }
        ~CRectangle(){}
         void Disp(CDC &dc,float HRate,float VRate,CPoint point=NULL,BOOL\
                bFlag=TRUE);
         void Disp(CDC &dc,int X1,int Y1,int X2,int Y2,float HRate,float\
                VRate,char * pSymbol=NULL);
         void SetRectangle(CPoint pBegin,CPoint pEnd,COLORREF cBdColor,COLORREF\
                cBColor,int iPenStyle,int iPenWidth,BOOL bFlag=FALSE);
};
class CEllipse:public CShape{
        COLORREF    BorderColor;        //边界色
        COLORREF    BackColor;          //背景色
        int         PenStyle;           //笔风格
        int         PenWidth;           //笔宽度
        CPoint      m_pBegin;           //起始坐标
        CPoint      m_pEnd;             //终止坐标
        BOOL        m_bFill;            //是否需要填充
public:
        void Serialize(CArchive& ar);
        DECLARE_SERIAL(CEllipse)
        CEllipse(){
            SetName("ellipse");
            SetType(SHAPE_ELLIPSE);
        }
        ~CEllipse(){}
         void Disp(CDC &dc,float HRate,float VRate,CPoint point=NULL,BOOL bFlag=TRUE);
         void SetEllipse(CPoint pBegin,CPoint pEnd,COLORREF cBdColor,COLORREF cBColor, \
                    int iPenStyle,int iPenWidth,BOOL bFlag=FALSE);
};
class CText:public CShape{
        CString     sText;              //字符内容
        LOGFONT     fFont;              //字体
        CFont       cFont;              //字体类
```

```cpp
    COLORREF    fColor;                     //颜色
    CPoint      m_pPos;                     //位置
public:
    CString     GetText(){return sText;}
    LOGFONT     GetFont(){return fFont;}
    void        Serialize(CArchive& ar);
    void        SetText(CPoint pPos,CString s,LOGFONT font,COLORREF color);
    DECLARE_SERIAL(CText)
    CText(){
        SetName("text");
        SetType(SHAPE_CHAR);
    }
    ~CText(){}
    void Disp(CDC &dc,float HRate,float VRate);
};
class CPolyline:public CShape{
    COLORREF        BorderColor;            //边界色
    COLORREF        BackColor;              //背景色
    int             PenStyle;               //笔风格
    int             PenWidth;               //笔宽度
    int             iXMax;                  //最大坐标范围
    int             iYMax;
    BOOL            m_bFill;                //是否需要填充
    CArray <CPoint,CPoint>  pList;
public:
    void Serialize(CArchive& ar);
    DECLARE_SERIAL(CPolyline)
    CPolyline(){
        SetName("polyline");
        SetType(SHAPE_POLYLINE);
    }
    ~CPolyline(){ pList.RemoveAll(); }
    void   AddPoint(CPoint point);
    void SetPolyline(int iPenStyle,int iPenWidth,COLORREF cColor,COLORREF cBack, \
                BOOL bFill=FALSE);
    void Disp(CDC &dc,float HRate,float VRate,CPoint point1=NULL,CPoint point2=NULL, \
                BOOL bFlag=TRUE);
    int   GetPointNum(){ return pList.GetCount();}
};
#endif
//shape.cpp
#include "StdAfx.h"
#include "Shape.h"
IMPLEMENT_SERIAL(CShape, CObject,0)
//////////CShape//////////
void CShape::Serialize(CArchive& ar){
    if(ar.IsStoring()){
        ar<<Name<<Type;
    }
    else{
        ar>>Name>>Type;
```

            }
    }
    /////////end CShape///////////
    //////////CLine///////////////
    IMPLEMENT_SERIAL(CLine, CShape,0)
    void CLine::DrawHand(CDC &dc,float HRate,float VRate){
        int temp;
        int X1=m_pBegin.x,X2=m_pEnd.x,Y1=m_pBegin.y,Y2=m_pEnd.y;
        if (X1>X2){temp=X2;X2=X1;X1=temp;}
        if (Y1>Y2){temp=Y2;Y2=Y1;Y1=temp;}
        int x1=(int)((X1*HRate));
        int y1=(int)((Y1*VRate));
        int x2=(int)((X2*HRate));
        int y2=(int)((Y2*VRate));
        dc.Rectangle(x1-2,y1-2,x1+3,y1+3);
        dc.Rectangle((x1+x2)/2-2,y1-2,(x1+x2)/2+3,y1+3);
        dc.Rectangle(x2-3,y1-2,x2+2,y1+3);
        dc.Rectangle(x1-2,(y1+y2)/2-2,x1+3,(y1+y2)/2+3);
        dc.Rectangle(x2-3,(y1+y2)/2-2,x2+2,(y1+y2)/2+3);
        dc.Rectangle(x1-2,y2-3,x1+3,y2+2);
        dc.Rectangle((x1+x2)/2-2,y2-3,(x1+x2)/2+3,y2+2);
        dc.Rectangle(x2-3,y2-3,x2+2,y2+2);
    }
    void CLine::Disp(CDC &dc,float HRate,float VRate,CPoint point,BOOL bFlag){
        CPen *Pen;
        CPen *OldPen;
        CBrush *OldBrush;
        int x1=(int)((m_pBegin.x)*HRate);
        int y1=(int)((m_pBegin.y)*VRate);
        int x2=(int)((m_pEnd.x)*HRate);
        int y2=(int)((m_pEnd.y)*VRate);
        Pen=new CPen(PenStyle,PenWidth,BorderColor);
        OldPen=dc.SelectObject(Pen);
        OldBrush=(CBrush *)dc.SelectStockObject(NULL_BRUSH);
        dc.MoveTo(x1,y1);
        int nOldMode=dc.GetROP2();
        if(!bFlag) {
            dc.SetROP2(R2_MERGEPENNOT);
            dc.LineTo(point);
            dc.MoveTo(x1,y1);
        }
        dc.SetROP2(nOldMode);
        dc.LineTo(x2,y2);
        dc.SelectObject(OldBrush);
        dc.SelectObject(OldPen);
        delete Pen;
    }
    void CLine::SetLine(CPoint pBegin,CPoint pEnd,COLORREF cColor,int iPenStyle,int iPenWidth) {
        m_pBegin=pBegin;
        m_pEnd=pEnd;
        BorderColor=cColor;
```
```

```cpp
        PenStyle=iPenStyle;
        PenWidth=iPenWidth;
}
void CLine::Serialize(CArchive& ar) {
    CShape::Serialize(ar);
    if (ar.IsStoring()) {
        ar<<m_pBegin<<m_pEnd<<BorderColor<<PenStyle<<PenWidth;
    }
    else{
        ar>>m_pBegin>>m_pEnd>>BorderColor>>PenStyle>>PenWidth;
    }
}
//////////end CLine      //////////
/////////CRectangle///////////
IMPLEMENT_SERIAL(CRectangle, CShape,0)
void CRectangle::SetRectangle(CPoint pBegin,CPoint pEnd,COLORREF cBdColor, \
                    COLORREF cBColor, int iPenStyle,int iPenWidth,BOOL bFill) {
    m_pBegin=pBegin;
    m_pEnd=pEnd;
    BorderColor=cBdColor;
    BackColor=cBColor;
    PenStyle=iPenStyle;
    PenWidth=iPenWidth;
    m_bFill=bFill;
}
void CRectangle::Disp(CDC &dc,int X1,int Y1,int X2,int Y2,float HRate,float \
                    VRate,char * pSymbol) {
    if((abs(X1-X2))<2 && (abs(Y1-Y2))<2)
        return;
    CPen *Pen;
    CPen * OldPen;
    CBrush *Brush;
    CBrush * OldBrush;
    int x1=(int)((m_pBegin.x)*HRate);
    int y1=(int)((m_pBegin.y)*VRate);
    int x2=(int)((m_pEnd.x)*HRate);
    int y2=(int)((m_pEnd.y)*VRate);
    Pen=new CPen(PenStyle,PenWidth,BorderColor);
    OldPen=dc.SelectObject(Pen);
    Brush=new CBrush(BackColor);
    OldBrush=dc.SelectObject(Brush);
    dc.Rectangle(x1,y1,x2,y2);
    dc.SelectObject(OldPen);
    delete Pen;
    dc.SelectObject(OldBrush);
    delete Brush;
}
void CRectangle::Disp(CDC &dc,float HRate,float VRate,CPoint point,BOOL bFlag) {
    int X1=m_pBegin.x,X2=m_pEnd.x,Y1=m_pBegin.y,Y2=m_pEnd.y;
    if((abs(X1-X2))<2 && (abs(Y1-Y2))<2)
        return;
```

```cpp
        CPen *Pen;
        CPen *OldPen;
        CBrush *Brush;
        CBrush *OldBrush;
        int x1=(int)((m_pBegin.x)*HRate);
        int y1=(int)((m_pBegin.y)*VRate);
        int x2=(int)((m_pEnd.x)*HRate);
        int y2=(int)((m_pEnd.y)*VRate);
        Pen=new CPen(PenStyle,PenWidth,BorderColor);
        OldPen=dc.SelectObject(Pen);
        if(m_bFill) {
            Brush=new CBrush(BackColor);
            OldBrush=dc.SelectObject(Brush);
        }
        else
            OldBrush=(CBrush *)dc.SelectStockObject(NULL_BRUSH);
        if(!bFlag) {
            dc.SetROP2(R2_NOTXORPEN);
            dc.Rectangle(x1,y1,point.x,point.y);
        }
        dc.Rectangle(x1,y1,x2,y2);
        dc.SelectObject(OldPen);
        delete Pen;
        dc.SelectObject(OldBrush);
        if(m_bFill)
            delete Brush;
}
void CRectangle::Serialize(CArchive& ar) {
    CShape::Serialize(ar);
    if (ar.IsStoring()) {
        ar<<m_pBegin<<m_pEnd<<BackColor<<BorderColor<<PenStyle\
            <<PenWidth<<m_bFill;
    }
    else{
        ar>>m_pBegin>>m_pEnd>>BackColor>>BorderColor>>PenStyle\
            >>PenWidth >>m_bFill;
    }
}
//////////end CRectangle////////////
//////////////CEllipse//////////////
IMPLEMENT_SERIAL(CEllipse, CShape,0)
void CEllipse::SetEllipse(CPoint pBegin,CPoint pEnd,COLORREF cBdColor, \
                COLORREF cBColor,int iPenStyle,int iPenWidth,BOOL bFill) {
    m_pBegin=pBegin;
    m_pEnd=pEnd;
    BorderColor=cBdColor;
    BackColor=cBColor;
    PenStyle=iPenStyle;
    PenWidth=iPenWidth;
    m_bFill=bFill;
}
```

```cpp
void CEllipse::Serialize(CArchive &ar) {
    CShape::Serialize(ar);
    if (ar.IsStoring()) {
        ar<<m_pBegin<<m_pEnd<<BackColor<<BorderColor<<PenStyle\
            <<PenWidth<<m_bFill;
    }
    else{
        ar>>m_pBegin>>m_pEnd>>BackColor>>BorderColor>>PenStyle\
            >>PenWidth>>m_bFill;
    }
}
void CEllipse::Disp(CDC &dc,float HRate,float VRate,CPoint point,BOOL bFlag){
    int X1=m_pBegin.x,X2=m_pEnd.x,Y1=m_pBegin.y,Y2=m_pEnd.y;
    if((abs(X1-X2))<2 && (abs(Y1-Y2))<2)   return;
    CPen *Pen;
    CPen *OldPen;
    CBrush *Brush;
    CBrush *OldBrush;
    int x1=(int)((m_pBegin.x)*HRate);
    int y1=(int)((m_pBegin.y)*VRate);
    int x2=(int)((m_pEnd.x)*HRate);
    int y2=(int)((m_pEnd.y)*VRate);
    Pen=new CPen(PenStyle,PenWidth,BorderColor);
    OldPen=dc.SelectObject(Pen);
    if(m_bFill) {      //如果填充
        Brush=new CBrush(BackColor);
        OldBrush=dc.SelectObject(Brush);
    }
    else   OldBrush=(CBrush *)dc.SelectStockObject(NULL_BRUSH);
    if(!bFlag) {
        dc.SetROP2(R2_NOTXORPEN );
        dc.Ellipse(x1,y1,point.x,point.y);
    }
    dc.Ellipse(x1,y1,x2,y2);
    dc.SelectObject(OldPen);
    delete Pen;
    dc.SelectObject(OldBrush);
    if(m_bFill)    delete Brush;
}
/////////end CEllipse////////
///////////CText///////////
IMPLEMENT_SERIAL(CText, CShape,0)
void CText::SetText(CPoint pPos,CString s,LOGFONT font,COLORREF color){
    m_pPos=pPos;
    sText=s;
    fFont=font;
    fColor=color;
}
void CText::Serialize(CArchive& ar){
    CShape::Serialize(ar);
    cFont.Serialize(ar);
```

```cpp
    if(ar.IsStoring()){
        ar<<m_pPos<<sText<<fColor;
    }
    else   ar>>m_pPos>>sText>>fColor;
}
void CText::Disp(CDC& dc,float HRate,float VRate){
    CFont *oldFont;
    COLORREF oldColor=dc.SetTextColor(fColor);
    VERIFY(cFont.CreateFontIndirect(&fFont));
    oldFont=dc.SelectObject(&cFont);
    dc.TextOut(m_pPos.x,m_pPos.y,sText,sText.GetLength());
    dc.SetTextColor(oldColor);
    dc.SelectObject(oldFont);
    cFont.DeleteObject();
}
//////////end CText/////////
///////////CText/////////////
IMPLEMENT_SERIAL(CPolyline, CShape,0)
void CPolyline::Serialize(CArchive& ar){
    CShape::Serialize(ar);
    pList.Serialize(ar);
    if(ar.IsStoring()){
        ar<<BorderColor<<BackColor<<PenStyle<<PenWidth<<iXMax\
            <<iYMax<<m_bFill;
    }
    else{
        ar>>BorderColor>>BackColor>>PenStyle>>PenWidth>>iXMax\
            >>iYMax>>m_bFill;
    }
}
void   CPolyline::SetPolyline(int iPenStyle,int iPenWidth,COLORREF cColor, \
                        COLORREF cBack,BOOL bFill){
    BorderColor=cColor;
    BackColor=cBack;
    PenStyle=iPenStyle;
    PenWidth=iPenWidth;
    m_bFill=bFill;
}
void CPolyline::AddPoint(CPoint point){
    if(pList.GetCount()==1)    {
        iXMax=point.x;
        iYMax=point.y;
    }
    else{
        iXMax=(iXMax>point.x)?iXMax:point.x;
        iYMax=(iYMax>point.y)?iYMax:point.y;
    }
    pList.Add(point);
}
void CPolyline::Disp(CDC &dc, float HRate, float VRate,CPoint point1,Cpoint point2, \
                 BOOL bFlag){
```

```
            CPen *Pen;
            CPen *OldPen;
            CBrush *Brush;
            CBrush *OldBrush;
            int iNum=pList.GetCount();
            Pen=new CPen(PenStyle,PenWidth,BorderColor);
            OldPen=dc.SelectObject(Pen);
            if(m_bFill){
                Brush=new CBrush(BackColor);
                OldBrush=dc.SelectObject(Brush);
            }
            else   OldBrush=(CBrush *)dc.SelectStockObject(NULL_BRUSH);
            if(bFlag){
                if(m_bFill){
                    if(iNum<3){ //点数过少退出
                        dc.SelectObject(OldPen);
                        delete Pen;
                        dc.SelectObject(OldBrush);
                        delete Brush;
                        return;
                    }
                    dc.Polygon(pList.GetData(),iNum);
                }
                else   dc.Polyline(pList.GetData(),pList.GetCount());
            }
            else{
                CPoint p=pList.GetAt(iNum-1);
                dc.MoveTo(p.x,p.y);
                dc.SetROP2(R2_NOT);
                dc.LineTo(point1);
                dc.MoveTo(p.x,p.y);
                dc.LineTo(point2);
            }
            dc.SelectObject(OldPen);
            delete Pen;
            dc.SelectObject(OldBrush);
            if(m_bFill)
                delete Brush;
        }
        ///////////end CText/////////
```

小结

本章从分析图元绘制入手，利用面向对象的方法建立各图元类，实现了线段、矩形（空心与实心）、椭圆（空心与实心）、文字、折线、多边形的绘制功能，包括图元的线条颜色、风格、宽度、字体大小、颜色设置功能。

习题 12

1. 在本例基础上，实现图元的放大、缩小、删除、移动和复制功能。
2. 为本例图元绘制设置分层功能，即显示图元时，根据层决定显示的先后顺序。

参 考 文 献

[1] Stephen Prata. C++ Primer Plus[M]. 张海龙,袁国忠,译. 第 6 版. 北京:人民邮电出版社,2012.
[2] H M Deitel, P J Deitel. C++编程金典[M]. 周靖,黄都培,译. 北京:清华大学出版社,2000.
[3] Bruce Eckel. C++编程思想[M]. 刘宗田,邢大红,孙慧杰,等,译. 北京:机械工业出版社,2011.
[4] Bjarne Stroustrup. C++语言的设计和演化[M]. 裘宗燕,译.北京:机械工业出版社,2002.
[5] Stanley B Lippman. Essential C++[M]. 侯捷,译. 第 5 版. 武汉:华中科技大学出版社,2013.
[6] 斯特劳斯特鲁普. C++语言程序设计[M]. 王刚,译. 北京:机械工业出版社,2016.
[7] 陈维兴,林小茶. C++面向对象程序设计教程. 第 4 版. 北京:清华大学出版社,2018.
[8] 郑莉,董渊. C++语言程序设计[M]. 第 4 版. 北京:清华大学出版社,2010.
[9] 谭浩强. C++程序设计[M]. 第 3 版. 北京:清华大学出版社,2015.